JN495443

지구 온난화 주장의 거짓과 덫

|사상 최악의 과학 스캔들|

"CHIKYU ONDANKA-RON NO USO TO WANA"("Lies and Traps in Global Warming Affairs")
by Kiminori Itoh and Tadashi Watanabe

Copyright ⓒ Kiminori Itoh and Tadashi Watanabe 2008.
All rights reserved.
Original Japanese edition published by K.K. Bestsellers.

This Korean edition published by arrangement with K.K. Bestsellers, Tokyo
in care of Tuttle-Mori Agency, Inc., Tokyo.

지구 온난화 주장의 거짓과 덫

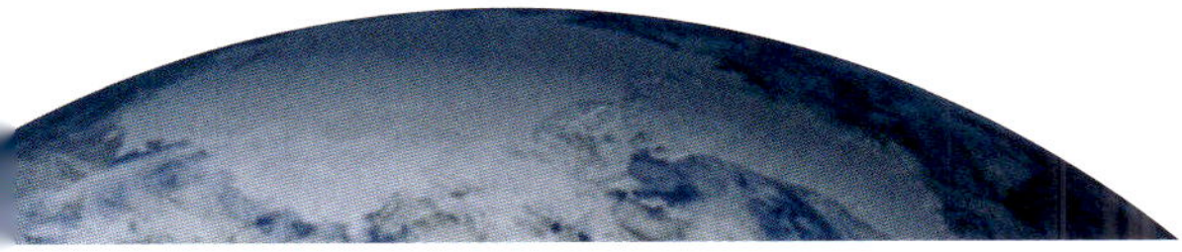

LIES AND TRAPS
IN "GLOBAL WARMING AFFAIRS"

| 사상 최악의 과학 스캔들 |

이토 키미노리 · 와타나베 타다시 지음　나성은 · 공영태 옮김

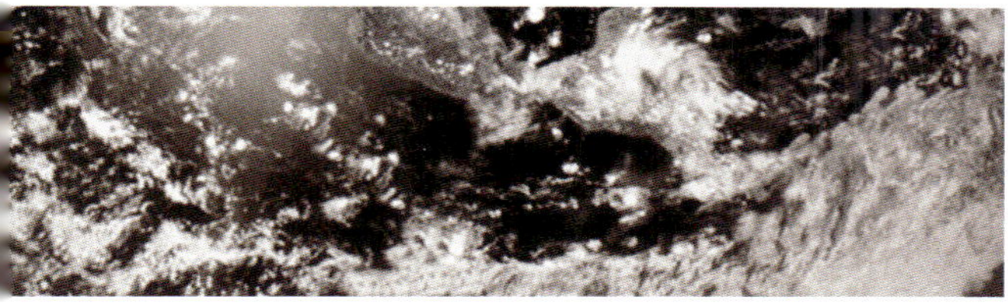

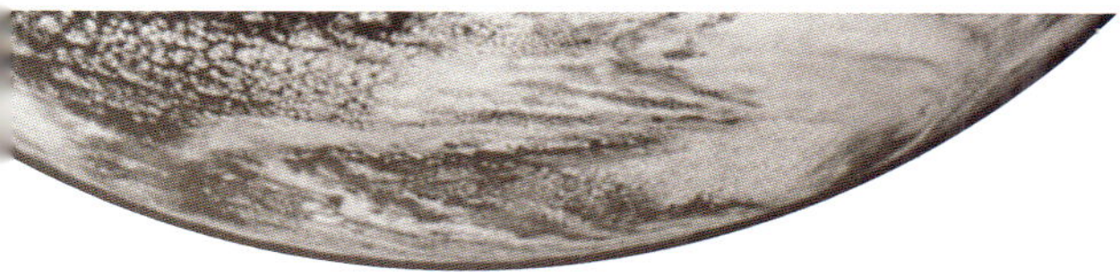

북스힐

과거에도 커다란 기후 변화는 있었다.

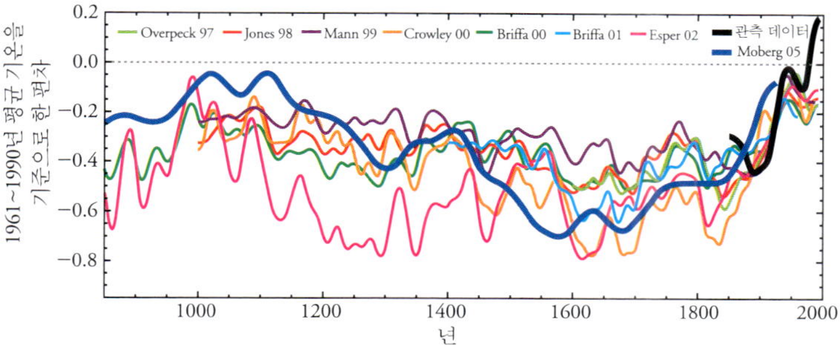

그림 1-22 수목 연령 등을 사용하여 추정한 과거 기온. 복수의 연구 그룹들의 데이터를 정리한 것. 1850~2000년의 온도 측정 데이터가 중복되어 있다. R. Kerr, 「사이언스」, 2005년.

관측과 모델 계산 결과는 크게 다르다. 적도 상공의 기온

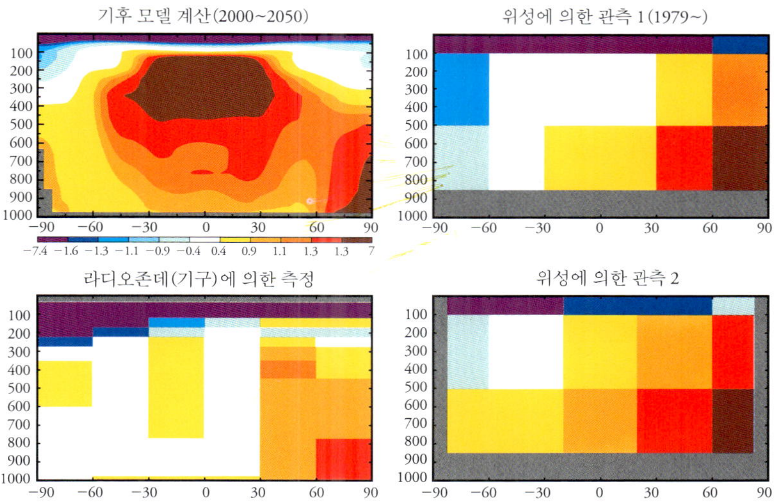

http://data.giss.nasa.gov/modelE/transient/Rc_pj.4.03.html http://www.remss.com/data/msu/monthly_time_seres
http://vortex.nsstc.uah.edu/data/msu http://www1.ncdc.noaa.gov/pub/data/ratpac/ratpac-b

그림 1-26 컴퓨터 시뮬레이션을 이용한 기후 모델 계산과 관측 결과의 비교. 각 그림에서 가로축은 위도(왼쪽이 남극, 오른쪽이 북극), 세로축은 기압(100헥토파스칼 근처는 대류권과 성층권의 계면에 해당, 1000헥토파스칼은 지표에 해당). 적색은 기온 상승이 큰 곳, 청색은 기온 저하가 큰 곳을 나타낸다.

관측과 모델의 계산 결과는 크게 다르다. 북극권의 기온

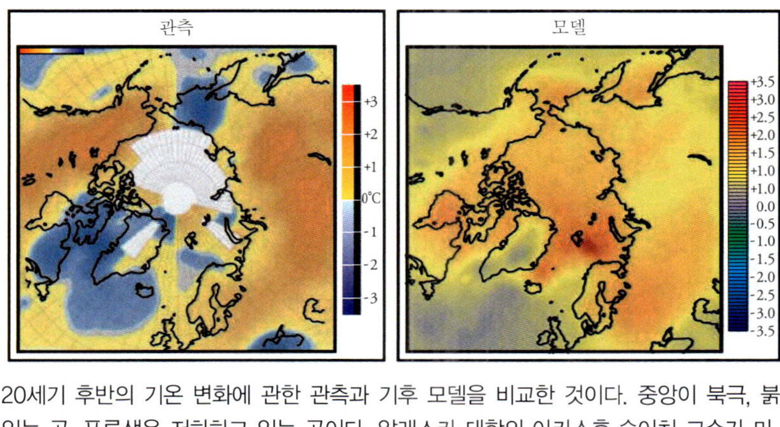

그림 1-27 20세기 후반의 기온 변화에 관한 관측과 기후 모델을 비교한 것이다. 중앙이 북극, 붉은색은 기온이 상승하고 있는 곳, 푸른색은 저하하고 있는 곳이다. 알래스카 대학의 아카소후 슌이치 교수가 미 의회에서 증언했을 때 사용한 데이터.

해상의 데이터를 포함시킨 지구 기온은 어떤 계산 모델보다도 낮다.

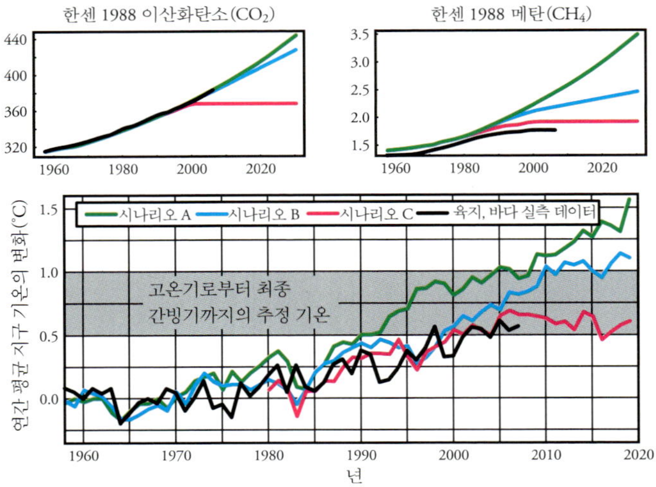

그림 1-29 한센의 기후 모델 검증. 왼쪽 위는 이산화탄소 배출 시나리오. 오른쪽 위는 메탄의 배출 시나리오(다른 온실효과가스는 생략). 관측 데이터도 있다. 아래는 각 시나리오에 의한 기온 변화의 시뮬레이션과 관측 데이터.

화산 분화에 의하여 기온이 올라가고 내려가는 곳이 생긴다.

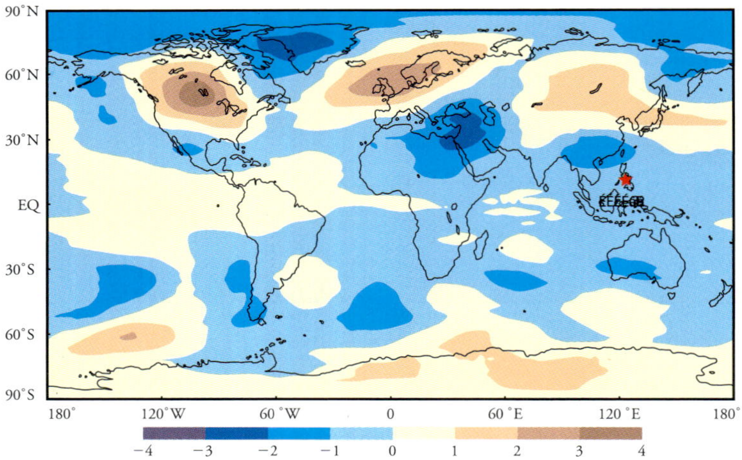

그림 2-4 필리핀 피나투보 화산이 분화한 후(겨울)에 관측된 기온 변화 모식도. A. Robock, 「사이언스」, 2002년 2월 15일 호.

아시아에서 발생하는 착색 에어로졸(매연 등)은 기상에 큰 영향을 준다.

그림 2-6 인도, 방글라데시(왼쪽), 중국 주변(아래)에서 보이는 아시아 갈색구름.

NASA의 사진

사하라 사막의 고온이나 중국 남부의 홍수가 매연으로 설명될 수 있는 가능성이 있다.

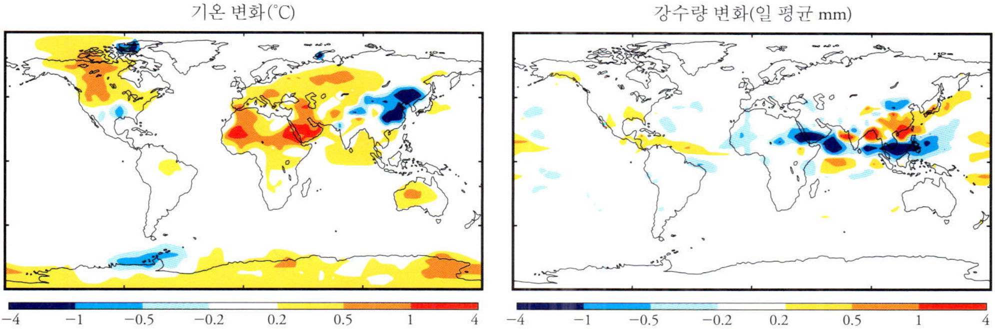

그림 2-7 중국과 인도가 배출하는 매연에 의한 기후 영향의 시뮬레이션 결과. 왼쪽은 기온 변화, 오른쪽은 강수량 변화. J. Hansen 등, 「사이언스」, 2002년 9월 27일 호.

북극 진동은 기온이나 강수량에 커다란 영향을 주고 있다.

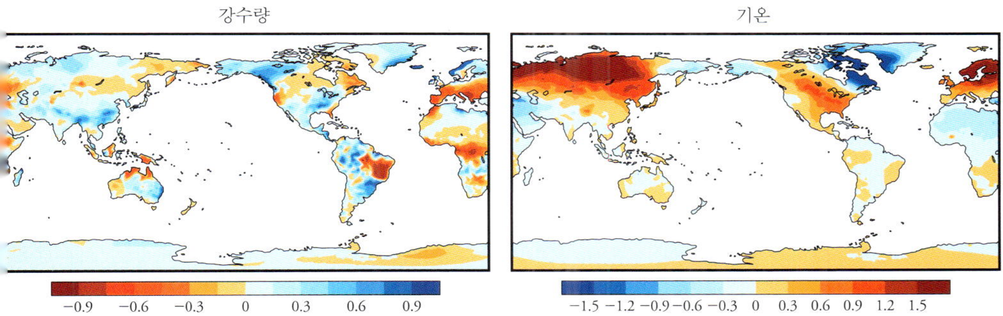

그림 2-21 북극 진동과 기온, 강수량과의 대응. 붉은색은 양의 상관 지역, 푸른색은 음의 상관 지역을 나타낸다.

태양 자기 활동은 지표 기온에 영향을 주고 있다.

북극 진동의 영향과 태양 자기의 영향은 같은 패턴이다.

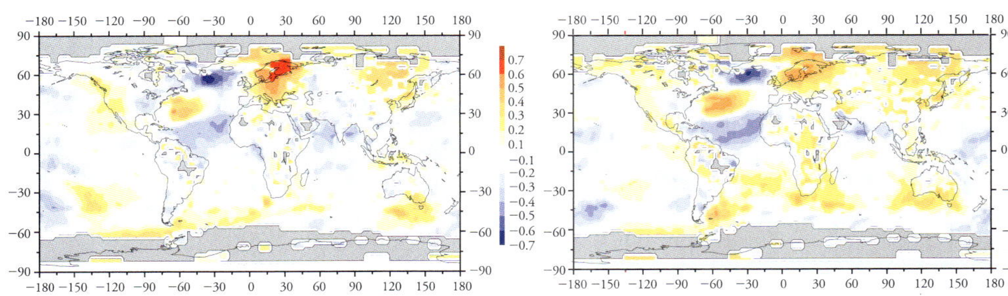

그림 2-22 왼쪽은 겨울의 태양 자기 지수(aa 지수)와 봄의 지표 기온의 상관. 오른쪽은 겨울의 북극 진동과 봄의 지표 기온의 상관. 붉은색은 양의 상관이 큰 지역, 푸른색은 음의 상관이 큰 지역. 이토, 지구행성과학연합 학회, 2008년.

북대서양 해수면 온도의 남북 분포는 수십 년 사이클로 진동하고 있다.

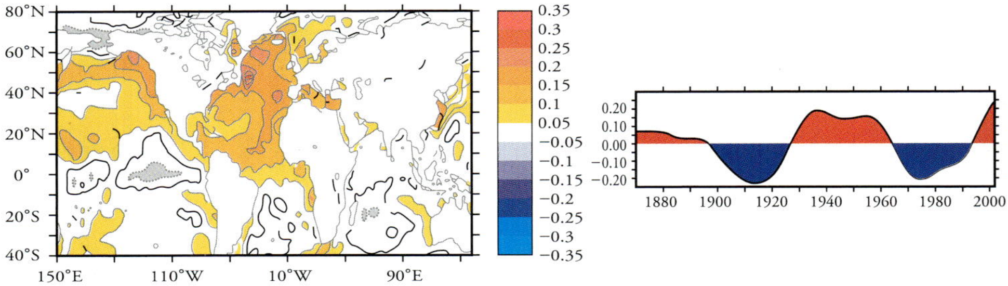

그림 2-27 대서양 수십 년 진동(AMO). 오른쪽은 시간 변화, 왼쪽은 온도와 AMO의 상관의 분석. AMO 지수가 클 때는 대서양 북부에서 해수면 온도가 높다. R. Sutton 등. 「사이언스」, 2005월 7월 1일 호.

그린란드의 빙상을 통해 과거 10만 년간의 거대한 기온 곡선을 알 수 있다.

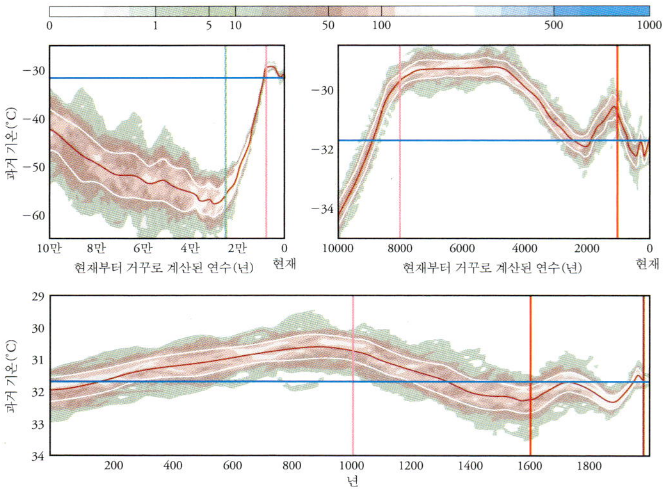

그림 3-8 보아홀(빙상 코어를 채굴한 구멍)법에 의한 과거 기온. 그린란드에서의 데이터. 가로축은 왼쪽 위가 몇만 년 전, 오른쪽 위가 몇천 년 전, 아래가 기원 후를 나타낸다. Dahl-Jensen 등, 「사이언스」 1998년 10월 9일 호.

더워지는 지역도 있고 추워지는 지역도 있다.

2003년 6월의 지표 기온의 변화(1951~1980년의 평균 기온과 비교하여)

2003년 8월의 지표 기온의 변화(1951~1980년의 평균 기온과 비교하여)

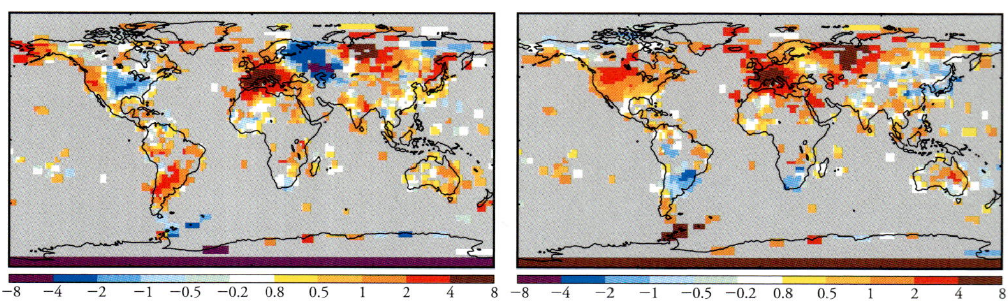

그림 4-1 유럽에서 열파가 발생한 2003년 여름의 기온 분포. 왼쪽은 6월 데이터로 동유럽이 저온을 보이고 오른쪽은 8월 데이터로 일본 부근이 저온을 보인다.

들어가는 말

사상 최악의 과학 스캔들

일본 정부가 대책에 매년 1조 엔 이상을 투입하고, 2012년까지 적어도 2조~3조 엔의 임시 예산을 쏟아 부을 것으로 예상되는 지구 온난화 문제. 집단 히스테리적인 느낌이 들지 않을 수 없다. 위화감이라 해도 좋을 것이다. 과연 증거로 제시된 연구 논문이나 지구를 구한다는 명목의 각종 정치적인 시책들은 올바른 것인가?

온난화 문제는 인간이 발생시킨 CO_2(및 온실효과가스)가 지구 온도를 높이면서 악영향을 낳는다는 과학적인 설과, CO_2의 배출을 감소시키면 온난화를 억제시킬 수 있다는 대책으로 나뉜다. 하지만 어느 쪽도 자기 편리한 대로 부분적인 현상만을 취급하고 있으며, 이를 기정사실화해버렸다. 아직 가설에 지나지 않은데도 말이다.

자동판매기처럼 버튼(원인)만 누르면 결정된 것(결과)이 나오는 것과는 차원이 달라서, 지구 온난화 문제의 가설은 원인과 결과의 끈이 아직 확실히 이어지지 않았다.

이 책은 지구 온난화 문제에 의문을 품은 두 사람이 정리한 것이다. 학교 선후배 사이로 같은 연구실의 대학원생 · 조교를 지낸 후, 화학 분야의 연구와 교육에 종사하면서 환경 문제에 관심을 갖게 된 공통점을 가지고 있다.

우선 서장은 온난화 문제의 현상과 앞으로 수년간의 예측에 대해서 대략적으로 와타나베渡辺가 정리하였다. 본론이 되는 1~5장에서는 '지구 온난화의 과학'을 이토伊藤가 상세히 설명하였다. 만일 '과학'에 의심이 가는 점(거짓의 후보)이 남아 있다면, 이를 기반으로 한 '대책'은 귀중한 자원 낭비임에 틀림없다. 과학의 발전으로 해명되고 있는 사실은 하루가 다르게 빠른 속도로 변하고 있다. 기후 변화에는 다양한 요인이 서로 맞물려 있으며 CO_2는 요인 중 극히 일부에 지나지 않을 가능성이 크다. — 이를 증명하는 성과를 소개한다. 거친 논의를 현재 벌이고 있는 예도 많으며, 명확하게 예측하기 어려운 단계에 있는 예도 있지만, 기후 변화와 지구 온난화의 복잡함과 문제점을 수면 위로 올렸다는 데 의의가 있다.

노벨 평화상을 수상하여 '과학의 권위'로 인정받은 IPCC(기후변화 정부간 협의체)의 견해에 대해서도, 일부분을 담당한 사람(이토)으로서, 정치적 역학에 휘둘리고 있는 과학적 위기를 통감하는 바다. 노벨 평화상을 공동 수상하고, 비주얼한 저작과 영화로 일부 시민들을 열광시킨 미국의 전 부대통령 앨 고어의 의견에도 고의 여부를 떠나서 사실 무근의 거짓과 편견이 많다. 아무튼 '지구 온난화 논의'에는 과학적으로 부족한 부분이 아직도 많다는 현실을 충분히 이해할 수 있을 것이다.

마지막 5장에서는 이러한 온난화 문제에 관해서 정부와 민간이 취하고 있는 대책의 의미와 무용성에 대해서 이토와 와타나베가 해부하였다.

'온난화 대책은 기다릴 시간이 없다!'고 위협하는 사람들도 있다. 하지만 설사 해수면이 상승한다고 하더라도 연간 겨우 수 밀리미터에 불과하고, 최근 기상 이변이 증가했다는 증거 역시 실제로 거의 없다. 자연의 흐름 속에서 나타나는 현상 하나를 가지고 '이상'이니 '이변'이니 하는 소동은 감정적인 문제이므로 서둘러 대책을 세우는 것은 상당히 위험하다. 이 모든 것은 차치하고라도 CO_2 농도 증가와 1~2℃의 기온 상승이 어디가 어떻게 두렵단 말인가?

위협적인 발언을 일삼는 사람들뿐만 아니라 '대책' 추진에 앞장서고 있는 정부 또한 문제가 아닐 수 없다. 만일 진정으로 CO_2 배출을 줄이고 싶다면 효과를 거의 기대할 수 없는 에너지 절약을 국민에게 장려하기보다는 국가 전체적으로 1000 MW(메가와트, 대형 화력 발전소 1기분)의 전력을 소비하는 거리의 자동판매기를 문제 삼든지, CO_2 배출 증가로 이어지는 주유 가격 인하 문제를 신중히 검토해야 마땅하다.

그뿐 아니다. 지금이 '환경 비즈니스'의 기회라고 에코 제품 선전에 열을 올려서 대량 판매를 기록하고 있는 업계 역시 비난을 면하기 어렵다. 전체적으로 보면, 에너지 소비를 부추겨서 결과적으로 CO_2 배출 증가로 이어지고 있는 것이 현실이다. '에코'라는 문구에 휘둘려서 별로 의미 없는 제품을 사고 마는 국민들은 술책에 말려든 꼴이다.

만일 장래에 인간이 배출하는 CO_2와 지구 온난화의 인과 관계가 정확하게 밝혀진다면 지금의 히스테리적인 대책은 크게 지탄받을 것이 분명하다. 그때 국민에게 상당한 부담을 안겨준 '지구 온난화 문제'는 사상 최악의 과학 스캔들로 불릴 것이다.

'1988년 제임스 한센이 미 연방의회에서 제기한 고발을 시작으로 약 10년 후에 교토의정서라는 국제적인 파워 게임이 전개되었고, 또 약 10년 후에는 도야코 정상회담을 거쳐 마지막에는 배출량 거래라는 머니 게임으로 전락한 지구 규모의 대소동, 지구 온난화 문제의 진실은 이런 것이었다.'라고 후대가 평가하지 않을까?

차례

서장

지구 온난화의 논의는 '환경 테러리즘'이다

와타나베 타다시[渡辺 正]

미래의 신문 기사를 예측해보다

지금부터 6년 후 2015년. 그때 게재될 신문 기사를 한 번 예측해보았다. 아니, 거의 대부분의 신문에 다음과 같은 기사를 볼 수 있으리라 확신한다.

2015년 2월 16일

'지구 온난화 문제'란 과연 무엇이었던가!

교토의정서 발효 10주년을 맞이하여

△△신문 과학부장 김○○

지구 온난화 대책을 목적으로 하는 교토의정서가 발효된 것은 10

년 전 오늘, 바로 2005년의 일이다. 당시 지구 온난화 문제는 지구 환경을 지키기 위한 주요 과제로 인식되면서 국내외 수많은 관계자들이 모여 대책 마련을 위한 논의를 거듭하였다. 그러나 시행된 대책은 일부에 그쳤고 그마저 큰 효과를 거두지 못하였다. 그뿐만 아니라 '지구 온난화 문제' 자체를 두고 끊임없는 의문이 제기되면서, 결국 지구촌을 달궜던 뜨거운 논의들은 어디로 갔는지 과거의 이야기가 되어 버렸다.

교토의정서(기후 변화에 관한 국제연합 기본 협약에 대한 교토의정서)•   1997년 12월 11일 의결
선진국이 6종류의 '온실효과가스'를 1990년을 기준으로 각국이 감축할 것을 결정한 조약. 배출권 거래 등의 흡수원 활동을 결정한 교토 메커니즘도 채용되었다.
6종류의 온실효과가스
이산화탄소(CO_2) / 메탄(CH_4) / 일산화이질소(N_2O) /   수소불화탄소(HFC_S) / 과불화탄소(PFC_S) / 육불화황(SF_6)
각국의 감축 목표(1990년을 기준으로 한 배출량)
92 %(−8 %): 독일, 영국, 프랑스, 이탈리아, 네덜란드, 스페인, 스웨덴 외 (EU 15개국)   93 %(−7 %): 미국(탈퇴)   94 %(−6 %): 일본, 캐나다 등   100 %(±0 %) : 러시아, 뉴질랜드 등   108 %(+8 %) : 호주

현재도 지표의 평균 기온은 상승 국면에 있지만, '심각한 이상 현상'으로 쉽게 단정하기 어렵다는 것을 이제는 모두가 알고 있다. 지구

• 역자 주: Kyoto Protocol to the United Nations Framework Convention on Climate Change.

온난화에 관해서도 이산화탄소가 주된 원인이 아니라 태양 활동의 영향이 보다 크게 작용한다는 연구가 계속 발표되고 있다.

인간이 배출하는 이산화탄소가 일으켰던 '심각한 이상 현상과 지구 온난화'는 이대로라면 역사의 뒤안길로 사라질 조짐마저 보이고 있다.

지금으로부터 20년 전인 1988년 6월 23일, 미국 항공우주국 고다드 우주연구소GISS; Goddard Institute for Space Studies에 근무하던 제임스 한센 James Hansen은 미 연방의회에 참석한 자리에서 충격적인 주장을 내놓았다. 주요 골자는 다음 두 가지로 요약된다.

① 인간이 배출하는 이산화탄소가 대기 중에 증가하여 지구를 온난화시키고 있다.

② 온난화가 이대로 진행되면 기상 이변이 속출하고 해수면이 상승하는 등 지구 전체에 이상이 초래된다.

이의 증언으로 많은 사람들이 충격을 받았고 지구 온난화를 걱정하는 데 뜻을 같이하였다. 매스컴은 '인류 최대의 위기', '기상 대이변' 등의 경고를 앞다퉈 내보냈다. '지구 온난화'는 환경 문제의 키워드로 독자적 행보를 시작하였고 그 파장은 걷잡을 수 없게 되었다.

온난화 억제를 위해서 온실효과가스(대부분 CO_2)의 배출을 줄일 것을 주장하는 '교토의정서'가 채택된 것은 제임스 한센의 발언 이후 9년 반이 지난 1997년 12월의 일이다. 일본을 의장국으로 한 '유엔기후변화협약'의 제3회 체결국 회의(COP3), 즉 교토회의 석상에서였다.

서명한 국가와 지역의 '배출량 감축 목표'를 결정한 의정서는 2005년 2월 16일에 발효되었고, 2008~2012년을 제1 약속기간으로 하였다.

지구 온난화 문제에 관한 역사적 행보	
~1980년대 전반	'지구 한랭화'가 학계의 정설
1988년	제임스 한센의 '최근의 기상 이변, 특히 더운 날씨가 지구 온난화와 관련이 있음을 99% 확신한다.' 등의 발언 (미 연방의회)
1990년	IPCC 1차 평가보고서
1992년	브라질 리우데자네이루에서 열린 '유엔환경개발회의(UNCED)'에서 기후변화협약을 채택, 기후변화협약 체결국 회의(COP) 개최를 규정
1995년	IPCC 2차 평가보고서
1997년	제3차 당사국 총회(COP3)에서 교토의정서 채택
2001년	IPCC 3차 평가보고서
2006년	스턴 보고서
2007년~	고어 '불편한 진실' 출판 및 영화화 IPCC 4차 평가보고서 고어와 IPCC가 공동으로 노벨 평화상 수상 '포스트 교토의정서'에 있어서 수치 목표 등의 논의 활성화
2008년	홋카이도 G8 정상회담에서 G8 정상이 포스트 교토의정서를 논의

교토회의에서부터 지금에 이르기까지 일본은 에너지 절약 대책으로 연간 평균 1조 엔 이상의 국가 예산을 투입하였다. 하지만 막대한 자원(세금, 시간, 노력, 지하자원)을 쏟아부었음에도 불구하고 배출량은 실질적으로 줄어들지 않았다. 친환경 제품 개발에도 상당한 보조금이 지원되었지만 결국 실패로 끝난 것이 한두 개가 아니다. 온난화 대책에 투입된 국가 공무원의 수도 한때 각 부처를 합하여 1,000명을 훌쩍

뛰어넘었다. 이래서는 자원을 효과적으로 운용한다고 할 수 없다.

본 신문 역시 이러한 풍조를 부추기는 보도를 되풀이하고, 여론을 잘못된 방향으로 이끌고 간 것은 비난받아 마땅하다. 깊이 반성하고 독자 여러분께 진심으로 사과드린다. 그런 의미에서 '지구 온난화 소동'의 역사를 되돌아보기로 하자.

흔들리는 '과학적 지견'

지구 온난화 대책은 제임스 한센의 두 가지 발언(① 인간이 배출하는 이산화탄소가 대기 중에 증가하여 지구를 온난화시키고 있다. ② 기상 이변이 속출하고 해수면이 상승하는 등 지구 전체에 이상이 초래되고 있다.)이 진실일 때에만 그 의미가 있을 것이다. 만약 ①이 잘못된 내용이라면, ②는 괜한 걱정에 불과하기 때문에 설령 온난화 경향이 사실이라 해도 걱정할 필요가 없으며 수많은 대책들도 그 의미를 상실한다.

제임스 한센이 1988년에 연방의회에서 발표하면서 사용한 그래프(그림 0-1)를 보면, 1880년부터 당시까지의 약 100년간 대기 중의 CO_2는 계속적으로 증가하고 있으며, 이에 따라 기온도 점차로 상승하는 듯이 보인다. 하지만 자세히 살펴보면, 1940년경부터 1970년대에 걸쳐 기온은 눈에 띄게 내려가고 있다. 실제로 1970년대에는 '빙하기가 가까워진 것이 아닌가?' 하고 우려하는 과학자도 많았고, '지구 한랭화'를 경고하는 책들이 일본에서만도 다수 출판되었다.

그러나 제임스 한센은 '한랭화' 부분은 무시한 채, CO_2 농도를 높이는 주요 원인이 화석연료의 연소 때문이라고 단정하며, 인간이 지구를 온난화시키고 있는 것은 99% 확실하다는 호언까지 하였다.

지구 온난화 문제의 기폭제가 된 그림

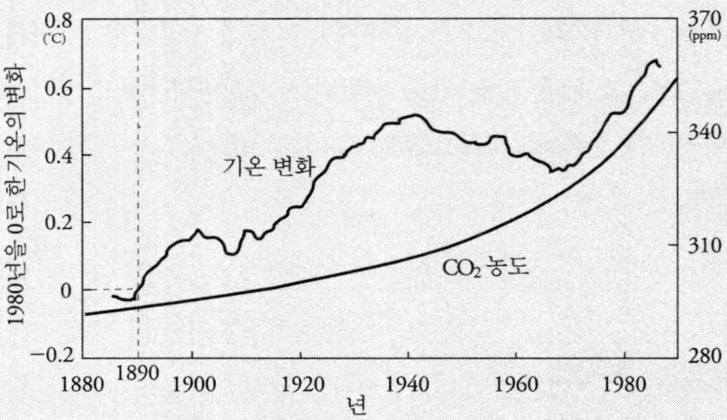

그림 0-1 1988년 6월, 제임스 한센이 미 연방의회 증언 때 사용한 그래프. 기온 변화가 이산화탄소의 농도 상승과 비례하는 것처럼 보인다.

그의 발언 이후 교토의정서가 채택되고 발효를 거쳐서 제1 약속기간에 들어가기까지, 즉 1980년대 말부터 거의 20년 동안 ①과 ②를 지지하는 온도 측정 데이터와 수치 시뮬레이션의 결과가 계속해서 학술잡지의 지면을 채웠다.

급기야 IPCC는 1차(1990년) · 2차(1995년) · 3차(2001년) 보고서에서 관련 논문들을 종합하여 '과거 1000년을 살펴봤을 때 20세기의 기온이 최고치로 나타났다.', '기온 상승의 주원인은 인간이 배출하는 CO_2이다.'라고 결론 내렸다.

원래 IPCC는 과학자들이 모여 자유롭게 논의하는 학회가 아니라, 각국 정부의 의견을 국제적으로 통합하는 기관이었다. 하지만 IPCC에 과학적 권위를 부여하는 이들이 지구 온난화에 관한 해설서를 출간하기 시작하면서, '온난화 위기'는 어느덧 일반적인 상식이 되었다. 정계 · 산업계 · 학계의 중진들 역시 입을 모아 '온난화 위기'를 이야기하고, 연구자들도 연구비를 신청할 때 '지구 온난화'를 필수의 키워드로 사용하게 되었다. 바야흐로 CO_2 배출 감축과 관련 있는 것이라면 '지구를 위한 일', '에코'로 보는 풍조가 만연해진 것이다.

2007년 4차 보고에서 IPCC는 온도 상승 및 해수면 상승의 예측치를 어느 정도 하향 수정하면서도, 제임스 한센이 언급한 ①에 대해서는 '90% 이상의 확률로 정확하다.'라고 규정하였다. 이 소식은 매스컴을 통해 전 세계에 알려졌으며 '온난화 위기론'이 더욱 거세게 불어닥쳤다.

같은 해 가을에는 IPCC와 『불편한 진실』(출판 · 영화)을 통해 온난화의 위기를 경고한 미국의 전 부통령 앨 고어가 공동으로 노벨 평화상을 수상하였다. 지구 온난화 문제가 한층 더 탄력을 받은 것은 물론이다.

IPCC의 보고서를 믿는 사람들은 과학계에서 제임스 한센의 주장이 합의된 내용이라고 주장하였다. 하지만 정말 그럴까? 이미 1980년 중반 이후 다음과 같은 의견이 제시되었지만 귀를 기울이지 않았다.

- 지구 기온은 주로 태양 활동으로 정해지며, 인간 활동이 주는 영향은 극히 미비하다.
- 제임스 한센이 미 의회에서 발언 당시 무시했던 1940~1970년대의 한랭화(그림 0-1)도 태양 활동의 변화로 설명할 수 있다.
- 태양 활동은 일정한 주기로 변화하며 이에 따른 지구의 기온도 완만한 상승과 하강을 반복해왔다. 변동 주기는 11년, 약 85년, 약 210년, 약 1500년으로 알려져 있다.
- 역사상 20세기보다 고온이었던 시기는 몇 번이나 있었다. 과거 3000년을 되돌아보더라도 고대 로마 시대나 중세온난기 때는 지금보다

도 훨씬 따뜻했다.

- 온난기와 온난기 사이는 추웠다. 가장 최근의 한랭기는 약 300년 전의 '소빙하기'로, 그때부터 회복 중이며 현재가 온난화 도중에 있다고 봐도 과언이 아니다.
- 조위계의 데이터를 보는 한 투발루Tubalu는 물에 잠기고 있지 않다. 투발루의 수상은 온난화의 피해를 호소하였지만 정작 환경 담당자는 해수면 상승을 부정하였다.
- 지상에서 측정한 기온은 도시화의 영향을 크게 받기 때문에 표면상의 온난화에 주의를 기울이지 않으면 안 된다.

이와 같은 견해를 실은 심사 학술논문만 수백 편에 달하며, 연구자들과 저널리스트들도 책이나 논설 같은 형태로 부지런히 발표하고 있다. 프레드 싱거S. Fred Singer와 데니스 에이버리Dennis T. Avery는 이를 집대성하여 2006년 가을에 Unstoppable Global Warming: Every 1,500 Years•를 출간하였고, 미국 전역에서 베스트셀러가 되었다. 2008년 초에는 증보개정판도 간행되었다.

2003년 무렵까지는 IPCC 보고서를 정리한 각국 정부의 대표들과 매스컴도 이러한 논문과 논의에 그다지 주목하지 않았다. 하지만 2003년에 들어서면서 지구 온난화론의 위험성을 제기하는 사람들이 나타나기 시작하였다. 그들은 회의론자라 불렸는데, 신중론자 혹은 현실론자라고 하는 편이 더 적절할지도 모르겠다. 그들의 주장은 의정서의 제1 약속기간을 눈앞에 둔 2005~2007년부터 서서히 강해지면서, 2007~

• 역자 주: 김민정 역 (2009), 『지구온난화에 속지 마라』, 동아시아.

2008년에는 신문, TV, 잡지 등에 실리는 일도 잦아졌다. 이들의 영향으로 일본에서도 지구 온난화론을 의심하는 이들이 차츰 늘어났다.

한편 미국을 중심으로 해외 여러 국가들의 회의론자들은 일찍이 1990년대부터 IPCC 보고서에 근거한 지구 온난화론을 '쓰레기 과학 Junk Science' 내지는 '종교', '집단 히스테리', '과학을 사칭한 드라마', '정치적 난센스', '신화적 사이비 과학' 등으로 혹평하였다.

최근의 기온 데이터를 보고 의문의 목소리를 높이는 사람들도 많다. NASA는 1978년 후반부터 기상 위성 NOAA에 탑재한 정밀한 계측기를 사용하여, 대기 하층(고도 4~5 km)의 기온을 오차 0.01°C 범위에서 측정해왔다. NOAA는 24시간 내내 쉬지 않고 북위 90°에서 남위 90°까지의 지구 상공을 빠짐없이 관측하며, 지금도 실시간으로 지상의 수신국에 데이터를 송신하고 있다.

2008년 무렵의 관측 데이터는 과거 30년 동안 지구 전체의 기온 상승이 극히 미약하다고 전하고 있다. 뿐만 아니라 북반구의 일부 지역은 온난화 경향을 나타내고 있지만, 남반구 전체와 남극권을 보면 기온 변동이 없거나 오히려 낮아지는 경향을 보였다. (인간의 인위적인 활동 때문에 배출되는 이산화탄소는 곧바로 지구 대기 전체로 확산된다. 이산화탄소가 정말로 온난화의 주범이라면 어느 한 곳 빠짐없이 기온이 올라가야 하는데, 기온 변화가 국지적인 경향이 강하다는 사실은 커다란 의문점 중의 하나였다.)

의정서의 제1 약속기간을 눈앞에 둔 2007년 후반부터 2008년 초반에 걸쳐서는 대중매체들이 약속이나 한 듯이 지구 온난화 문제를 크게 다루었다. 특히 2008년 7월에는 G8(선진 8개국) 정상회담이 일본 홋카이도 도야코에서 열리면서 수많은 특집 기사와 특별 방송이 줄을

이었다.

도야코 정상회담은 지구 온난화를 주요 의제 중 하나로 채택했지만, 개발도상국의 배출 감축 의무화와 관련해서는 합의를 이끌어내지 못했을 뿐만 아니라, 구체적인 수치 목표나 실효성 있는 시책도 이뤄내지 못하였다. 결국 행동 없는 공동성명만을 발표한 채 막을 내리고 만 것이다.

한편, 도야코 정상회담 이후 2008년부터 2010년에 걸쳐 다음과 같은 새로운 과학적 견해가 발표되면서 대중매체에서도 그 일부가 보도되기에 이르렀다.

- NOAA의 기온 관측 데이터가 남반구와 남극권의 한랭화를 재증명하였다. 지구 전체의 기온 데이터는 완만한 상승을 보이다가 보합 상태를 보이고 있다.
- 도시화가 전혀 이루어지지 않은 3000곳의 관측 지점을 신중히 선택하여 세계 지표 기온의 평균치를 내보았다. 1970년부터 2010년까지의 기온 상승은 도시를 포함했을 경우(0.7℃)와는 달리 0.2℃에 불과하였다.
- 빙상 코어의 새로운 분석에 의해 1500년 주기의 자연스러운 기후 변화가 재확인되었다.
- 중 · 장기의 태양 활동 변화를 이용한 기후 계산 시뮬레이션이 시작되면서 기존의 결론에 대한 의문이 제기되고 있다.
- 역사 자료와 고목의 나이테를 이용한 정밀 검사가 활발해지면서, 중세온난기가 현재보다 1℃ 정도 높았다는 것이 재확인되었다.
- 2005~2006년에 빙원이 축소된 북극권에서 빙원 면적이 확대되는

경향이 확인되었다.

• 해수면 상승으로 화제가 된 인도양의 몰디브 제도는 과거 40년간 오히려 20 cm 정도 해수면이 내려간 것으로 밝혀졌다.
• 해수면 상승이나 하강의 주요 원인을 판 운동 등 지각 변동으로 보는 주장이 강해졌다.
• 미국의 상세한 통계 조사에 따르면 과거 100년 동안 허리케인이나 토네이도, 가뭄 등의 빈도가 거의 변하지 않았다고 한다.
• 과거 20년간 생물 종은 거의 멸종되지 않았다는 것이 확인되었다. 북극권 캐나다의 백곰은 개체 수가 오히려 20~30% 정도 늘었다.

'지구 온난화 문제'는 시간과 공간을 폭넓게 아우르는 과학적 논증이 수반되어야 하기 때문에 불확실한 부분이 많지만, 2008~2010년에 들어서면서 커다란 전환기를 맞이하였다.

매스컴에서도 변화의 바람이 일어났다. 이제까지 주기적으로 내보내고 있던 '남극 빙붕ice shelf 붕괴'가 태고 이래의 자연 현상이라는 것과, '투발루 침수' 영상이 온난화에 관계없는 특수한 조건에서의 장면에 불과하다는 것을 이해하면서 서서히 방영을 그만두었다. 결국 2015년에 이르러 기존 노선과 대책을 그대로 유지하려는 정부와 대립을 보이며 반대 여론을 이끌어가게 된다. 국민들 역시 지구 온난화 문제에 열정과 관심을 잃어갔다. 연구자들도 조금씩 온난화 분야를 떠나는 이가 속출하였다.

IPCC는 2013년부터 2014년에 걸쳐 5차 보고서를 제출하였다. 정부와 환경청은 중시하였지만 매스컴에서는 더 이상 관심을 보이지 않았다. 또한 '온난화의 위기'를 의심하는 사람들이 증가하면서 2007년 4

차 보고서에 비해 공포 분위기도 훨씬 가라앉았고, 온난화를 화제로 삼는 사람들도 줄어들었다.

반면 1996년 IPCC의 2차 보고서가 발표될 당시, 인간 활동에 기원하는 지구 온난화 문제를 부정하는 의견을 무시했던 과학 분야의 주필 벤저민 샌터Benjamin, D. Santer를 향한 비난의 목소리가 높아졌다.

의문점 많았던 온난화 대책

만일 앞에서 언급한 제임스 한센의 두 가지 발언이 사실이라면, CO_2 배출 감축으로 온난화 방지는 불가능하더라도 적어도 진행을 늦추는 일은 가능하다. 때문에 2007년 무렵까지 관계자들은 CO_2 배출 감축이 '온난화 대책'에 가장 효과가 있다고 주장하고, 환경청과 경제 부처들도 이러한 방향으로 움직였다.

본 지를 포함하여 매스컴은 이들 주장을 옹호하는 보도를 지속적으로 내보냈기 때문에 대다수의 국민들 또한 '온난화는 공포다.'라고 생각하고 CO_2 배출 감축을 환영하였다.

문제의 CO_2는 화석연료(석유 · 석탄 · 천연가스)가 연소하면서 생긴다. 화석연료를 태우는 것은 주로 에너지 생산(발전소)이나 엔진(자동차) 등이므로 CO_2 감축에는 에너지 효율성이 효과적이라 여겼다. 가전제품을 에너지 절약형으로 바꾼다면 전력 소비를 줄이고 발전소의 CO_2 배출을 줄일 수 있다는 이유에서였다.

같은 맥락에서 화석연료의 사용량을 줄이기 위한 태양열 발전소와 풍력 발전, 연료 전지, 바이오 연료와 같은 대체 에너지에 관한 논의도 활발히 진행되었다.

이와 같은 분위기 속에서 산업계는 에너지 효율성이 높은 상품 개발에 박차를 가하며, 매스컴 광고를 통해 판매량 확대에 주력하였다. 일본의 경우, 환경청을 비롯한 각 부처들도 나서서 온난화 대책에 총력을 기울였는데, 2006년부터 사용한 세금만도 매년 1조 엔 이상이었다.

그뿐 아니다. 배출 감축 목표(일본의 경우, 1990년에 비해서 −6%) 중, 달성하지 못한 분량을 다른 국가로부터 사들여와 목표량을 채운다는 이른바 '배출량 거래'가 2007년 말부터 구체화되었다. 따라서 우선적으로 2008년도에는 헝가리와 폴란드에서 수백만 톤씩, 약 200억 엔의 경비를 들여 구입하였다. 그럼에도 불구하고 감축 목표에는 미치지 못하였기 때문에 의정서의 제1 약속기간이 끝날 때까지 러시아로부터 약 2조 엔에 해당하는 배출량을 또다시 사들일 계획이다. 비슷한 시기에 배출권 거래가 일본 국내에서도 이루어져 금융계 일부를 활성화시키는 데 일조하기도 하였다.

2006~2015년까지 일본 정부가 지출한 '온난화 대책 비용'은 15조 엔을 넘어섰고(국민 1인당 약 15만 엔, 4인 가족일 경우 약 60만 엔), 지자체와 기업이 부담한 경비를 포함하면 20조~30조 엔에 달하는 돈이 '온난화 대책' 또는 'CO_2 배출 감축 운동'에 투입되었다.

그러나 2003~2005년 무렵부터 지구 온난화론의 위험성을 제기한 회의론자(신중론자 혹은 현실론자)들이 이번에는 온난화 대책에 관해서 다음과 같은 모순과 불합리성을 지적하기 시작하였다.

- 교토의정서에는 지구 온난화를 실제적으로 억제하는 힘이 없다.
- 에너지 절약은 경제 활동의 축소를 의미하기 때문에 온난화를 억제시킬 만큼의 CO_2 배출 감축(70~80%)은 국민 생활에 치명적인 타격

을 줄 수 있다.

- 에너지 절약이 CO_2 배출 감축과 직결된다는 발상은 잘못되었다.
- 에너지 효율성이 높은 제품이 대량 판매되면(기업의 의도대로), 오히려 CO_2 배출은 증가한다.
- 불안정한 대체 에너지만으로 에너지 수요를 감당하기는 어렵다.
- 석탄까지 포함하면 화석연료의 수명은 앞으로 수백 년이나 된다. 지금이라도 새로운 대체 에너지 개발에 힘쓰기보다는, 석탄 이용 기술(가스화 · 액화) 개발에 주력하는 편이 현실적이다.
- CO_2의 지중 격리나 해중 격리는 대량의 에너지를 사용하기 때문에, 오히려 CO_2 배출을 늘리게 된다.
- 배출량 거래는 현금이 옮겨 다니는 머니 게임에 지나지 않는다.

설사 인간이 배출하는 이산화탄소가 지구를 온난화시키고 있더라도 식량 증산이나 건강 피해의 감소 등 지구 전체를 봤을 때 오히려 유익하다는 의견도 강하게 제기되었다. 이에 동의한 국민들이 정부를 향해 '지구 온난화 대책'의 무의미함을 지적하기 시작하였다.

이와 같이 지구 온난화 문제는 1988년부터 전 세계인들의 마음에 침투했고 대중매체의 수많은 보도를 통해서 알려졌는데, 2006년 앨 고어의 『불편한 진실』로 최고조에 달했다. 그 후로 30여 년이 흘러 지구 온난화 문제는 '역사상의 일화'로 막을 내리고 있다.

결론을 내리는 데 다소 시간이 걸릴지도 모르겠지만 최종적으로 부정적인 평가가 내려진다면, 국민을 잘못 인도한 본 신문도 책임을 통감하고 장래에는 이와 같은 일이 두 번 다시 일어나지 않도록 크게 반성해야 할 것이다.

온난화로 이익을 얻는 사람들

지금까지 가상의 신문 기사를 예로 들었지만, 2008년 현 시점부터 향후 수년간, 지구 온난화 문제가 이와 같이 진행될 것이라 예상한다.

지구 온난화는 1988년에 갑자기 세간의 주목을 끌기 시작한 문제다. 보통 어떤 이야기나 일이라는 게 필연적인 이유가 있어서 발생하는데, 이 문제의 경우는 어떨까. 한마디로 말하면 누군가(무언가)의 이익이 되기 때문이다. '누군가'의 범위가 넓어질수록 그럴듯하고 많은 이들이 납득하기 쉽다. 하지만 얼핏 봤을 때 전체를 감동시키는 이야기도 실은 극히 일부 사람들만이 이익을 챙기는 경우가 많다.

예를 들면 1996~1999년 일본에서는 다이옥신을 둘러싼 일대 소동이 일어났다. 국민 건강을 위협하는 다이옥신 배출을 줄인다는 대의명분으로 다른 국가에서는 유례를 찾아볼 수 없는 '다이옥신류 대책특별조치법'이 제정되어, 소각로 정비와 환경 시료의 다이옥신 계측과 같은 대책이 현재까지도 계속되고 있다.

하지만 일상에서 섭취하는 다이옥신은 건강 피해를 주지 않는다는 연구가 이미 1980년대에 알려졌다. 그리고 입법 직후인 1999~2000년에는 주요 섭취원이 쓰레기 소각로가 아니라는 명확한 판단이 내려졌다[와타나베 타다시渡辺正 · 하야시 도시로우林俊郎(2003년), 『다이옥신ダイオキシン』, 일본평론사].

실제로 다이옥신 소동은 1980년대에 구조 불황을 맞은 소각로 제조업체가 기사회생책으로 제시한 카드라 알려져 있다. 입법 전후 3년만에 동 업계는 3조~4조 엔의 매상을 올렸다. 다이옥신이 특별한 해악을 끼치지 않는 것이 알려진 후에도 '다이옥신법'에 기초하여 환경 시료의 다이옥신 분석이 의무화된 지자체의 발주로 계측기 제조업체와 분석 업계의 호황이 이어졌다. 이렇게 '국민 건강'을 빌미 삼아 다이옥신법에 기초한 대책이 한발 한발 진행되어 왔다.

'효율성이 높기 때문에 다이옥신이 전혀 발생하지 않는다.'라는 일부 연구자들의 주장을 믿고 정부와 지자체는 1990년대부터 전국의 53개소에 RDF(쓰레기 고형화 연료) 발전시설을 만들었다. 그러나 얼마 되지 않아 '다이옥신의 발생이 없다.'라는 것이 거짓으로 드러나고 통상적인 쓰레기 소각로에 비해서 경비가 3배나 든다는 것이 알려지면서 RDF 사업은 완전히 실패로 끝났다(마이니치신문, 2008년 3월 31일). 다이옥신이 건강 피해를 가져올 염려가 없어졌지만 국가 지원금 560억 엔과 지자체 부담금 200억 엔이 통째로 설비업체와 회사로 흘러들어간 다음이었다.

미에三重 현의 RDF 발전시설에서 2003년 8월에 2명의 사상자를 내는 폭발 사고가 일어났다. 있지도 않은 '다이옥신의 공포'를 부채질한 연구자와 이를 맹신하고 대책 만들기에만 열중한 환경부에 행정 책임을 물어야 할 것이다. 아니 철저하게 물어야만 한다.

지구 온난화 문제에서는 어떠한가?

우선 제임스 한센의 발언이 있던 1988년에 주목하고 싶다. 선진국에서 대기와 수질 오염이 극심한 때는 1970년 전후였다. 그때까지는 공업화를 추진하는 것이 지상 최대의 과제였기 때문에 환경오염 같은 것을 생각할 여유가 없었다. 1970년대 무렵 겨우 '환경을 훼손하고 있다.'는 자각이 들면서 '오염 감시'·'방지'를 목적으로 하는 법률을 정비하고, 담당 관청을 만드는 등(일본의 환경청은 1971년에 발족했다.), 정화 사업이 추진되기 시작하였다. 그 성과로 1985년경에는 대기와 수질 환경이 눈에 띄게 좋아졌다.

그러나 이것이 문제였다. 환경청(현재의 환경성)은 물론이고, 각 관청 산하 환경 담당 부처의 직원, 기업의 환경 담당자, 대학과 국립 연구소의 환경 연구자 등에게 단조로운 감시 업무와 정화 작업은 있지만 규모가 큰 국책 사업은 없어지려는 마당이었다. 말하자면 이들은 실업과 인원 감축이라는 위기에 내몰리게 된 것이다.

이때 등장한 제임스 한센의 발언은 그야말로 구세주나 다름없었다. 지구 온난화는 매스컴을 경유하여 전 세계에 퍼져나갔고 곧바로 일본에도 전해졌다. 이야기를 전해들은 환경 관계자들이 크게 기뻐한 것은 당연하다. 지구 전체라는 거대한 스케일을 대상으로 한 이야기이므로 입증되지 않는 부분이 더 많고, 사업으로 발전시키면 거액을 움직일 수 있는 테마였기 때문이다.

사실이 그랬다. 정부 각 부처들은 발 빠르게 움직였다. 우선 재무성에서는 환경과 관련한 막대한 예산을 획득하였고, 환경 연구자들은 거액의 연구비를 받아 이제껏 유례가 없는 봄날을 맞았다. 연구 논문을 양산하고, 책을 출판하고, 일자리를 얻고, 승진을 하는 연구자들이 많아진 것이다.

산업계도 예외는 아니었다. 아직 진실을 제대로 파악하지 못한 국민들을 대상으로 '환경 비즈니스'에 열을 올려가며, 실제로는 CO_2 배출 감축에 도움이 될 리 없는 에코 제품을 쏟아내었다.

신문사는 판매부수를 올리고, 방송국은 시청률을 높이는 수단으로(직접적인 효과는 얻지 못하더라도, 적어도 국민들의 호감은 살 수 있었다.) 온난화 문제를 지속적으로 방영하였다.

정치권 또한 절호의 찬스를 놓칠 리 없었다. 지구 온난화뿐만 아니라 '환경'을 둘러싼 슬로건은 선거 때마다 단골로 등장하였다.

한편, 감축될 리 없는 CO_2 배출분을 거액으로 사서 '감축한 것으로 한다.'는 내용의 배출량(배출권) 거래가 2005년에 EU에서 시작되었다. 2008년 초반을 기준으로 했을 때 같은 해 거래의 총액은 630억 유로에 달했다고 한다. 일본 국내에서도 경제산업성이 2008년 3월에 연구회를 발족하였다. 과연 CO_2 배출 감축이 가능할지 현실적인 의문이 일지만, 이러한 흐름에 편승한 금융업계와 기관투자가는 확실한 이득을 취할 수 있었을 것이다.

그러나 손해를 보는 이도 있다. 연간 1조 엔에 달하는 국민의 혈세가 '온난화 대책'에 투입되면서 다른 용도로는 쓰이지 못하기 때문이다. 연간 1조 엔은 치료약 피해로 인한 C형 간염 치료비의 40배이고, 2008년 4월에 도입된 후기고령자의료제도 보험료의 납부총액(추정치)의 약 2배에 달한다. 이 돈을 의료, 복지, 교육, 국민 주택에 투자한다고 가정해보라. 국민들의 생활이 지금보다는 훨씬 윤택해질 것은 자명하다.

연간 수천억 엔에 달하는 '지구 온난화 관련 연구개발비' 역시 다른 연구 분야에는 전혀 돌아가지 않는다. 한 해 겨우 수백만 엔 정도의 '과학 연구 보조금'만으로 연구에 충실하고 있는 많은 연구자들이 그만큼 막대한 손해를 입고 있는 것이다(중요한 연구에 자금을 지원하지 못하는 것은 국가적으로도 손실이다).

하지만 가장 손해를 입는 것은 바로 아이들일 것이다. 얼마 안 있어 진실이 밝혀지겠지만 그때까지 지구 온난화와 환경 문제가 고입이나 대입 문제에 나오기 때문에 초 · 중 · 고등학생들은 무조건 암기하여 시험에 대비해야 하고 그 결과 기초 과목 공부는 소홀해지고 있다.

부디 이러한 상황이 수년 안에 바뀌길 바란다. 관계자들의 입장이

난처해지고 반성이 줄을 잇게 되더라도 건전한 사회로 한 걸음 나아가게 되기를 바란다.

80년대 말의 '상온 핵융합'을 초월한 과학 스캔들

에피소드 한 가지를 소개해보겠다.

1989년 3월 하순, '상온 핵융합' 소동이 세계를 놀라게 하였다. 주인공은 영국의 대학에서 미국 유타 대학으로 온 마틴 플라이슈만Martin Fleischmann과 스탠리 폰스Stanley Pons였다. 그들은 간단한 장치를 써서 중수重水를 전기 분해하는 실험을 하고 있었는데, 때마침 막대한 열이 나온 것처럼 보여서 '핵융합이 일어난 것이 틀림없다.'고 발표하였다. 이 뉴스는 인터넷을 타고 전 세계에 퍼졌다(필자 2명 모두 전기화학 분야가 전공이므로, 소동의 진위를 간파하였다. 연루된 일부 사람들이 지인들이었기에 특히 기억이 생생하다).

만일 실험 결과가 사실이었다면 인류는 드디어 영원한 에너지원을 손에 넣는 데 성공하게 되는 것이다. 반면에 연간 수천억 엔의 연구비가 들어간 핵융합 연구는 그 의미가 상실되기 때문에 온 세계의 과학자와 매스컴들은 촉각을 곤두세웠다.

극히 일부이지만 연구자들 중에는 '같은 현상을 발견했다.'고 주장하여 '혹시나……' 하고 기대를 품은 국가와 기업으로부터 연구비를 지원받은 사람들도 있다. 하지만 같은 실험을 반복했던 수천 명에 달하는 대다수의 연구자들은 실험 결과가 재현되지 않는 것을 알았다. 결국 반년도 채 지나지 않아서 열기는 식어버렸다. 그리고 수년 후 상온 핵융합을 '20세기 최대의 과학 스캔들'이라 지탄하는 책이 몇 권인가 나왔다.

그런데 상온 핵융합과 지구 온난화는 공통점이 몇 가지 있다. 우선 처음의 내용 공표가 학술적 논문을 통하지 않았다(전자는 기자 회견, 후자는 의회 발언). 다시 말해서 과학적 절차를 밟지 않은 것이다. 두 번째로 그것이 정말 사실일 경우 인류 전체에 큰 영향을 끼칠 문제이기 때문에 연구계와 매스컴들이 일제히 혼란에 빠졌다는 것도 빼놓을 수 없다. 그리고 세 번째로는 거액의 연구비가 움직인 사실이다. 상온 핵융합에는 겨우 수백억 엔이 들어간 반면, 지구 온난화에는 수조~수십조 엔이라는 천문학적인 비용이 투입되었다.

상온 핵융합은 잠깐의 환상이었다. '지구 온난화 위협' 역시 환상이라는 것이 알려진다면 이것 역시 공통점에 포함될 것이다.

물론 양자 간에 다른 점도 있다. 상온 핵융합의 경우는 극히 일부의 연구자들만 열심히 하였을 뿐이다. 소동 기간도 짧아서 1년여 만에 막을 내렸다.

이에 비해서 지구 온난화는 헤아릴 수 없이 많은 연구자, 공무원, 매스컴 종사자, 시민단체를 끌어들였고, 덕분에 20년 이상이나 영화를 누리고 있다. 연구자가 아닌 일반 시민까지 합세하면서 거액의 세금을 용의 없이 수탈하며 대부분을 효과적으로 사용하지 않고 있는 현실은, 상온 핵융합에 도저히 비할 바가 아니다.

적어도 지구 온난화가 인간의 손에 좌우되지 않는 자연 현상이라는 사실은 곧 밝혀질 것이고, 사상 최악의 과학 스캔들로 역사에 기록될 것이다. 또한 일본은 국제적인 파워 게임에서의 패배자로 역사에 이름을 남길 것이다(마지막 장에서 상세하게 언급).

1장

지구는 정말로 온난화되고 있는가?

이토 기미노리[伊藤公紀]

'지구 온난화'의 근거가 된 한 장의 그래프

그림 1-1을 보자. 세로축은 지구 평균 기온의 편차(평년과의 차이)이고, 가로축은 1850년부터 2000년까지를 나타낸다. 이는 IPCC 보고서(2001년, 3차)의 핵심적인 그림으로, '20세기 후반의 기온 상승은 인위적인 것일 확률이 높다.'는 4차 보고서(2007년)의 결론에 직접 연결되어 있다. 간단히 정리하면 이렇다. '지구 평균 기온의 관측과 컴퓨터 시뮬레이션 결과가 일치한다. 따라서 기온 상승의 원인이 인위적으로 방출되는 이산화탄소라는 것이 거의 확실하다.' 이는 단순히 과학적인 결론을 의미하지는 않는다. 온실효과가스의 농도 안정을 궁극적인 목적으로 하는 '기후변화협약'에 근거를 제시해주었을 뿐 아니라, 각국에게 이산화탄소 감축 목표치를 정하게 한 교토의정서의 후원자 역할을 톡톡히 한 것이다. 이로써 이산화탄소 감축을 둘러싼 희

이산화탄소 감축의 희비극은 이 그래프에서 시작되었다.

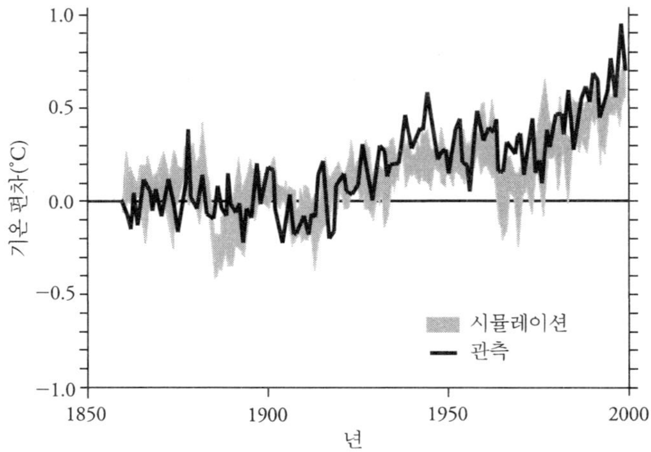

그림 1-1 기온 편차(평균과의 차이)의 연간 변화, 최근 약 150년. 관측과 시뮬레이션 결과의 비교.

비극은 본격화되기 시작하였다.

바이오 연료가 공기 중의 CO_2를 증가시키다니

IPCC가 경종을 울린 것을 시작으로 이산화탄소의 감축은 바야흐로 세계적인 슬로건이 되었다. 이산화탄소 감축을 위하여 가장 먼저 주목을 끈 것은 바이오 연료다. 대표적인 운송수단인 자동차와 비행기는 액체 연료(가솔린, 경유, 디젤 연료, 케로신 = 제트기 연료)로 움직인다. 석유에서 발생하는 이산화탄소를 줄이기 위해서는 석유를 대체할 수 있는 액체 연료가 필요하다. 그래서 식물에서 추출한 바이오 연료가 주목을 받았다. 옥수수와 사탕수수 등의 곡물을 발효시켜 에탄올을 얻거나, 대두와 야자유에서 디젤 연료를 얻는다. 이 방법은 오래전

얼핏 봤을 때 좋을 것 같지만 함정이 숨어 있다.

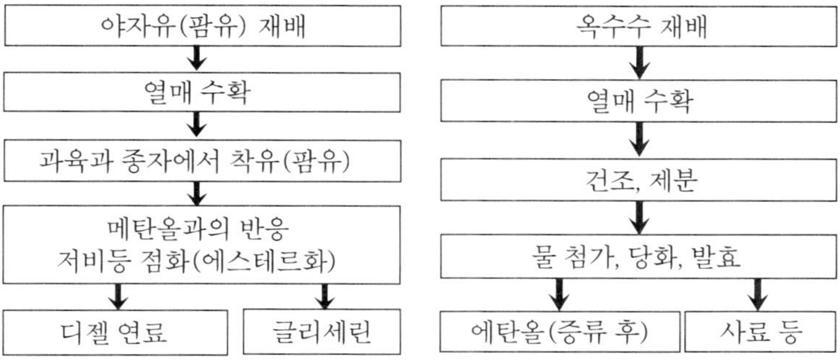

그림 1-2 바이오 연료 제조 공정의 예. 야자유에서 디젤 연료, 옥수수에서 에탄올을 얻는다. 에탄올 제조에는 습식법도 있지만 최근에는 건식법이 많이 사용된다.

부터 기본적인 기술이 전해져 왔기 때문에 당장에라도 실행할 수 있다. 그 한 예로 야자유에서 디젤 연료를 만들 때와 옥수수에서 에탄올을 만들 때의 공정을 그림 1-2에 나타내었다.

바이오 연료에 대한 오해는 '바이오 연료는 식물에서 추출되기 때문에 원료는 공기 중의 이산화탄소다. 따라서 바이오 연료를 태워도 원래 상태였던 이산화탄소로 돌아갈 뿐이므로 공기 중의 이산화탄소를 증가시키지는 않는다.'라는 생각이다. 이를 '카본 뉴트럴carbon neutral'[•]이라 부른다. 다시 말해서 바이오 연료는 카본 뉴트럴이라는 주장인데, 하지만 뜻밖의 결과를 초래하고 말았다.

바이오 연료 제조에 착수한 국가들은 지구 온난화 대책과는 별도의 또 다른 사정이 있었겠지만 적어도 바이오 연료가 이산화탄소 배출을 줄여주는 효과적인 수단이라고 기대했을 것이다. 앨 고어도 저서와 영화에서 바이오 연료에 대한 열정을 드러내고 있다. 그리고 실제로

• 역자 주: 온실가스 배출량을 제로 수준으로 낮추는 것을 뜻한다.

바이오 연료 도입으로 과연 어떤 일이 일어났는가?

야자유 재배, 수확, 착유 공정 →	노동 문제 : 저임금, 위험성, 아동 노동, 건강 폐해(농약, 사고) 등 개발 문제 : 위법 벌채, 토지 분쟁, 원주민 문제 등 환경 문제 : 생태계 파괴, 산불, 토양 침식, 수질 오염 등
팜유 →	식용유와의 경합 : 조리용 기름, 마가린, 세제, 잉크 등
글리세린 →	폐기물 문제

그림 1-3 보르네오와 브라질에 있어서 바이오 연료 제조로 인해 발생하는 여러 가지 문제점.

미국이나 브라질과 같은 곡물 대국을 비롯하여 몇몇 나라에서 재배하는 곡물과 식물에서 에탄올과 디젤 연료를 만들게 되었다.

그런데 과연 무슨 일이 일어났는가! 전혀 뜻밖의 일이 일어났다.

지구 전체 규모로 봤을 때 이산화탄소량이 증가한 것이다. 더욱이 자연 생태계가 파괴되는 위험마저 초래하였다. 그뿐 아니다. 더 큰 문제는 곡물 값이 오르면서 기아까지 부추기고 있다는 것이다. 바이오 연료가 지구 환경을 지킬 것이라 믿었는데 도대체 어떻게 된 것일까?

한 가지 예로 남태평양의 보르네오 섬(인도네시아, 말레시아)에서 일어나고 있는 일을 보자(그림 1-3).

해당 지역에서는 디젤 연료를 만들기 위해서 야자유를 재배하고 있다. 자국에서 쓰려는 것이 아니라 유럽 등 외국으로 파는 것이 목적이기 때문에 바이오 연료는 주요 수출산업으로 자리매김하였다. 다시 말해서 돈 버는 장사가 된 것이다. 그런데 야자유 재배를 위한 토지 확보를 위하여 열대림을 벌목하게 되었고, 그 결과 그곳에서 상상을 초월하는 다량의 이산화탄소가 방출되었다.

누구나 알고 있겠지만 수목은 이산화탄소를 흡수해주기 때문에 나무를 함부로 베는 일은 이산화탄소를 방출하는 것과 다름없다. 그러나 보르네오에서 일어나고 있는 문제는 심각한 수준 그 이상이다. 열대림의 지면은 피트모스peat moss(=초탄)라 불리는 이끼가 몇천 년 동안이나 쌓여 두꺼운 피트모스층을 이루고 있다. 열대림의 수목은 바로 그 지면에서 자란다. 수목은 다량의 빗물을 일시적으로 담아두어 지면의 수분을 유지한다. 하지만 벌채가 진행되면서 피트모스층을 덮고 있던 식물이 사라지고 수분이 점점 말라 건조해진다. 피트모스층은 연소되기 쉽기 때문에 자연 연소에 의해 이산화탄소를 발생하고, 또한 벌목을 위한 방화는 예상치 않은 산불로 이어지기 일쑤다. 이렇게 해서 열대림의 피트모스층에서 다량의 이산화탄소가 방출되는 것이다. 결국 인도네시아는 미국과 중국의 뒤를 이어 세계 3위의 이산화탄소 다량 배출국이 되고 말았다. 얼마 전에 만난 인도네시아의 연구자는 '기후변화협약회의에서 동메달을 받았다.'라고 말하며 쓴웃음을 지었다.

물론 해당국 정부가 가만히 손을 놓고만 있는 것은 아니다. 열대림 보호를 위해 벌목에 법적인 제한을 두고는 있다. 하지만 현지에서는 통용되지 않고 있는 것이 현실이다. 보르네오에서 열대림이 감소하는 주요 원인이 법을 무시한 무분별한 벌목 때문이라는 것은 잘 알려져 있다. 또한 현지의 관리책임자와 벌목업자들 사이에 불법적인 거래가 성행하고 있다는 지적도 제기되고 있다.

이산화탄소를 줄이기 위한 대책으로 바이오 연료를 생각한 사람들은 과연 이와 같은 부작용을 예상이나 했을까? 유럽에서는 일련의 사태를 심각하게 여기고 불법 벌채로 제조된 바이오 연료 수입을 금지하는 법률까지 제정하였다. 하지만 과연 실효성을 거둘 수 있을지 의문이다. 바이오 연료를 둘러싼 희비극은 비단 보르네오에 국한되지 않는다. 브라질의 열대림도 상황은 마찬가지다.

일방적인 'CO_2 원인설'이 낳은 부작용

원래는 이산화탄소 감축이 목적이었는데 반대로 이산화탄소를 더욱 증가시키고 말았다. '기온 상승의 주원인은 이산화탄소'라는 IPCC가 내놓은 결론이 바이오 에탄올 도입을 가져왔고 결과적으로는 열대림 파괴로 이어진 것이다. 도대체 무엇이 잘못된 것일까? 한 가지 한 가지는 필연적으로 일어난 것이다. 하지만 정반대의 결과를 양산하였다. 마치 계단을 하나씩 올라갔는데도 불구하고 다시 제자리로 돌아와 버리는 '에셔의 그림'•을 보고 있는 듯하다. 한 단계 한 단계는 바르게 이어져 있는 듯하지만, 전체를 연결하면 이상하다.

사실 여기에 지구 온난화를 비롯한 환경 문제의 어려움이 있다. 환경 관리는 마치 4개의 공을 동시에 다루는 저글링과 같은 어려운 면이 있다. 공 4개로 저글링을 한다면 꽤 실력 있는 곡예사일 것이다. 이러한 어려움에 비유할 수 있는 것이 환경 관리의 어려움이다. 고려해야 할 요소가 너무 많기 때문이다. 하지만 환경 문제만의 어려움이 아니라 세상일 모두가 그러하다. 여러 요소를 잘 생각해서 균형 잡힌 운영을 해나가야 한다. 그런데 왜 지구 온난화 문제는 그것이 잘 안

• 역자 주 : Maurits Cornelis Escher(1898~1972).

되는 것일까?

결론부터 먼저 말하면 '고려할 요소가 많다.'는 것을 생각하지 못하기 때문이다. IPCC 보고서에서 이산화탄소를 주요인으로 지목하자 그 하나만을 목표로 삼은 것이 문제라고 할 수 있다.

증상에 따라 적절한 처치가 필요하다

지구 환경 문제는 대상 자체가 너무 크고 복잡하며 더욱이 과학·정치·경제·문화에 이르기까지 다방면으로 얽혀 있다. 도저히 어쩔 도리가 없어 보일 수도 있다. 하지만 해답이 아주 없는 것은 아니다. 가장 중요한 포인트만 잘 파악하면 해결 방법은 분명히 있다.

복잡한 시스템이 유사한 의료 분야를 참고하면 좋을 듯하다. 몸의 건강을 최우선으로 생각하는 것이 의학이라면, 지구와 사회 그리고 생태계의 건강을 최우선으로 생각하는 것이 바로 환경과학이다. 그런데 환경과학은, 역사가 짧은 이유도 있지만 생리학에 해당하는 분야가 잘 발달되어 있지 않다. 또 지구가 하나밖에 없기 때문에 실험이 어려운 점도 있다. 마치 인간의 몸을 사용해서 실험하기 어려운 것과 같다. 이렇듯 두 시스템은 대단히 복잡하여 쉽게 접근하기 어려운 공통점이 있다.

실제로 우리 몸은 대단히 복잡한 시스템이지만 잘 대응해가고 있다. 때로는 컨트롤하기 힘든 질병 치료 역시 해가 갈수록 진보하고 있다. 우리 자신이 복잡한 몸과 교감하듯 복잡한 지구 문제도 같은 식으로 풀어가야 하지 않을까? 필자는 문제 해결을 위해 건강 문제와 기후 변화 문제를 유추analogy, 類推를 활용하여 풀어보고자 한다.

중요한 포인트 중 하나는 '회복성'과 '취약성'이라 할 수 있다. 의학의 아버지라 불리는 고대 그리스의 히포크라테스는 '의사가 할 수 있는 것은 환자 몸의 회복력을 증진시키는 것뿐이다.'라는 유명한 말을 남겼다. 환경 문제 역시 같은 맥락으로 이해해야 하지 않을까?

이산화탄소 문제를 몸에 비교하면 생활 습관병과 많이 닮아 있다. '적정 체중보다 15 kg이나 초과하네요.' 혹은 '콜레스테롤 수치가 높네요.'라는 말을 의사한테 들었다면 당신은 어떻게 할 것인가?

'큰일이다! 심장에 무리가 와서 곧 죽을지도 모르니까 이번 주 안으로 10 kg을 빼야겠다.'라고 생각하고 서둘러 무리한 다이어트를 시작할 것인가? 그렇지 않으면 '천천히 확실하게 근육을 키워 기초 대사량을 늘려야겠다.'라고 생각할 것인가? 물론 개인에 따라서 방법의 차이가 있을 수 있다. 그러나 몸에 너무 부담을 주는 것은 오히려 역효과라는 데에는 공감할 것이다.

중요한 것은 몸이지 체중이 아니기 때문이다. 체중은 단순히 건강을 체크하는 한 가지 수단이다. 수단이 목적이 되는 것은 피해야 한다. 그 기본을 잊어버렸을 때 위험에 빠진다.

건강 문제는 텔레비전 등에서도 자주 거론되기 때문에 생활 습관에서 오는 질병 등은 일반인들도 잘 알고 있으며, 자신의 몸에 대한 이해도도 예전에 비해 상당히 높아졌다고 본다. 그렇다면 과연 지구 환경 문제에서는 무엇이 몸의 건강에 해당하며, 무엇이 체중이나 콜레스테롤에 해당하는가? 무엇이 중요하며, 무엇이 단순한 척도인가? 어떠한 대응을 해야 현명한가? 이러한 질문에 답을 찾아가다 보면 지구 환경 문제 또한 대책 마련이 쉬워질 것이다.

지구 온난화 문제와 몸의 건강 문제가 접근 방법에 있어서 비슷하

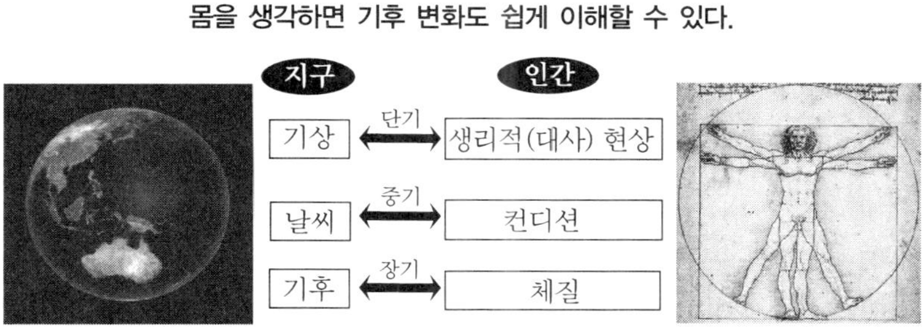

그림 1-4 지구와 인간 몸의 유추.

다는 것을 설명하였는데 우선 지구 온난화 혹은 기후 변화 문제의 생리학에 해당하는 문제에 대해 살펴보겠다.

'생리학'이라 하더라도 의학과 같은 전문적인 이야기가 아니라 우리 스스로가 몸 관리를 하기 위해서 필요하다고 생각되는 지식을 이미지하면 된다.

우선 유추를 해보자(그림 1-4). 기상과 날씨 그리고 기후 관계에 대해서다. 지구의 기상은 몸의 어디에 해당할까? 몸에서는 여러 생리 현상이 다양한 리듬으로 일어나고 있다. 예를 들면, 체온은 겨드랑이에서 잴 때는 일정하지만 재는 곳을 달리하면 다르게 나타난다. 혈압도 마찬가지다. 흥분하면 올라가고, 안정을 취하면 내려간다. 감정 변화에 따라서 몸 안에서 호르몬이 분비되고 그 때문에 눈물이 나오기도 한다. 이와 같은 몸의 변화는 지구로 따지면 기상 현상에 해당될 것이다. 비를 지구의 눈물이라고까지 비약하고 싶지는 않지만 몸도 기상도 변화하는 것은 똑같다.

다음으로 날씨를 보자. 어느 장소에서 여러 기상 현상이 어떻게 일어나고 있는지를 중기적으로 전체로 종합해서 보는 것이 날씨라 했을 때, 이는 몸의 컨디션에 해당할 것이다.

또 어느 정도 긴 기간에서의 평균을 생각해보자. 기상과 날씨의 평균적인 모습을 기후라 할 때 이는 몸의 체질·기질에 해당한다고 할 수 있다.

생리적 현상이나 컨디션은 변하기 쉽지만 체질과 기질은 그리 간단하게 변하지 않는다. 하지만 더욱 오랜 기간이라면 바뀔 수도 있을 것이다. 기상·날씨·기후 관계도 마찬가지다.

건강 관리와 환경 관리에서 모두 중요하다고 여겨지는 것부터 지적해보자. 장기적인 성질을 가진 체질과 기후도 물론 중요하지만 이와 같은 평균치만을 생각해서는 불충분하다고 할 수 있다. 예를 들면 아무리 병에 강한 체질이라 하더라도 때로는 감기에 걸릴 수 있고 상처가 날 수도 있다. 마찬가지로 평균적으로 온난한 기후라 하더라도 겨울에는 폭풍우가 올 수 있다. 이때 필요한 것은 상황에 걸맞은 단기적이고 부분적인 대처다. 손가락을 베어 상처가 났다면 소독하고 반창고를 붙이면 된다. 호들갑 떨며 전신에 효과를 주는 지혈제까지 투여할 필요는 없다. 기후 변화에 대해서도 같다고 할 수 있다. 이처럼 단기적인 것과 장기적인 것과의 구별, 또한 전체와 부분적인 것과의 구별은 가끔씩 혼란을 초래하므로 주의할 필요가 있다. 자세한 것은 앨 고어의 온난화 주장에 관한 4장에서 자세히 살펴보도록 하겠다.

온실효과가스는 CO_2뿐만이 아니다

우선 온실 효과에 대해 짚고 넘어가자. 태양에서 온 빛의 에너지가 지표(바다나 지면)에 흡수되어 열에너지로 바뀌면서 지표가 따뜻해진다. 따뜻해진 지표는 적외선의 형태로 우주를 향해 에너지를 방출한다. 지구 전체로 보면 들어오는 에너지와 나가는 에너지가 균형을 이루고 있으며 이 균형이 지표의 온도를 결정한다.

좀더 자세히 설명하자면 태양 에너지가 들어오는 것은 낮 동안이고 나가는 시각은 밤이다. 겨울의 극지는 하루 종일 밤이기 때문에 계속해서 춥다. 적도 부근 및 여름의 극지로부터 겨울 극지로 에너지가 흘러가는데, 이 에너지의 흐름이 바람이나 해류를 일으키는 것이다. 기본적으로 모든 기상의 원점이 여기에 있다.

지표에서 방출되는 적외선은 대기 중의 온실효과가스(수증기나 이산화탄소)에 흡수된 후 사방팔방으로 방출된다. 지표에서 방출되는 적외선의 일부는 지표로 돌아오는데 그 결과 지표가 덜 식게 된다. 이것이 바로 온실 효과다. 만일 지구의 대기가 온실 효과를 갖지 않는다면 지구의 평균 기온은 약 −18 °C가 될 것이라 한다. 지금 지구의 평균 기온이 약 15 °C이므로 무려 33 °C나 높다. 대기 중의 온실효과가스 덕분이다. 몸으로 말하면 피하지방 덕택에 추위로부터 보호받고 있는 것과 같다. 어느 정도 없으면 곤란하지만 너무 많아도 곤란하다.

이산화탄소는 전형적인 온실효과가스이지만 지구에서 가장 큰 온실 효과를 발휘하고 있는 것은 바로 수증기다. 의외라고 생각하는 독자들도 많겠지만 온실 효과의 90% 이상은 수증기가 담당한다. 그 밖에 메탄이나 프론 등의 온실효과가스가 있다.

온실효과가스

- 수증기
- 대류권 오존
- 이산화탄소
- 메탄
- 일산화이질소
- 수소불화탄소
- 과불화탄소
- 육불화황

CO_2를 줄이려다 오히려 증가시킨 처치

수년간에 걸친 지구 평균 기온이 점차로 오르고 있다는 것은, 몸으로 말하면 수개월 동안 재어온 체온이 점점 상승하고 있는 경우를 상상하면 좋을 것이다. 지구 평균 기온의 상승 원인으로 제기되는 것은 이산화탄소의 농도 상승이다. 몸으로 말하자면 지방이나 콜레스테롤이 증가하는 것이다. 지방과 콜레스테롤은 원래는 몸을 일정하게 유지하는 데 필요한 것이고, 수증기나 이산화탄소와 같은 온실효과가스는 생물이 지구에서 살아가는 데 필요한 것이기 때문이다. 온실효과가스가 없다면 지구는 −18℃인 얼음 세계가 된다.

산업혁명 이전의 이산화탄소 농도는 280 ppm으로 현재의 370 ppm과 비교했을 때 약 30% 정도 증가하였다. 온실 효과의 90%는 수증기가 담당하고 있고 이산화탄소는 10% 이하라고 감안했을 때 우리 몸으로 한번 따져 보자. 피하 지방이 10 kg이고 내장 지방이 1 kg인 사람이 있다고 가정하면, 내장 지방이 1.3 kg이 된 상황을 이미지하면 될 것이다.

이산화탄소는 식물의 광합성이나 식물 연쇄를 통해서 지구를 순환하고 있다. 우리 몸의 지방이나 콜레스테롤이 대사 작용에 의해 체내와 체외를 순환하는 것과 본질적으로 같다. 그렇다면 왜 체지방이 증가하고, 공기 중의 이산화탄소가 증가하는 것일까?

이유는 체지방인 경우 몸이 소비할 수 있는 양 이상으로 과다 섭취했기 때문이고, 이산화탄소의 경우는 식물이 고정할 수 있는 이상으로 연료 등을 태워서 배출했기 때문이다. 즉 본래 필요한 양을 크게 초과한 상태다. 우리 몸으로 하자면 각종 생활 습관병에 해당한다.

이산화탄소의 본질도 이와 유사하다. 문제는, 증가한 지방과 콜레스테롤이 어떤 작용을 일으키는가, 이산화탄소 증가로 무슨 일이 일어나는가, 이를 어떻게 대처할 것인가이다. 앞으로 우리 몸과 지구 환경과의 유추를 통해서 지구 온난화 문제, 기후 변화 문제를 좀더 구체적으로 살펴보겠는데, 독자 여러분도 지구 환경을 구하는 의사 입장이 되어 진단과 대응을 함께 생각해보길 바란다.

그렇다면 '기온 상승 → 이산화탄소 주원인설 → 이산화탄소 감축 → 바이오 연료 도입 → 열대우림 벌채 → 이산화탄소 증가'라는 일련의 진단과 치료의 흐름에서 무엇이 잘못되었는지부터 살펴보자. 애초에 IPCC의 진단이 잘못되었을까, 아니면 정부의 치료 방침이 잘못되었을까? 환자 입장인 사회에 문제는 없었을까?

위기는 컴퓨터 시뮬레이션이 만들어내었다

우선 IPCC의 진단을 눈여겨보자. IPCC 보고서의 결론은 이러했다. '20세기 후반의 기온 상승은 인위적인 것일 확률이 높다.' 하나의 결론을 말하고 있는 듯하지만 실은 두 가지를 말하고 있다. 즉 '20세기 후반의 기온은 상승하고 있다.'와 '그 원인은 인위적인 것이다.'이다.

전자의 '20세기 후반의 기온은 상승하고 있다.'는 관측에 의한 결론이며, 후자의 '그 원인은 인위적일 확률이 높다.'는 기후 모델과 컴퓨터 시뮬레이션을 사용하여 얻은 결론이다.

그림 1-5를 살펴보자. 앞에서 본 그림 1-1은 그림 1-5의 c와 동일하다. 그림 1-5는 3개의 그림으로 이루어져 있다. 공통적으로 보이는 실선은 관측된 지구 평균 기온이며, 폭이 넓은 선은 기후 모델에 의한 컴퓨터 시뮬레이션의 결과다. 과거 150년에 걸쳐 기온 변화가 어떠했

기온 측정치에도 기후 모델에도 문제가 있다.

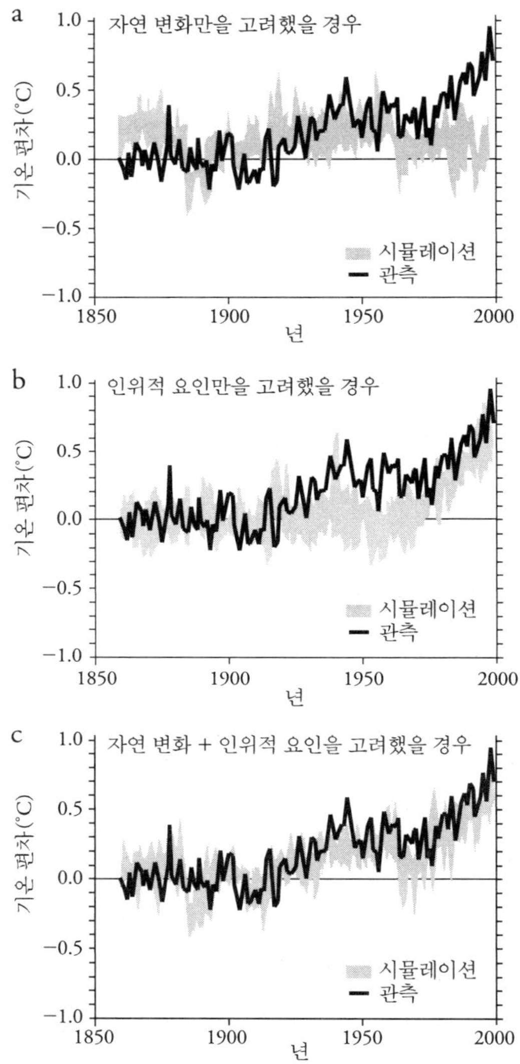

그림 1-5 최근 약 150년 동안의 기온 편차 변화. 관측과 시뮬레이션의 비교. IPCC 3차 보고서. 그림 a는 자연 변화만을 고려한 시뮬레이션 결과와 관측치와의 비교, b는 인위적 영향만을 고려한 경우, c는 자연 변화와 인위적 영향을 함께 고려한 경우.

는가를 예측한 결과다.

그림 1-5의 a에서는 기후 모델 중에서 자연 변화만을 고려하였다. 특히 태양과 화산 분화의 영향이 고려되었다. 이것을 보면 관측치와 시뮬레이션 결과가 그다지 일치하지 않는다. IPCC 보고서의 결론을 보면 특히 1970년 이후에 관측된 기온 상승이 이 모델로는 설명되지 않는다고 주장한다.

그림 1-5의 b에서는 기후 모델 중에서 인위적인 요인, 특히 이산화탄소와 메탄과 같은 온실효과가스를 비롯하여 화석연료를 태웠을 때 생기는 에어로졸(대기 중의 미립자)•을 염두에 두고 있다. 이의 영향력이 커진 것은 1950년 이후부터다. 따라서 IPCC 보고서의 결론은 1970년 이후에 관측된 기온 상승을 이 모델로는 설명할 수 있게 된 반면, 1940년 무렵에 기온 상승이 최고조로 나타나는 것은 설명할 수 없게 되었다.

그림 1-5의 c는 기후 모델에 자연 변화(태양과 화산)와 인위적 요인(온실효과가스와 에어로졸) 양쪽을 고려한 시뮬레이션의 결과다. IPCC 보고서는 관측된 기온 변화와 시뮬레이션의 결과가 합치한다고 결론 내리고 '20세기 후반의 기온 상승은 인위적인 것일 확률이 높다.'라는 발표를 한 것이다.

하지만 정말 그럴까? 단적으로 말해서 그림 1-5에 나타난 기온 관측치도 기후 모델도 모두 상당한 문제가 있다고 생각한다. 이 같은 결과를 가지고 장래의 정책을 결정하려고 하는 것은 무모하기 그지없다.

물론 어떤 측정이나 모델도 완벽하지는 않다. 오차는 반드시 있다.

• 역자 주 : 대기 중에 존재하는 직경 0.001~100 mm의 미분자 물질의 총칭.

문제는 그 오차가 어떤 결과를 낳는가 하는 것이다. 오차가 예상 밖의 결론으로 이어질 가능성이 크다면 재고할 필요가 있다. 아니 재고되어야 마땅하다.

시뮬레이션은 편리하지만 위험한 연구 도구

컴퓨터 시뮬레이션은 기후 관련 연구뿐만 아니라 여러 분야에서 널리 사용되는데, 대개는 실험과 병행한다. 예를 들어, 지진이 발생했을 경우 빌딩이 어떻게 흔들리며, 화약에 불을 붙였을 경우 폭발이 어떻게 퍼져 가는지를 물리 법칙을 사용하여 컴퓨터 소프트로 모델을 만들고 프로그램을 돌려 가상적인 실험을 한다. 이 시뮬레이션 결과와 실제 실험 결과를 비교해보면서 어떤 일이 일어났는지에 대해 고찰한다. 비용적인 문제로 여러 차례의 반복 실험을 직접 하기 어려운 경우나 자주 일어나지 않는 현상을 연구하는 분야에서는 필수적인 연구 도구다. 화학 반응이 분자 스케일에서 어떻게 일어나는지 등 관측하기 어려운 것을 시뮬레이션하는 경우도 있다. 또한 실험이나 관측이 그다지 어렵지 않을 경우에도 실험 결과를 해석하기(때로는 풀기) 위해서 사용한다.

필자 역시 컴퓨터 시뮬레이션을 연구 도구로 사용할 때가 있다. 때문에 관측과 시뮬레이션과의 결과가 잘 맞은 것은 우선 축하할 일이다. 하지만 경험에 비추어 볼 때 시뮬레이션은 여러 가지 조작을 통해서 관측치에 맞출 수도 있는 게 사실이다. 특히 모델에 들어 있는 파라미터(변수)의 수치를 조작하면 상당한 범위에서 실험 결과와 일치시킬 수 있다. 다시 말해서 관측치와 시뮬레이션의 결과가 같다고 해서 안심할 수 없다는 이야기다. 잘못된 관측치에 모델 결과를 맞추어버린 가능성도 있을 것이고, 혹은 잘못된 모델로도 관측치를 설명할 수 있다. 편리한 도구이지만 위험이 항상 내재하고 있는 것이다.

필자의 미국 유학 시절의 은사였던 텍사스 A&M(농공) 대학의 존 보크리스John O'M. Bockris 교수는, '제일 좋은 모델은 조절 가능한 파라미터가 전혀 없는 모델이고, 두 번째 좋은 것은 조절 가능한 파라미터가 한 개뿐인 모델이다. 파라미터 두 개까지는 인정해줄 수 있지만 파라미터가 세 개나 있는 모델은 인정할 수 없다.'라고 충고해주었다.

실제로 필자가 만든 모델은 파라미터가 세 개나 있었기 때문에 인정받지 못해서 처음에는 곤혹을 치렀다. 나중에야 세 번째 파라미터는 중요한 것이 아니라는 사실을 이해하고 겨우 인정을 받을 수 있었다. 세월이 흐르고 여러 경험을 겪으면서 존 보크리스 교수가 한 충고가 맞았다는 생각이 들었다. 모델을 실험 결과에 맞추는 일은 그다지 어려운 일이 아닌 것이다.

이러한 사실을 바탕으로 IPCC의 결론에 문제가 없었는지 생각해보고자 한다. 우선 관측치는 올바른가, 다음으로 모델은 올바른가 하는 것이다. 물론 올바르다고 해도 완벽한 관측이나 모델은 있을 수 없기 때문에 정도의 문제는 있다. 무엇이 중요한가에 따라서 요구되는 정밀성 또한 달라진다. 정밀성의 범위 내에서 올바른지 아닌지를 평가하게 된다.

기후 문제의 전체상은 누구도 파악하지 못하고 있다

지구 온난화 문제 혹은 기후 변화 문제에 있어서 무엇이 중요한가? 관측치나 모델에 요구되는 것은 무엇인가?

가장 관심이 집중되는 것은 향후 100년 동안 지구 평균 기온이 얼마만큼 오를 것인가 하는 것이다. 기후 모델에서는 어느 정도 기온 상승을 예상하고 있는가? 또한 관측치는 이를 지지하고 있는가? 과연 100년 후의 기온은 1℃ 오를 것인가, 2℃ 오를 것인가, 3℃ 오를 것인가? 아니면 훨씬 높은 5℃일까, 6℃일까?

그러나 기후 변화 문제는 기온만이 문제가 아니다. 오히려 지금처럼 지구 평균 기온만을 다루다 보면 기후 변화 문제의 본질 혹은 정말 중요한 측면을 놓칠 수 있다. 우리가 생활하고 있는 곳이 기후 변화의 영향을 어떻게 받고 있느냐 하는 문제도 그 중 하나다. 이것은 지역과 사회의 특성을 고려해야 하는 복잡한 문제인 것이다. 과연 현재의 관측이나 기후 모델이 이에 잘 대응하고 있는지 되물어볼 필요가 있다.

대책이나 대응을 세우는 데도 신중해야 한다. 최선책이라 여기고 시행했던 일이 역효과를 가져올 수 있기 때문이다. 한 예로 바이오 연료를 들 수 있는데, 이산화탄소를 줄이기 위해 도입한 것이 결국에는 이산화탄소를 증가시키고 말았다. 무언가 중요한 것을 간과한 까닭이다.

지금이야말로 '기후 문제 소양'이 절실히 요구되는 때다. '소양literacy'이란 원래 '읽고 쓰는 능력'을 말하지만, '잘 쓰는 능력'이라는 의미로도 많이 사용된다. 단순히 '지식'을 뜻하지 않는 것은 물론이다. 이와 같은 소양을 발휘하는 사람을 '전문가', 여기서는 '기후 문제 전문가'라고 하자.

사실 기후나 기상에 관해서 일반인들이 자세히 알기란 무척 어렵다. 전문가에게 판단을 미루는 것도 일리가 있다. 그런데 기후 문제 자체가 상당히 폭이 넓어서 과학, 정치, 경제 등 여러 분야에 걸쳐 관계가 있다. 필요에 의해 나뉘어졌다 해도 지금처럼 세분화된 학문 분야 안에서는 아무리 전문가들이라 하더라도 전체적인 진위를 파악하기 어려운 것이 사실이다.

필자의 경험을 이야기하자면, '태양의 자기 활동이 지구 기후에 미치는 영향'에 관해서 흥미를 가지고 조사할 무렵의 일이다. 검토 결과에 대한 논의가 필요하다고 생각해서 태양 연구 전문가에게 의견을 구한 적이 있다. 그러자 그는 '선생님의 연구 결과는 흥미롭지만, 관련 분야가 너무 넓어서 (제가) 대응하기 어려워요. 태양 분야도 세밀하게 나뉘어 있거든요.'라고 하였다. 기후 문제의 어려움을 단적으로 보여주는 예라 할 수 있다.

그러나 정치와 경제 그리고 무엇보다 생활과 직결된 기후 문제에 대해서 언제까지 방관만 하고 있을 수는 없다. 앞에서 의학과 관련된 유추를 하였는데, 계속해서 의학을 참고로 설명해보겠다.

올바른 과학자들은 '온난화론'에 회의적이며 침묵하고 있다

건강 관리를 위해서는 몸의 구조와 성질, 질병의 원인, 정신적 스트레스 등의 원인을 사전에 잘 알아둘 필요가 있다. 환경 관리도 이와 다르지 않다. 기후 시스템의 구조와 성질, 영향을 미치는 요인 등에 대해서 어느 정도는 미리 알아두어야 한다.

몸의 건강 상태를 알아볼 때는 우선 체온이나 체중을 재는데, 지구 온난화 문제에도 기온을 측정하는 일을 빼놓을 수 없다. 또한 이산화탄소의 농도와 같은 양을 측정하는 것도 중요하다. 이러한 측정은 결과를 나타낸 그림만으로도 간단히 이해할 수 있는데, 오히려 결과를 너무 쉽게 믿어버리는 것이 문제일지도 모르겠다. '건강 전문가'라면 체온을 재는 법부터 배울 것이고, '기후 문제 전문가'라면 기온 측정법부터 재검토할 필요가 있다.

기후 전문가들은 이와 같은 문제에 대해서 어떻게 생각하고 있을까? 기후 전문가들에게도 다양한 의견이 있을 수 있는데, 통계를 연구하는 한스 폰 스토치Hans von Storch 연구팀이 조사한 앙케트•에서 흥미로운 사실을 발견할 수 있다. 기후과학의 현상에 대해서 많은 전문가들의 의견을 물은 것인데, 앙케트의 질문은 100항목에 달한다. 여기서는 '현재의 기후 변화가 인위적인 요인에 기인한다고 생각하는가?'에 대한 의견 분포를 나타내었다(그림 1-6).

강한 찬성에서 강한 반대까지 7단계로 나누고 있는데, 1~2는 찬성, 3~5는 중간적 입장, 6~7은 반대로 해석할 수 있다. 1996년의 앙케트와 2003년의 앙케트를 비교하면 반대가 줄고 찬성이 늘었다. 찬성은 전체의 3분의 1 정도이고 중간 입장과 반대 입장의 연구자들도 많다. 이것을 보면 IPCC의 결론을 과학자들 모두의 합치된 의견으로 보는 데에는 분명 무리가 있다.

또 다른 예를 살펴보자. 미국의 저명한 기후학자 존 심프슨의 의견이다. 심프슨은 구름과 폭풍에 관한 연구에 지대한 공헌을 한 세계 최초의 여성 기상학 박사다. 이미 현직에서 은퇴하였지만 기후 변화 연구와 정책에 관해서 다음과 같은 말을 남겼다.

'나는 현재 어떤 조직에도 속하지 않으므로 자유롭게 의견을 말할

• 역자 주: D. Bray and H. von Storch (2007). The perspectives of climate scientists on global climate change. *GKSS*. http://dvsun3.gkss.de/BERICHTE/GKSS_Berichte_2007/GKSS_2007_11.pdf

'현재의 기후 변화는 인위적인 요인에 기인한다.'는 과학자들 모두의 의견인가?

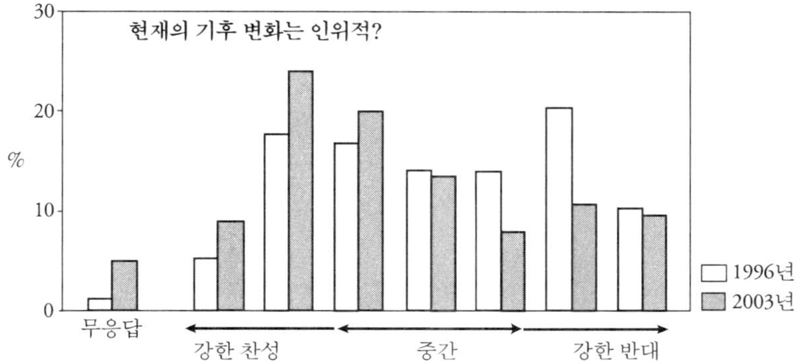

그림 1-6 기후과학자들을 대상으로 한 앙케트 결과(한스 폰 스토치 연구팀의 보고) 중에서, '현재의 기후 변화가 인위적인 요인에 기인한다고 생각하는가?'에 대해서다. 막대의 수치는 퍼센트. 본문에서는 7단계로 나누어 1~2를 찬성, 3~5를 중간, 6~7을 반대로 하였다. 1996년의 데이터는 「미국 기상학회지」 1999년 3월 호 게재, 2003년의 데이터는 「GKSS 연구소보」 2007년 11월 호 게재를 참고로 함.

수 있다. 기후 변화에 대해서는 아직 충분한 연구가 이루어지지 않았다. 기후 모델은 아직 정확하다고 할 수 없기 때문에 신뢰하기에 위험한 부분이 있고, 관측 데이터 역시 만족스럽지 않다. 예를 들어 허리케인이 지구 온난화의 영향으로 변한다는 선동적인 주장은 저널리스트의 귀를 솔깃하게 할 뿐이다. 과학자들끼리 찬성파와 반대파로 나뉘어 서로의 주장을 공격하고 매도하는 일은 지구과학의 발전을 위해서도 불행한 일이다. 미래 사회와 인구가 어떻게 될지는 아무도 알 수 없다. 때문에 국가는 결과를 알 수 있을 때까지 기다리기보다 서둘러 대응책을 생각하고 정책화시키는 것이 타당할지도 모르겠다. 그러나 한 사람의 과학자로서 이 문제에 대해서는 솔직히 회의적이다. 확실한 것을 말할 수 있을 때까지 조용히 관망하려 한다.'

그녀의 의견이 결론을 재촉하는 정책담당자에게는 불만스러울 수 있지만, '기후 문제 전문가'로서 마땅한 의견이라 아니할 수 없다. 자신을 보호하고자 하는 비전문가에게도 참고가 될 것이다.

심프슨의 의견을 염두에 두면서 먼저 기온 측정에 대해 살펴보겠다. 그 다음에 기후 변화의 원인이 되는 요소에 관해 살펴보겠다.

신뢰성 낮은 데이터를 보고 떠들어도 소용없다

자신의 체온을 재는 일은 일반인이라면 누구나 할 수 있다. 예전에는 겨드랑이에 체온계를 꽂고 몇 분 정도 기다리면 되었다. 재는 방법을 미리 알아두었기 때문에 할 수 있는 일이다. 그런데 이 방법 말고도 체온을 재는 방법은 실로 여러 가지다. 예를 들면 혀 밑에 넣는 방법도 있다. 또 최근에는 귀 고막의 온도를 1초 만에 재는 전자식 체온계가 일반화되었다. 이렇듯 다양한 방법이 있지만 잴 때마다 체온의 수치가 조금씩 다르게 나타나기도 한다. 높게 나오는 방법으로 측정하고 나서 문제가 있다고 주장해도 소용없는 일이다.

같은 모양으로, 기온 측정에 있어서도 어떤 방법으로 측정했는가, 각 방법의 신뢰도는 어느 정도인가 하는 것을 당연히 알아둘 필요가 있다. 이는 기본 중의 기본이다.

더운 날을 택해서 이루어진 온난화 고발

우선 '20세기 후반의 기온 상승'에 관해서 살펴보도록 하자. 그림 1-1과 그림 1-5의 관측치를 자세히 나타낸 것이 그림 1-7이다. 약 150년간의 기온 변화를 나타낸 데이터로 NASA의 제임스 한센 연구 기온 측정 데이터는 얼마만큼 신뢰할 수 있는가?

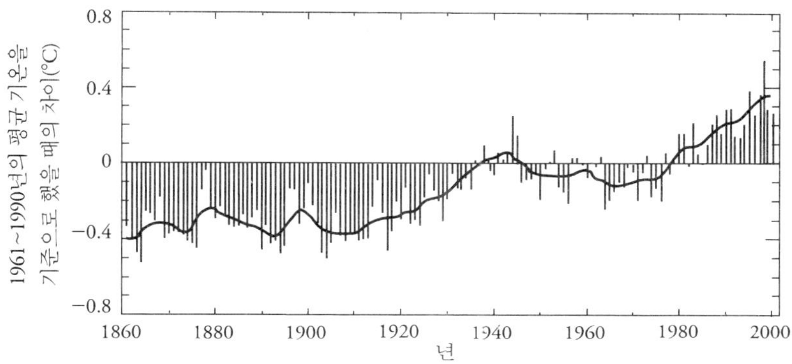

그림 1-7 최근 약 150년간의 지구 평균 기온(기온 편차) 변화의 상세 모습. IPCC 3차 보고서 참고.

팀이 정리한 것이다. 서장에서 밝혔듯이 그는 1988년 6월 미 의회 공청회에서, '오늘날의 이 더위가 이산화탄소 때문이라는 것을 99% 확률로 확신한다.'라고 증언하여 유명해진 연구자로, 지구 온난화의 아버지라 불리고 있다. 공청회장이 특히 더웠던 것에 대해서, '일부러 더운 날을 선택하였다.', '냉방 가동을 하지 않았다.'는 말이 전해지고 있다. 사실이라면 의원들이 한센의 작전에 말려든 셈이다.

제임스 한센은 자신의 컴퓨터 시뮬레이션 결과를 토대로 그 유명한 발언을 했는데, 문제의 시뮬레이션 결과를 직접 확인하기 위해 세계 각지의 기온 보고를 모아서 해석해보았다(그림 1-7). 과연 제임스 한센의 시뮬레이션과 관측은 일치하는가? 자세한 검증은 뒤에 하겠다.

이 데이터와 세계 각지에서 보고된 데이터는 NASA 홈페이지에 들어가면 볼 수 있고, 디지털 데이터도 얻을 수 있다. 이와 같은 종합적인 데이터는 몇 개 그룹이 독자적으로 보고하고 있는데, NASA의 데이터도 그 중 하나다.

‘지표 기온’이라고 해도 엄밀한 정의는 존재하지 않는다

NASA는 세계 각지의 ‘지표 기온’을 제공하고 있다. 본론으로 들어가기 전에 먼저 지표 기온이란 무엇인지 그 의미에 대해 알아보자. 제임스 한센 그룹이 내놓은 해설이 이해하는 데 도움이 될 것이다. Q&A에 이렇게 쓰여 있다.

Q. 지표 기온이란 무엇인가?

A. 이 질문에 일반적인 해답은 없다고 생각한다. 같은 지점이라도 지표 가까운 온도는 지상 1.5 m의 온도와 크게 다를 것이고, 지상 3 m나 15 m의 경우에는 더더욱 다를 것이다.

특히 열대우림이 가까이 있을 경우, 식생植生의 꼭대기 위쪽 부분과 꼭대기 바로 아랫부분의 온도가 전혀 다르게 나타난다. 이 경우에는 지상 15 m까지의 평균 온도를 사용하든지, 식생 바로 위에서의 온도를 사용하는 것이 타당할 것이다.

지표 온도를 측정하기 위해서는 그 의미에 대해서 서로의 이해가 선결되어야 하는데, 저자가 아는 한 일반적인 표준은 없다. 가령 높이 15 m까지의 평균 기온을 표준으로 채용한다고 가정할 때, 실제로 그 지점의 기온을 측정하기 위해서 15 m까지 온도계를 높이 쌓아 올릴 수는 없기 때문이다.

놀랄 일이 아닐 수 없다. ‘지표 기온’이란 이처럼 애매모호한 것이다. 그림 1-1이나 그림 1-7과 같은 기온 데이터를 볼 때는 우선적으로 염두에 두어야 할 사실이다.

예를 들어 ‘도쿄의 기온’이라 했을 때 도쿄 전체의 공기를 섞어서 측정한 값이 아니다. 특정 지역, 즉 기상청이 있는 오테마치大手町에 설치된 온도계 한 개의 수치다. 때문에 온도계 주변의 환경이 변할 경우 도쿄의 기온 역시 변한 것처럼 보일 수밖에 없다.

20년 전까지 주장되던 '한랭화 문제'

지표 기온의 실체를 이해했다면 그림 1-7의 데이터를 함께 보자. 세로축의 '기온 편차의 지구 평균(지구 평균의 기온 편차)'이란 각지의 기온이 평년 기온과 어느 정도 차이가 나는가를 조사해서 이것을 국제 평균한 것이다. 일반적으로 '평년'은 30년을 기준으로 한 평균이다. 그림 1-7에서는 1960년부터 1990년까지의 기간을 잡았다.

그림 1-7은 많은 사실을 말해준다. 1860년부터 1900년까지는 평년보다 0.4℃ 낮았던 것이, 1920년 무렵부터 오르기 시작하여 1940년에 최고치를 기록하였다. 이후 1970년경까지 기온은 다시 내려갔고, 1980년부터 현재에 이르기까지 또다시 오르고 있다.

1940~1970년에 기온 저하가 나타났을 때는 지구가 빙하기에 들어가는 것이 아니냐는 우려의 목소리까지 있었다. 이를 기억하는 이들이 '한랭화를 부르짖던 사람들이 이번에는 온난화를 외치고 있다.'며 현재의 온난화 문제에 냉랭한 반응을 보이는 것도 무리는 아니다.

21세기의 지구 온난화를 경고해온 기후학자들 중에서도 우익 성향이 강한 미국의 스테판 슈나이더Stephen H. Schneider는 1970년대에는 오히려 인위적인 에어로졸에 의한 냉각을 지적했었다. '석유나 석탄이 타면 그 안에 포함된 황산 성분도 타서 산화황산이 되는데, 그것이 황산의 작은 물방울이나 유산염의 작은 고체 입자가 되어 대기 중을 떠다닌다. 황산(또는 황산염) 에어로졸은 태양광을 반사하기 때문에 지구 평균 기온을 저하시키는 역할을 한다.' 이러한 슈나이더의 주장은 당시 관측된 기온 하강을 토대로 황산 에어로졸의 냉각 효과를 강조한 것이었다. 그런 그가 현재는 지구 온난화를 경고하는 과학자를 대표하고 있다. 기후학자의 의견이 달라졌다는 예로 등장하기도 한다. 그 당시는 기후과학이 발달하지 않았다는 변명을 하지만 가까운 미래에 같은 말을 되풀이하지 않을지 염려스럽다.

1920~1940년의 기온 상승과 1980년 이후의 기온 상승은 주로 북반구의 기온 상승을 가져왔다. 특히 북극권 부근의 기온 상승이 두드러진다. 그림 1-8은 지구를 여러 위도로 나누어 기온 편차의 평균을

1980년 이후의 기온 상승은 주로 북반구에서 일어났다.

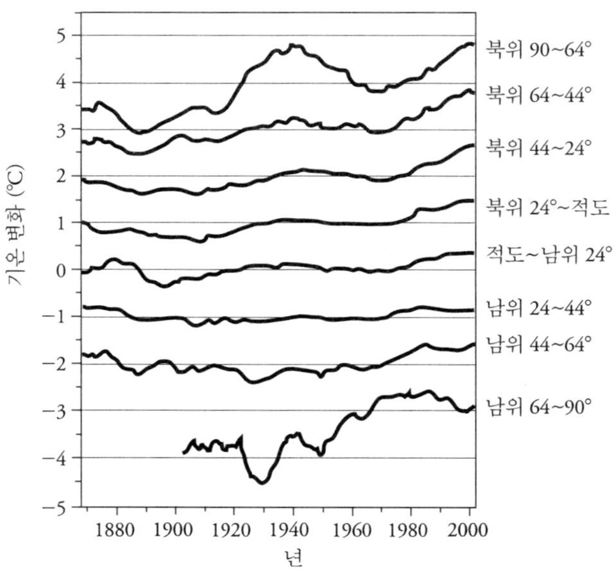

그림 1-8 여러 위도에서 평균한 기온 편차의 연도별 변화. 지상 기온의 변화 모습은 위도에 따라 다르다.

낸 것인데, 각각의 위도에서 기온 변화의 모습이 꽤 다르다는 것을 알 수 있다. 예를 들면 1980년 이후 남반구에서의 기온 변화는 작다. 당시 슈나이더가 남반구의 기온 데이터를 눈여겨봤다면 다른 주장을 했을지도 모르겠다.

기상 관측소의 데이터는 신뢰할 수 있는가

앞에서 제시한 그림 1-7을 보면 각각의 연도마다 세로줄이 쳐져 있다. 이는 기온 보고치의 오차를 나타낸다. 어떤 측정에도 오차는 있기 마련이지만 문제는 어느 정도인가 하는 것이다. 향후 100년 안에 2 ℃ 오른다, 아니 3 ℃ 오른다는 말이 공공연히 나도는 시점에서, 10년에 오차가 0.1 ℃라고 했을 때, 100년에는 1 ℃의 오차가 예상되기 때문에 쉽게 간과할 수 없는 문제다. 따라서 기온 측정의 오차에 관해서 검토해보자.

기온 데이터는 여러 가지 종류가 있다. 제임스 한센이 수집한 데이터는 세계 각지의 기상 관측소에서 매일 보고되는 기온 데이터다. 이들 기상 관측소는 세계 규모의 '지구기후데이터네트워크GHCN; Global Historical Climatology Network Data'에 정식으로 등록되어 있으며 거의 대부분이 자원봉사 활동으로 유지되고 있다. 물론 일본의 경우처럼 공적인 기관에 소속되어 있는 경우도 있다.

기온 측정이 세계적으로 활기를 띤 것은 1957년을 지구 관측년으로 지정한 것이 계기가 되었다. 그림 1-9에서 알 수 있듯이 관측소의 수는 1950년부터 급증하였다. 그러나 1980년 이후 점점 줄어들어 현재는 최고치를 기록하던 때에 비해 절반 이하, 1950년 이전과 비교해

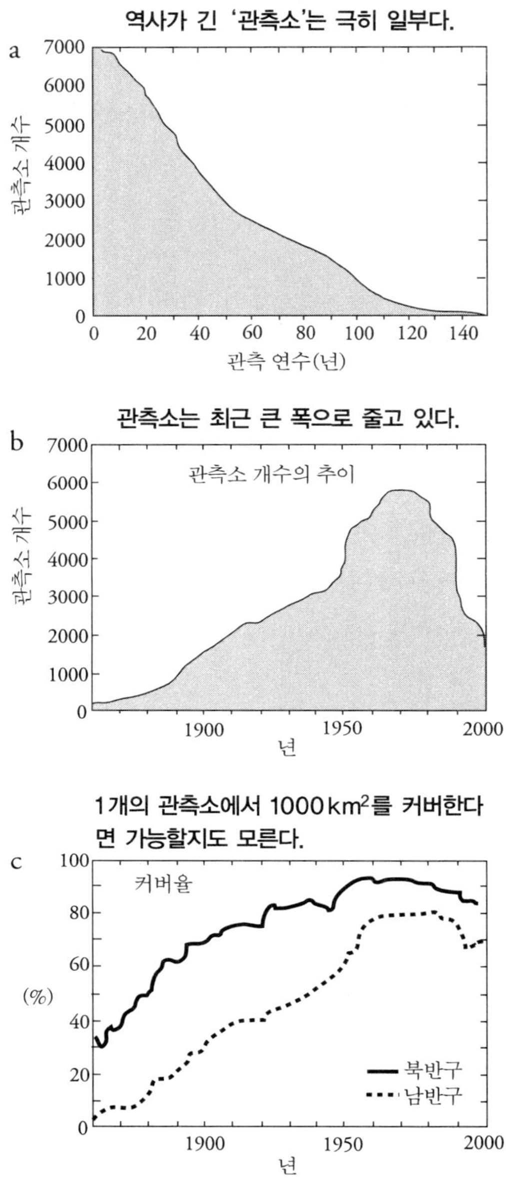

그림 1-9 지구기후데이터네트워크GHCN에 등록된 기상 관측소 개수의 변화. NASA 사이트를 참고.

도 적은 숫자다. NASA 사이트의 설명에 의하면, 한 개의 관측소가 상당히 넓은 범위(예를 들면 1000 km^2)를 대표해서 충분히 대처하고 있다고는 하지만, 예산 문제로 볼 때 상황이 좋은 편은 아니다.

기상 관측소에서는 어떻게 기온 측정을 하고 있을까? 일반적으로는 과거 방식 그대로 백엽상百葉箱을 이용한다. 내부에는 최고 온도계, 최저 온도계 등이 들어 있다. 하루에 몇 차례씩 측정하여 평균을 내는 곳도 있다. 미국이나 일본에서는 주로 원통형으로 통풍 팬을 장치한 자동기온 계측장치를 사용하고 있다.

측정에는 오차가 따르기 마련이어서 기온 측정 역시 오차는 있다. 계속해서 기온 측정의 오차에 대한 이야기를 해보겠다. 이들 가운데에는 웃지 못할 예도 있다.

눈을 감고 떠오른 숫자를 기록한다

지표 기온의 세계 평균치를 내기 위해서는 세계 각지의 기상 관측소에서 측정된 기온의 데이터를 수집할 필요가 있다. 관련 프로젝트는 1990년대에 시작되었는데, 10만 개 가까이 되는 세계 각지의 기상 관측소에서 기온 측정 데이터를 처음으로 모을 당시는 힘들었다고 한다. 기후과학 전문지에 에피소드로 올라 있는 예를 살펴보자.

한 연구자가 현지에서의 측정이 제대로 이루어지고 있는지를 조사하기 위해서 아프리카에 있는 기상 관측소 한 곳을 방문했는데, 그곳에서는 웃지 못할 일이 일어나고 있었다. 기온 측정 도구가 도착하지 않았음에도 불구하고 기온 측정 보고가 착실히 이루어지고 있었던 것이다. 과연 어떻게 가능했을까? 실은 담당자가 측정 시간이 되면 측정

실에 가서 눈을 감고, 지금 기온은 몇 도일까 생각한 다음 떠오른 수치를 기록 용지에 적고 있었다고 한다.

또 다른 예를 보자. 최고 최저의 기온 폭이 비정상적으로 좁은 데이터가 계속 보고되자 이상히 여겨 조사해본 결과, 그 기간 동안 기온은 섭씨(°C)가 아니라 절대온도(K)로 기록되고 있었다. 가령 섭씨온도가 30 °C라면, 절대온도는 273을 더한 303 K가 된다. 만약 기온 303 K라 쓰였다면 섭씨로 고치는 것이 간단했겠지만, 데이터를 본 누군가가 한 자리 수 틀리게 적었을 것으로 지레 짐작해서 10분의 1로 수치를 고치고 있었다. 즉, 30.3 °C로 말이다. 평상시 기온과 큰 차이가 없기 때문에 아무도 실수라고 눈치채지 못했던 것이다.

또 미국을 비롯한 일부 국가에서는 섭씨가 아닌 화씨를 사용하는데 이 또한 혼란을 야기하는 원인이다(표 참조).

현장에서 열심인 사람들에게는 듣기 거북하겠지만, 엉뚱한 예는 또 있다. 강수량 측정에 대한 이야기다. 강수량 측정 장치를 절벽 아래에 둔 곳이 있었는데 매일 아침 절벽 위를 지나 통학하는 초등학생들이 하필 그곳에서 자주 볼일을 보고 있었다고 한다. 비정상적인 수치가 계속 기록되자 결국 조사에 들어갔고 일의 전말이 드러났다.

고의적인 사례에 대한 기사도 눈에 띈다. 기후 블로그 사이트에 실린 기사인데, 기상 예보에서 하는 내일의 예상 기온을 그대로 기록지

여러 온도 단위와 변환

온도 단위	섭씨(Celsius) °C	화씨(Fahrenheit) °F	절대온도(Kelvin) K
섭씨에서	–	9/5 × 섭씨온도+32	섭씨온도+273.15
화씨에서	5/9 × (화씨온도−32)	–	5/9 × 화씨온도+255.37
절대온도에서	절대온도−273.15	9/5 × (절대온도−273.15)	–

에 적었다는 것이다.

물론 이와 같은 예는 극히 일부에 지나지 않을 것이다. 하지만 모든 지역에서 기온 측정이 정확히 이루어지고 있다는 믿음에 경종을 울리는 데 충분하다.

도시화가 가져온 오차는 간단히 제외시킨다?

'의심스러운 데이터는 빼버리면 되지' 혹은 '기온 측정의 실수는 개발도상국에서나 이루어지는 것'이라고 생각하는 사람들도 있을 것이다. 하지만 기온 측정의 오차는 선진국에서도 얼마든지 일어날 수 있다. 아니 실제로 도시화로 기인한 오차가 많다. 그림 1-10을 살펴보자.

도쿄의 기온은 최근 100년 동안 3°C나 상승하였다. 세계 각지의 대도시에서도 기온이 오르기는 마찬가지다. 이것은 대부분 도시의 폐열

도쿄의 기온 상승은 열섬 현상 때문이다.

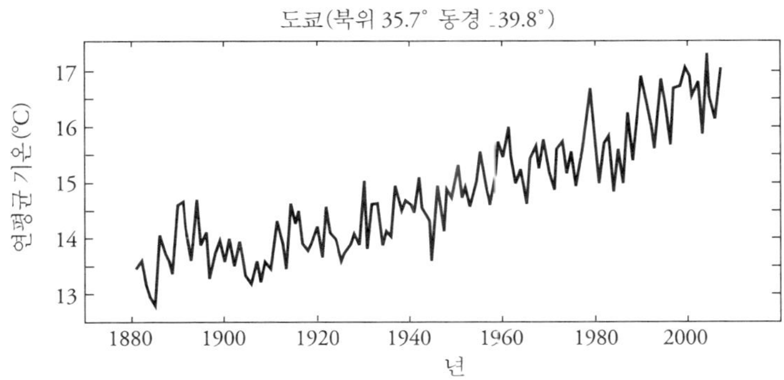

그림 1-10 도쿄에서의 관측 기온의 변화(하루의 평균 기온을 연간으로 평균한 것). 100년에 약 3°C, 직선적으로 오르고 있다. NASA의 제임스 한센이 정리한 기온 데이터를 참고.

廢熱 등에 따른, 다시 말해서 열섬 현상Heat Island 때문이다.

이 오차는 수정하기 쉬운 부류에 속한다. 제임스 한센은 위성사진에서 환하게 찍힌 도시와 마을의 불빛을 이용하고 있다. 인공조명이 강하게 나타나는 지역을 인구 밀도가 높은 지역으로, 즉 열섬 효과가 큰 지역으로 특정화하는 작업이 진행 중이다. 예를 들면 총인구가 2만 명을 넘는 마을의 수치는 생략할 수도 있게 되었다. 뿐만 아니라 큰 도시 주변에 있는 시골의 기상 관측소에서 측정한 기온으로도 대체될 수 있게 되었다. 이처럼 도시화의 영향은 제외시키고 있다는 것이 그들의 주장이다.

상식 밖의 장소에 있는 관측소

하지만 기온 측정의 오차는 또 다른 예에서도 찾아볼 수 있다. 그림 1-11은 미국의 콜로라도 주에 있는 한 관측소다. 기둥에 세워 놓은 하얀 통 안에 기온측정장치가 들어 있다. 기온은 자동으로 측정되고 데이터는 통 안에 연결되어 있는 케이블로 실내에 전송된다. 백엽상을 사용하여 매일처럼 기온 측정을 해야 하는 불편함을 줄이기 위해서 고안되었다. 그런데 문제는 바로 여기에 있다.

백엽상이든 자동 측정이든 기온 측정에는 몇 가지 필수 요건이 있다. 기온측정장치 주변 30 m 내는 잔디와 같은 풀밭일 것, 그리고 그 안에는 바람을 막는 장애물이 없을 것, 그늘을 만드는 나무나 건물이 없을 것 등이다.

그렇다면 그림 1-11은 어떠한가. 한마디로 요건을 제대로 갖추지 못하고 있다. 아니 정도가 너무 심하다. 건물과 옆에 있는 장치로부터

세상에! 어떻게 이런 곳에서 기온 측정을 할 수 있을까!

그림 1-11 형편없는 기상 관측소의 단적인 예(미국 콜로라도 주). 미국 기후학자 R. 필케가 학회에서 보고한 것. 이와 같은 시골의 관측소 역시 미크로적으로 보면 도시화되고 있다고 말할 수 있다. 화살표가 관측기구.

열을 받아, 최저 기온이나 겨울 기온이 특히 높게 나타날 것이 분명하다. 뒤에서 설명하겠지만 이 경우 오차는 5 °C나 된다. 그런데도 건물 가까운 곳에 기온측정장치를 두는 이유는 무엇일까? 생각해볼 수 있는 이유 중 하나는 측정기에서 실내까지 케이블이 몇십 미터나 되면 케이블을 묻어야만 하므로 땅을 파는 수고로움이 있다는 것, 또 하나는 케이블 가격이 생각보다 비싸다는 것을 들 수 있다. 자동화가 많은 관측소에서 데이터의 질을 오히려 떨어뜨리고 있다는 지적도 늘고 있다.

관측소의 문제가 불거지면서 미국에서는 뜻있는 사람들이 나서서 사진을 촬영하는 등 세심한 조사가 이루어지고 있다. 한눈에도 열을 내뿜을 듯한 공장 바로 뒤편이나 콘크리트 지붕 위, 콘크리트 바닥 주차장 바로 옆 등, 여러 부적합한 예들이 발견되었다.

전체적으로 봤을 때 작은 오차에 불과하므로 문제될 것 없다고 주장하는 이들도 많다. 하지만 심각성을 깨닫고 대책을 세우려는 이들도 있다. 실제로 측정기에서 실내로 데이터를 전송하는 데 있어서 무선을 사용하는 시스템을 제안한 예도 있다.

건물 옆과 조금 떨어진 곳에서 기온 차이가 난다든지, 바람의 세기가 다르다든지, 이렇게 규모가 작은 공간에서 일어나는 기상을 '미기상微氣象'이라 부르는데, 지표에서의 기온 측정은 미기상의 영향을 받기 쉽다. 도심이라도 잔디가 넓은 공원 안에 자리한 관측소에서 정확한 측정이 이루어진다는 보고도 있다.

기온 관측소 부근만을 두고 이야기하자면, 도시에서는 온도계 주변의 환경을 정비해야 한다고 해서 녹지화가 일어나고 있고, 반대로 시골에서는 좋은 환경을 유지하지 못한 채 도시화가 진행되고 있는 현실이다. 그림 1-11에서 본 것처럼 시골 관측소의 기온 측정기에 영향을 끼치는 환경 변화는 미크로적인 도시화 때문으로, 위성에서의 인공 광에 의한 관측으로 보완되는 문제가 아니다. 현장에 나가서 직접 눈으로 보지 않으면 절대 알 수 없는 문제다.

질적으로 문제가 있는 관측소라도 만일 처음부터 계속 같은 상태에 있다면 오차 수정이 어렵지 않다. 몇십 년 전부터 항상 1℃ 높게 측정되었다면 기간에 해당하는 만큼 1℃를 빼면 된다. 하지만 처음에는 질이 좋던 관측소가 해가 갈수록 질이 떨어질 경우 문제가 된다. 기온 측정치의 오차가 차츰 커질 테니 말이다. 관측소에 어떤 변화가 있었는지 자세한 기록이 있으면 다행이지만, 기록이 없는데도 관측 변화가 큰 경우도 많다고 한다. 이 경우 보완할 방법이 전혀 없다.

백엽상에 칠해진 페인트 종류도 데이터에 영향을 준다

백엽상에도 문제는 많다. 자동 측정과 마찬가지로 주변 환경이 적합하지 않은 경우도 있다. 그 외에도 측정 장치가 들어 있는 상자의 도색도 지적되는 부분이다. 일반적으로 흰색 페인트를 칠하게 되어 있는데 이유는 흰색이 태양광(가시광)이나 열(적외선)을 반사해서 상자 속의 온도가 올라가는 것을 막는 역할을 하기 때문이다. 그러나 세월이 지나면서 페인트칠이 벗겨지고 다시 칠해야 하는 곳도 생기고 있다. 이런 곳에서는 기온도 높게 나타날 것이다.

의외로 페인트의 종류 또한 지적 대상이다. 백엽상에 사용된 전통적인 흰색 페인트(화이트워슈, 탄산칼슘이 주성분)는 무기계에 속하며, 빛과 적외선의 반사 특성이 매우 뛰어나다. 그러나 오래가지 못하는 단점과 공정 과정도 복잡하여 점점 구하기 힘들어지고 있다. 때문에 유기계의 흰색 페인트(라텍스 페인트, 산화티탄 안료와 수지로 구성)가 널리 보급되었는데 문제는 이 페인트가 흰색이면서 흰색이 아닌 데 있다. 무슨 말인가 하면 가시광을 반사하기 때문에 흰색이지만 유기물은 적외선을 흡수하기 때문에 적외선 파장에서는 흰색이 아니라는 의미다. 적외선, 다시 말해서 열을 흡수해서 백엽상이 따뜻해질 가능성이 있다는 것이다.

처음부터 이 페인트가 사용되었다면 문제는 불거지지 않았을 것이다. 하지만 무기계 페인트에서 유기계 페인트로 바뀐 것이 (온난화 문제를 거론하는 데 있어서) 화근이 되었다.

미국 텔레비전과 라디오에서 주임 기상예보가로 활약 중인 앤서니 와츠Anthony Watts는 백엽상의 노후화와 페인트에 관한 흥미로운 실험을 하였다. 여러 가지 처리를 한 백엽상을 나란히 놓고 기온을 측정하여 백엽상에 칠한 페인트가 달라지면 기온 측정치도 변한다.

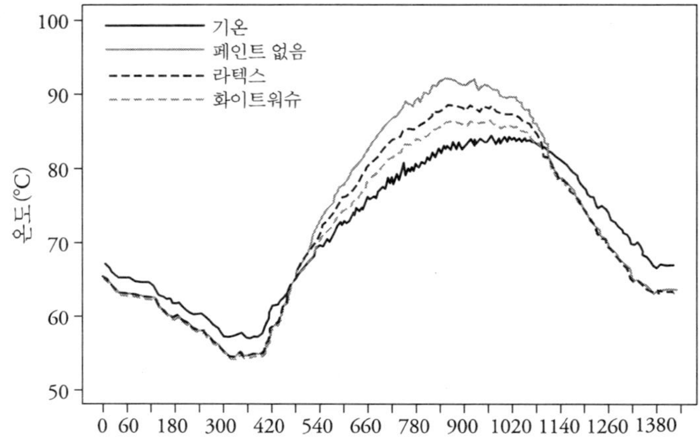

그림 1-12 백엽상의 페인트를 비교한 미국 앤서니 와츠의 기온 측정 실험 결과.

비교해본 것이다(그림 1-12).

결과는 유기계의 라텍스 페인트와 무기계의 화이트워슈를 비교했을 때 최저 기온은 변하지 않았지만, 라텍스 페인트 쪽의 최고 기온이 약 2.2 °F(약 1.2 °C) 높게 나타났다. 페인트를 칠하지 않은 경우 역시 화이트워슈보다 약 6 °F(약 3.3 °C) 높았다. 또한 정확하게 측정된 기온과 비교했을 경우 어느 백엽상이나 최고 기온은 높게, 최저 기온은 낮게 나타났다.

다음과 같은 경우를 가정해보자. 매년 화이트워슈로 새로 칠한 백엽상을 최근 들어 라텍스 페인트로 칠하게 되었다. 자, 기온은 어떻게 나타났을까? 앤서니 와츠의 실험 결과를 토대로 생각해봤을 때, 최고 기온은 약 1 °C, 평균 기온은 약 0.5 °C 높아질 것으로 예상된다. 만일 페인트를 바꾼 것이 기록에 남아 있지 않았다면 어느 해부터 갑자기 기온이 0.5 °C 상승한 것이 되어버린다.

실제로 화이트워슈와 같은 오래된 페인트를 사용하는 백엽상은 점점 줄어드는 추세이며, 편리한 라텍스 페인트를 사용한 백엽상이 늘고 있다. 때문에 기온이 지금보다 약 0.5 °C 높게 나타나는 기상 관측소가 늘어난 것이 된다. 앤서니 와츠는 정확한 기온 변화의 경향을 알기 위해서 이와 같은 오차를 없앨 필요가 있다고 경고하고 있다.

체온계로 비유하자면 측정 시간이 5분 걸리던 수은 체온계와 1초만에 측정 결과가 나오는 고막형 체온계와의 비교가 될 것이다. 측정 부위가 달라지고 측정에 걸리는 시간이 다르므로 같은 체온이 측정된다는 보증은 없다. 예를 들어 수은 체온계를 가지고 항상 2분 안에 측정을 끝냈다면 어떨까? 이전의 체온은 35.9 °C였는데, 지금은 36.2 °C로 나타날 수도 있을 것이다. 몸 상태가 달라져서 체온이 다르게 나타난 것이 아니라 단지 측정 방법이 달라졌을 뿐이다. 일상적으로 늘 사용하던 체온계를 새로운 방식으로 바꿀 때에는 양쪽 체온계로 체온을 측정해서 비교해둘 필요가 있다. 그리고 그 차이를 염두에 두고 새로 측정한 체온을 고려해야 할 것이다.

기상 기록에 있어서 오류가 심각하다

기상예보 캐스터 앤서니 와츠는 각 기상 관측소의 상황을 조사하여 자신의 블로그에 공개하였다. 보고에 의하면, 미국 전역의 1200곳을 넘는 기상 관측소 중에서 현재까지 약 500여 곳의 조사를 끝마친 상태라고 한다.

기상 관측소의 상태를 5단계로 나누고 있는데 이는 미국 해양기상청NOAA의 기준에 의한 것이다. 랭크 1이 가장 좋은데 조건이 무척 까이 정도라면 이상적인 기온 측정이 가능하다.

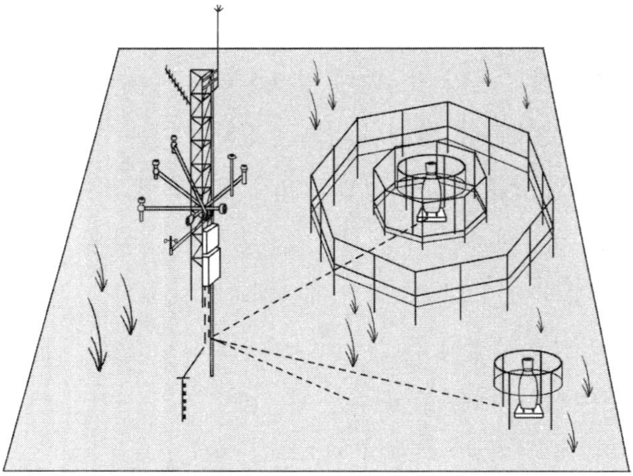

그림 1-13 NOAA에서 추천하고 있는 표준적인 기상 관측소의 구성 예. 기온, 강수량, 풍속, 토양 온도 등 여러 데이터를 관측하여 무선 송신하도록 장치되어 있다. 평평한 땅과 주변에는 충분한 녹지가 확보되어 있다.

다롭다. 즉 평평한 땅이며, 높이 10 cm 이하의 식물이 있을 것, 인공적 열원이 되는 건물과 콘크리트 벽, 주차장 등으로부터 100 m 이상 떨어져 있을 것, 물이 많은 장소에서도 멀리 떨어져 있을 것, 태양의 고도가 3° 이상일 때 그림자가 생기지 않을 것 등이다. 랭크 1의 모델로서 미국 해양대기청의 안내서가 제시한 모델은 그림 1-13과 같다.

랭크 2는 식물의 높이가 25 cm까지이며, 인공적 열원과의 거리가 30 m까지이고, 태양 고도가 5° 이상에서 그림자가 생기지 않을 것을 조건으로 한다. 랭크 3은 인공적 열원과의 거리를 10 m까지로 제한하고 있다. 랭크 4는 인공적 열원과의 거리를 10 m 이하로 하고 있으며, 랭크 5는 온도계가 인공적 열원 옆에 있는 경우다. 이렇게 따지면 그림 1-11에서 본 관측소는 가장 낮은 등급인 랭크 5에 속한다.

랭크 1이나 2의 데이터만을 사용한다면 그보다 더 좋을 수는 없다. 하지만 앞에서 언급한 바와 같이 관측소의 숫자는 계속 감소하는 추세이기 때문에 질 낮은 관측소의 데이터라도 경우에 따라서는 써야 하는 게 현실이다.

미국 로스앤젤레스 시에 있는 한 기상 관측소의 예를 들어보자. NASA의 사이트에도 수록되어 있다. 관측소 자체는 1847년에 생겼고, 기록은 1880년부터 찾아볼 수 있다. 이 지역이 멕시코로부터 양도된 때가 1848년이므로 가히 그 역사를 짐작할 수 있다. 온도계는 당시 지면에 설치되어 있었는데 개발과 함께 1877년 무렵부터 건물 옥상으로 옮겨졌다. 그 후에는 옥상에 주차장까지 생겼는데 기상 관측소는 그대로 방치되었다. 명백하게 랭크 5의 상태다. 그런데 와츠의 조사에 따르면 1999년경에 대학 캠퍼스로 이전되면서 겨우 랭크 2로 올라섰다. NASA의 데이터베이스를 살펴보면 1999년 이후 관측소 이동으로 약 1.5 ℃의 기온 저하가 나타나는데 유감스럽게도 NASA는 관측소 이전과 같은 큰 변화를 고려하지 않고 있다. 이를 두고 와츠는 기상 기록에 대한 횡포라고까지 표현하고 있다.

기상 측정의 오차에 대해서 와츠의 평가에 따르면 랭크 1과 2의 경우에는 오차가 1 ℃ 이하이지만, 랭크 3에서는 1~2 ℃, 랭크 4에서는 2~5 ℃, 랭크 5에서는 5 ℃ 이상이나 나타난다고 한다.

그가 조사한 미 전역의 기상 관측소 랭크의 분포는 그림 1-14와 같다. 이에 따르면 랭크 4가 55%로 가장 많이 차지한다. 랭크 1과 2를 합쳐 봐도 13%에 지나지 않는다. 700개 이상의 기상 관측소에 대한 조사가 아직 진행 중이지만, 미국 기상 관측소의 현주소를 잘 말해주고 있다고 생각한다.

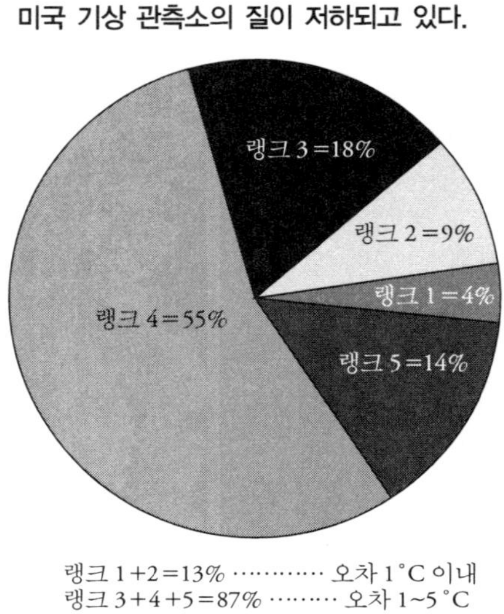

그림 1-14 미국 지구기후데이터네트워크GHCN 기상 관측소의 질에 관한 조사 결과. 앤서니 와츠의 보고를 참고. 오차 1℃ 이하의 관측소는 13%에 불과하다.

와츠의 조사 결과에 대해서는 비판과 반론이 있다. 특히 다음 의견은 주목할 만하다.

'오차가 있다고 하더라도 기온이 점차로 높아지는 경향을 낳고 있다고는 할 수 없지 않은가?' 다시 말해서 기온이 높게 나오는 관측소와 낮게 나오는 관측소가 있다고 할 때, 각각의 오차를 지워간다면 기온이 점차로 높아지는 경향은 나오지 않을 것이라는 주장이다.

그러나 질이 떨어지는 기상 관측소가 많아진 것은 기온의 자동 측정이 늘어난 때문이며 시기적으로 봤을 때 최근의 일이고, 따라서 기온이 높아지는 경향 역시 최근의 일이라고 생각하는 것이 타당할 것이다.

또 다른 예를 들어보자. 그림 1-15는 텍사스 주 람파사스Lampasas

이 관측소에서 측정한 기온은 얼마일까? (정답은 그림 1-16)

그림 1-15 미국 텍사스 주 람파사스의 기상 관측소 상태. 위성 안테나 바로 밑에 보이는 하얀 원통에 온도계가 들어 있다. 그림 1-16의 측정 기온과 비교해보자.

의 기상 관측소다. 빌딩과 주차장이 바로 옆에 있기 때문에 랭크 5에 속한다. 그림 1-16은 NASA의 GISS 사이트에 게시된 해당 관측소에서의 기온 데이터다.

NASA의 GISS 사이트의 정보에 의하면, 람파사스는 시골로 분류되어 있으며, 측정 데이터는 그대로 채용되고 있다. 데이터를 보면 2000년 이후의 기온 측정치가 급상승하고 있다. 이 관측소에서는 1800년대부터 기온 측정이 시작되었는데, 와츠의 조사에 의하면 2000년 10월에 현재의 장소로 옮겨왔다. 이동하기 전에 온도계가 놓여 있던 곳은 공원과 같은 장소였다. 주위 환경이 처음부터 그림 1-15와 같지는 않았으므로, 2000년 이후의 기온 상승은 관측소의 열악한 환경 및 빌딩과 주차장에서 나오는 열에 의한 것으로 보는 것이 마땅하다고 생각한다.

2000년 기상 관측소가 이동하면서 무슨 일이 발생했는가?

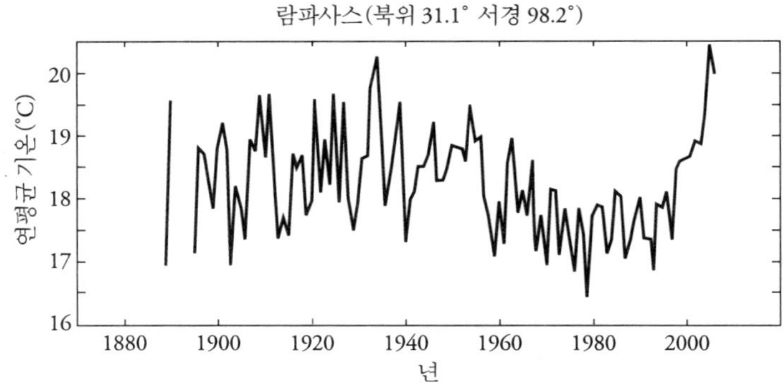

그림 1-16 미국 텍사스 주 람파사스에서의 기온 변화. 2000년경부터는 그림 1-14의 기상 관측소에서 측정하였다. NASA의 한센 팀이 정리한 기온 데이터를 참고.

와츠의 조사는 기상 전문가가 미국 전역의 기상 관측소를 대상으로 조사했다는 점에서 높이 평가할 수 있다. 오차는 서로 상쇄된다고 해서 무시해서는 안 되는 중요한 문제인 것이다.

일본에서 합격점을 받을 곳은 불과 3곳뿐

일본에서는 도호쿠東北 대학 명예교수인 곤도 쥰세近藤純正가 일찍이 독자적인 관측 조사를 해오고 있다. 그의 주장에 따르면, 관측 장치 옆에 위치한 밭에 비닐하우스가 생겨서 바람 길을 막는 정도로도 측정 기온에 영향을 끼친다고 한다. 기온 측정에는 통풍 조건이 크게 작용하기 때문이다. 온도계에 부는 바람이 약해지면 기온이 높게 측정된다. 이 같은 현상을 '양지陽地 효과'라 부르고 있다. 토지 개발이 이루어질수록 효과가 커지는 것은 당연하다. 조사에서는 일본의 관측소 대부분이 '양지 효과'의 영향을 받고 있음을 밝히고 있다.

신뢰할 수 있는 관측소의 기온을 보면, 수십 년 주기로 올랐다 내렸다를 반복하고 있다.

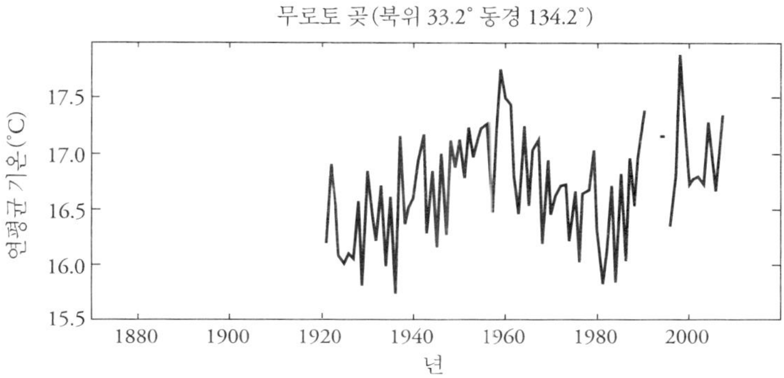

그림 1-17 일본 무로토의 기상 관측소의 기온 데이터. 곤도 교수가 기온 측정에 적합한 환경이라고 판단한 곳. 기온 데이터는 NASA 사이트를 참고.

곤도 교수는 일본 전역의 관측소 중에서 충분히 만족할 수 있는 관측소는 겨우 3곳밖에 없다고 하였다. 홋카이도北海道의 스츠壽都, 도호쿠東北의 미야코宮古, 시코쿠四國의 무로토室戶岬가 이에 해당한다. 기상청에서는 현재 17개소의 표준 관측소를 운영하고 있는데, 대부분의 관측소에서 데이터 보완이 필요하다고 역설하였다. 최근, 관측소들의 주변 토지가 매각당할 처지에 있는데 만일 그곳에 높은 빌딩이라도 세워진다면 관측소로서의 의미를 잃게 된다는 점도 강조한다. 그의 홈페이지에는 '기상청의 재정 상황이 어려운 것은 이해하지만 관측의 중요성에 대해 새롭게 인식해주길 바란다.'라는 당부의 말도 있다.

곤도 교수가 신뢰할 수 있다고 밝힌 관측소 3곳 중 하나인 시코쿠의 무로토 기온 데이터를 그림 1-17에 나타내었다. 여기에 제시한 것은 NASA 사이트에 게재된 데이터다. 곤도는 '기온이 점점 오른다고 하기보다는 수십 년 주기로 오르고 내리기를 반복하는 듯하다.'라고 설명하고 있다.

하루 빨리 오차가 적은 측정 데이터가 세계 모든 곳에서 올바르게 해석될 수 있기를 바란다. 그렇지 않으면 잘못 재어서 높게 나온 체온 때문에 필요 없는 치료를 받게 되는 것과 유사한 일이 벌어질 수 있다. 유감스러운 것은 이 문제에 관한 국제적인 협력이 아직 전혀 이루어지고 있지 않다는 것이지만, 미국의 연구자는 일본의 현황에 흥미를 가지고 있다.

기상 데이터의 신뢰성에는 한계가 있다

이처럼 오차가 많은 각각의 측정 데이터들을 수집하여 전 세계의 기상 데이터에서 결과를 얻어내려고 하므로 그 어려움에 대해서 한번쯤 상상해볼 필요가 있다. 물론 현재에도 NASA의 한센 연구팀은 정확한 결과를 얻기 위한 보완을 행하여 가능한 한 정확한 값을 얻으려고 노력하고 있다. 그러나 10년에 겨우 0.1 ℃ 올랐는지를 알아보기 위한 정확한 관측과 충분한 보정이 과연 가능한가에 대해 의문의 목소리가 상당히 많다.

예를 들면, 앞에서 언급한 도시화의 영향으로 최근 기온이 높게 측정되었으므로 해당 측정치를 낮추려는 시도가 보인다. 그림 1-18은 도쿄 기상 관측소의 실제 데이터와 보정한 데이터를 비교한 것이다.

그 외에도 온도계의 변경이나 기온 측정 시간의 변경, 측정 관측소의 이동 등 여러 가지 요인을 보정할 필요가 있는데, 제반 사항 등을 고려해서 수정한 결과를 발표한 것이다. 대부분의 수정들은 타당하다고 여겨진다. 보고되지 않은 변화는 수정하지 못했겠지만 말이다.

열섬 효과의 보완 예. 과연 보정이 충분히 이루어졌을까?

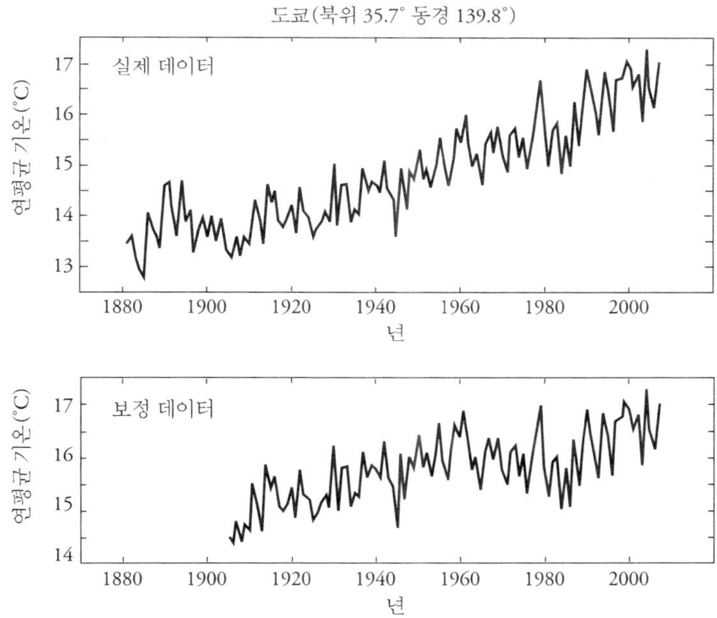

그림 1-18 도쿄의 연평균 기온 변화. 위의 그림은 그림 1-10과 마찬가지로 실제의 데이터. 아래의 그림은 NASA의 한센 팀이 도시화 영향을 보정한 것. 1960~1980년 사이에 차이가 크다.

그런데 수정에 의구심이 이는 부분도 있다는 지적도 나타나고 있다. '역도시화 수정'이라 불리는 것으로 여러 개의 측정 관측소에 있어서 최근의 기온을 높게 수정하고 있다는 것이다.

왜 그런가 하면 균일화라 불리는 수정 때문이다. 각 측정 관측소의 데이터는 주변에 있는 시골 측정 관측소의 데이터와 비교된다. 만일 측정 관측소가 시골 관측소라 하더라도 주변의 몇 개 관측소의 데이터와 다를 경우는 주변과 맞추어진다. 결과적으로 과도한 수정을 행하고 있지 않은가 하는 것이다.

기온 측정에 관한 본질적인 문제가 지적되기도 한다. 지역 규모의 기후 연구 분야에서 저명한 미국 콜로라도 대학의 로저 필케Roger A. Pielke 연구팀은 다음과 같은 연구 결과를 내놓았다. 현재와 같이 지상 1.5 m 정도의 높이에서 기온을 측정할 경우에는 기온이 큰 폭으로 변화하는 경향이 짙다는 것이다. 필케 연구팀은 자신들의 결과를 토대로 IPCC가 내세우고 있는 기온 상승이 과대평가라고 주장하고 있다.

이 장의 첫머리에서 아프리카의 기온 측정 사례들을 들었는데 이처럼 말도 되지 않는 측정(?)을 생각하면, 여기까지 오게 된 것도 그저 놀라울 따름이다. 무리하게 수정하여 잘못된 결론을 내기보다는 차라리 이것이 한계라는 것을 솔직히 인정하는 편이 더 현명하지 않을까?

위성이나 기구를 사용해도 정확한 측정은 불가능

1980년 이후에는 인공위성을 이용한 관측이 가능해졌다. 산소 분자가 내는 마이크로파를 위성으로 관측하여 기온을 추정하는 방법이다. 이 방법으로는 일정 범위의 대기층의 평균 온도를 측정할 수 있다. 성층권의 기온 및 대기권의 상부 · 중부 · 하부와 같은 층의 온도가 추정된다. 대류권 하부의 기온 변화는 지표 기온의 변화와 잘 대응한다고 전해지고 있다. 이 방법으로도 오차는 여러 가지가 있겠지만 최근에는 주요 두 연구팀의 결과가 꽤 근접해졌다. 이 방법을 개발한 앨라배마 대학의 연구팀은 초기에 1980년 이후의 대류권 하부의 기온이 내려가고 있다는 데이터를 제출했는데, 이에 대해 '문제 있는 발언이다.'라는 의견이 「사이언스」에 실렸다. 하지만 지금은 반대로 다른 연구팀의 데이터가 오히려 기온 상승을 과대평가하였다는 의견이 나오고 있다.

대기 온도를 재는 또 다른 방법으로 기구에 온도계를 실어 상공에 띄우는 것이 있다. 무선으로 데이터를 알려주기 때문에 라디오존데Radiosonde라 불리고 있다. 단 GHCN의 기상 관측소에 비해서 압도적으로 그 수가 적다. 세계를 통틀어 수십 곳밖에 없다.

여러 데이터와 비교했을 때 역시 온도계를 이용한 지표 기온의 측정은 최근 들어 높은 기온을 나타내는 경향이 있다.

'하키 스틱' 곡선은 거짓이었다

IPCC가 결론을 내는 데 있어서 한센 팀의 데이터(그림 1-7)와 함께 중요시된 것이 마이클 만Michael Mann 연구팀의 데이터다(그림 1-19). 주로 수목의 나이테를 이용하여 과거 기온을 추정한 것이다. 그런데 문제가 있다. 오래된 나무의 시료를 구하기 쉬운 북반구에 집중하고 있다는 점이다. 뿐만 아니라 비가 많이 오는 열대지방 나무의 나이테는 기온 변화에 그다지 민감하지 않기 때문에 온대~한대에 한정된 데이터가 되고 있다.

최근의 기온 측정에도 오차가 있을 가능성이 큰데 과거 1000년의 기온에 오차가 없을 리 없다. 그림 1-19의 만의 데이터에도 추정되는 오차 범위가 나타나 있다. 그러나 신문 등에 게재할 때는 이 오차의 맨 가운데에 있는 평균치의 곡선만이 나온다.

이 곡선은 특이하다. 1000년부터 1900년까지는 그다지 큰 변화가 없는데, 1900년 이후 갑자기 기온이 상승하고 있다. 때문에 '하키 스틱' 곡선이라 불린다. 하키에서 공을 치기 위해 사용하는 스틱(그림 1-20)과

1900년 이전의 기온 변화가 너무 작다.

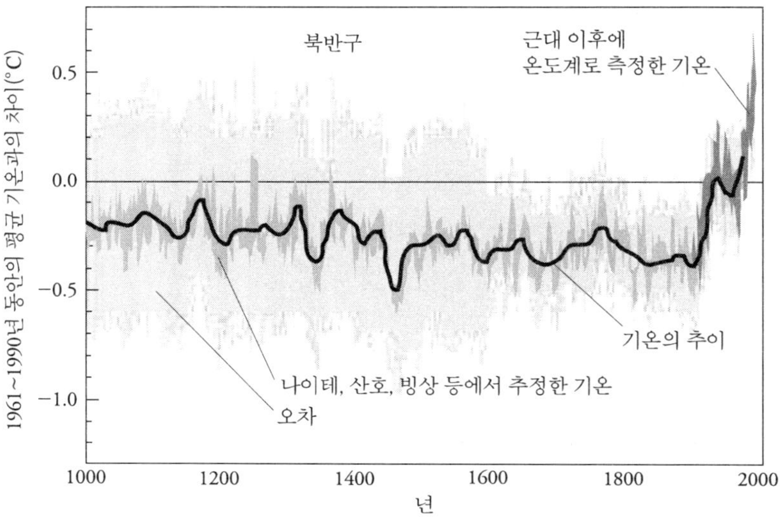

그림 1-19 과거 1000년 동안의 북반구 기온 변화. 수목의 나이테 등을 이용하여 마이클 만 연구팀이 추정한 것. 그래프의 생긴 모양 때문에 '하키 스틱'이라 불린다. 1850~2000년의 온도계 측정 데이터가 중복되었다. IPCC 3차 보고서.

비슷하게 생긴 데서 유래한다. 기온 변화를 그다지 보이지 않는 기간이 손으로 잡는 부분, 갑자기 기온이 쑥 오르는 기간이 공을 치는 부분에 해당한다.

하키 스틱 곡선의 발표는 처음부터 큰 반향을 일으켰다. 많은 논의와 의견이 나왔는데 대표적인 것은 두 가지다.

하나는 20세기에 이르러 급격하게 기온이 오른 이유가 인간이 발생시킨 이산화탄소 때문이라는 의견이다. 그러나 IPCC 3차 보고서에서 보는 바와 같이(그림 1-5 참고), 인위적인 영향으로 기온 상승을 설명할 수 있는 것은 1950년 이후뿐이다. 20세기 전반의 기온 상승이 자연 변화에 의한 것이라고 당시 전문가들은 인지하고 있었다. 따라 하키 스틱 곡선은 어느 정도 신뢰할 수 있을까?

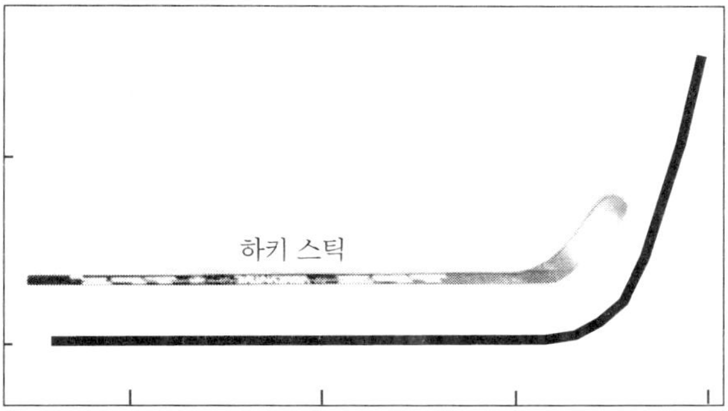

그림 1-20 하키 경기에 사용되는 스틱의 예.

서 20세기에 들어서 갑자기 기온이 상승한 것을 인위적으로 보는 것은 납득이 가지 않는다. 하지만 기온 상승이 자연 변동 때문이라는 것 역시 기후 모델로 확실하게 설명되었다고는 할 수 없다(태양의 효과를 과대평가했다). 그래서 이 기간에 있어서 인위적인 영향을 의심하는 이들이 한 부류를 이룬 것이다.

또 하나의 의견은 하키 스틱 곡선이 1900년까지의 과거 기온 변화를 너무나 과소평가하고 있다는 것이다. 만이 사용한 방법, 다시 말해서 수목의 나이테를 이용해서 과거 기온을 추정하는 데에는 한계가 있다는 것으로 귀담아들을 만하다. 왜냐하면 나이테로 과거 기후를 측정하는 것은 이전부터 널리 사용되어온 수법인데, 수목의 나이테에 영향을 주는 인자가 기온뿐만이 아니라는 사실 또한 잘 알려져 있기 때문이다. 예를 들면 강우량과 일사량도 수목의 성장에 큰 영향을 준다. 또한 심어져 있는 장소와 더불어 어떠한 환경 변화를 겪었는지도 크게 작용한다. 그런 의미에서 온도계를 사용한 기기 측정의 경우와 다를 바 없다. 백엽상 등이 노후화되어 측정이 원활하게 이루어지지 않는 것처럼, 수목 역시 측정 장치로서의 특성이 변한다.

가장 큰 변화는 수목의 성장에 따른 것이다. 수목은 봄부터 여름까지 빠른 성장을 보이다가 가을과 겨울이 되면 느려진다. 이러한 모습이 나이테가 되어 남는다. 기온과 강수, 일사량과 같은 환경이 좋을 때는 빠르게 성장하기 때문에 나이테의 폭이 넓어진다. 그 폭을 측정하여 과거의 기후를 측정하는 것이다. 나무가 자란 환경 조건을 검토해서, 나이테가 기온 변화를 나타내고 있는지, 아니면 강우량의 변화를 나타내고 있는지를 판단한다. 실제로 미국 서부에는 4000년 이상 된 세계에서 가장 오래되었다는 브리스틀콘 파인Bristlecone Pine 나무들이 있는데, 나이테에서 과거 가뭄에 관한 정보를 얻고 있다. 필자 역시 이 나뭇조각을 가지고 있는데, 환경이 척박한 지역에서 몇천 년 동안이나 살아남은 나무답게 나이테 역시 무척 촘촘하다.

수목은 나이를 먹어갈수록 성장이 느려진다. 그림 1-21에서 보면 나무 중심으로 갈수록 나이테의 간격이 넓고, 바깥쪽은 좁다. 이와 같은 현상은 과거 기후의 추정이라는 목적으로 사용될 때 오해를 부를 수 있다. 단순히 나이테의 폭으로 기온을 추정했을 때, 기온이 점점 내려가는 것으로 잘못 판단할 수 있다. 때문에 여러 시대의 나이테들을 잘 비교하여 오차가 생기지 않도록 해야 한다. 이 부분에서 연구자의 능력이 무엇보다 필요하다.

만 연구팀의 결과가 발표되었을 때 논쟁이 일어난 것은 당연했다. 나무의 나이테로 1000년 전의 기온을 추정하는 것은 무리라는 의견도 나왔다. 그러나 나이테 연구자들도 가만있지는 않았다. 몇몇 연구팀이 독자적인 해석을 하여 타당하다고 여겨지는 결과들을 내놓았다. IPCC 4차 보고서(2007년)에 그 결과가 실려 있다. 그림 1-22(서두의

기온 저하와 수목의 성장 둔화를
구별하기란 꽤 어렵다.

그림 1-21 수목 나이테의 예. 일본 요코하마 국립대학교 가네코 노부히로金子信博 교수 제공.

컬러 그림) 참조.

그림 1-22[•]를 보면 만 연구팀의 하키 스틱 곡선이 과거의 기온 변화(북반구)를 과소평가했다고 판단할 수 있다. 특히 1000~1200년 무렵의 기간은 유럽에서는 중세온난기라 불리는 시대이며, 또한 1600년경에는 소빙기라 불리는 한랭한 시대였다. 그러나 만 연구팀의 데이터에는 이러한 것이 확실하게 나타나 있지 않다는 지적이 처음부터 제기되었다. 한편 중세온난기도 소빙기도 유럽의 국지적인 현상이었을 것이라는 반론도 있다. 그 후 여러 지역의 기온이 추정되면서 중세온난기와 소빙기가 적어도 북반구에 한해서는 공통적으로 나타난 현상이라는 것이 알려졌다.

• Richard A. Kerr (2005). Millennium's hottest decade retains its title, for now. *Science*, 307(5711), 828-829.

중세온난기, 소빙기는 역시 존재했다.

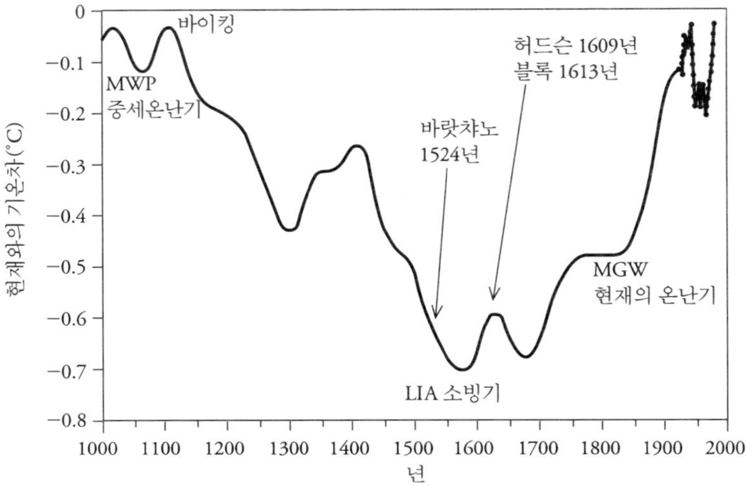

그림 1-23 모버그가 추정한 기온과 역사적 사실과의 대응. 1000년경 '바이킹 활약 시기', 1600년경 '소빙기', '허드슨 1609년' 등은 탐험가들이 북극 항로를 항해할 수 없었던 시기, MGW는 현재의 온난기. J. Varekamp, 「이오스」, 2006년 12월 26일 호.•

그림 1-22의 많은 데이터들 중에서 2005년에 나온 모버그Moberg의 것이 가장 자주 인용된다. 그림 1-23은 모버그의 데이터와 중세온난기, 소빙기와의 대응 그리고 많은 사람들의 항해와 무역 등과의 대응을 살펴본 것이다.••

예를 들면 1600년경의 소빙기 때, 유럽에서 미국으로 가는 항해를 단축할 목적으로 북극해를 항해하려고 한 탐험가들이 빙하에 막혀 목

• 역자 주: Varekamp, J. C. (2006). The historic fur trade and climate change. *Eos Trans. AGU*, 87(52), doi:10.1029/2006EO520002.

•• 역자 주: Anders Moberg, Dmitry M. Sonechkin, Karin Holmgren, Nina M. Datsenko & Wibjörn Karlén (2005). Highly variable Northern Hemisphere temperatures reconstructed from low-and high-resolution proxy data. *Nature*, 433(7026), 613-6175.

적지에 다다르지 못했다는 기록이 남아 있다. 북미 대륙에서의 비버 모피에 관한 조사에 의하면, 중세온난기가 끝난 1600년경을 절정으로 추운 시기가 계속되었을 때, 방한용으로 비버 모피가 잘 팔렸다고 한다.

또한 1000년 무렵의 중세온난기 때에는 바이킹들이 그린란드를 발견하고 캐나다의 북동부까지 이주지를 넓혔다. 이후 그들이 그 땅을 떠난 것은 기온 저하 때문인 것으로 전해지고 있다.

과거와 현재의 기온은 끼워 맞춘 것이다

과거의 기온을 조사하는 목적은 어디에 있을까? 한마디로 현재의 기온이나 기온 상승 경향이 과거에 볼 수 없었던 특징적인 것인지 아닌지를 알아보기 위해서다. 만의 데이터 결과를 보면, 오차는 차치하고 20세기까지는 기온 변화가 적었기 때문에 현재의 기온이나 기온 변화는 비정상적이라는 것이 된다. 그러나 모버그의 결과를 보면 다르다. 중세온난기의 기온은 1950년경의 기온과 별반 다르지 않고, 기온 변화의 크기나 속도를 봐서도 20세기가 특별히 이상할 정도는 아니다.

그렇다면 20세기 후반의 기온은 어떠할까? 앞에서 서술한 바와 같이 이 기간의 기온 데이터가 기기 측정에 따른 오차를 포함할 가능성은 부정할 수 없다. 그렇다면 수목의 나이테를 통해 본 기온으로 뭔가 알 수 있지 않을까? 과거의 기온을 추정하기에는 물론 오차가 크지만, 단기간의 기온이라면 더 효과적일 수 있다.

이와 관련해서 이전부터 제기되는 문제가 있다. 나이테와 기기 측

나이테 전문가는 1980년 이후의 기온 측정에 자신을 가지고 있다.

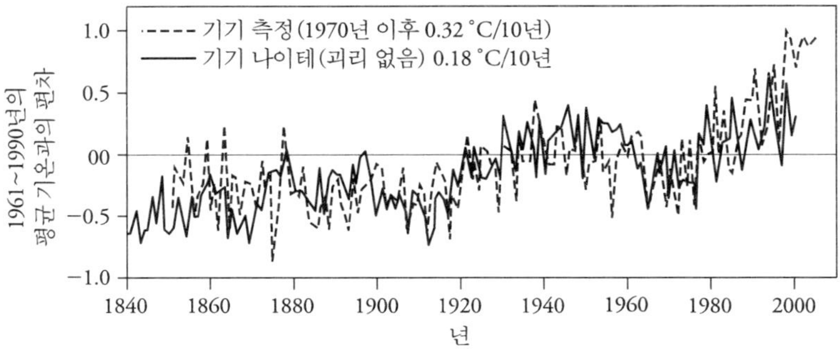

그림 1-24 R. Darrigo 등의 수목 나이테 측정에 의한 기온 데이터와 온도계 측정에 의한 기온 데이터 비교. 과거(1870년)와 현재(1980년 이후)에 있어서 온도계의 기온 데이터가 높게 나타나고 있다.

정의 괴리 문제다. 즉 나이테에서 얻은 기온은 온도계로 잰 기온보다 최근의 기온 상승의 정도가 작다. 그 이유로 몇 가지를 생각할 수 있다. 예를 들면 이산화탄소의 증가로 기온 변화에 둔감해진 대기오염 때문에 일사량이 감소했다(글로벌 디밍global dimming = 지구 암화)는 것이다.

그러나 다양한 검토를 통해서 2000년까지의 기온 변화를 내놓은 연구팀도 있다. 결과는 그림 1-24와 같다. 1980년 무렵까지는 온도계 측정과 나이테 측정 결과가 잘 맞는다. 하지만 1870년 이전과 1995년 이후에 있어서는 기기 측정에서의 기온이 높게 나타난다. 이 논문에서는 1870년 이전에 대해서는 기기 측정의 오차로 보인다는 결론을 내리고 있다. 그렇다면 1995년 이후는 어떨까? 그들은 나이테 측정 결과에 자신을 가지고 있는 듯하다. 온도계 측정 현황을 보면 그들의 주장에 수긍이 가기도 한다.

현재의 기후 변화는 어디까지가 인간의 탓일까?

이제까지 기온 측정에 관한 설명을 하였는데, 지금부터는 기후 모델에 의한 컴퓨터 시뮬레이션에 대해서 살펴보겠다. 시뮬레이션에 의문을 품는 사람이 많다는 것은 앞에서도 이미 서술했는데, 그 자세한 내용에 대해 검토해보자.

한마디로 IPCC 보고서의 결론은 이렇다. 20세기 전반의 기온 변화는 자연 변화이고, 후반의 기온 변화는 인위적인 영향이라는 것이다. 우선 1920~1940년을 두고 보자면 자연 변화가 틀림없을 것이다. 당시에는 석유 등을 대량으로 소비하지 않았기 때문이다. 물론 농지 개발과 같은 토지 개혁이 기후에 영향을 주었을 가능성은 배제할 수 없지만, 단 20년 만에 급격한 영향을 끼쳤으리라고는 생각하기 어렵다.

그렇다면 IPCC 보고서대로 20세기 전반의 기온 변화가 자연에 의한 것이라는 결론을 그대로 따라도 좋을까? 대답은 NO다. 물론 여기서 '인위적인 것에 의한 것이다.'라고 주장하는 것은 아니다. 이전에는 이 기온 상승이 이산화탄소의 증가에 의한 것이라 생각되었지만, 현재는 부정하는 사람이 많다. 필자도 자연 변동에 의한 것이라 생각한다. 이처럼 모델을 가지고 관측을 설명하는 그 내용에 의문을 품지 않을 수 없다.

구체적으로 따져 보자. 보고서는 '20세기 전반의 기온 상승은 모델로 설명이 가능하다.'라고 하였다. '따라서 모델은 신뢰할 수 있으므로 20세기 후반에 대한 설명도 올바르다.'며, '결과적으로 21세기의 예상도 바르다.'는 식으로 연결시키고 있다.

그러나 기후 모델 전문가의 의견을 들어보면 처음에 내린 결론은 잘못되었다고 한다. 즉, 모델은 20세기 전반의 기온 상승을 제대로 설명하지 못하고 있는 것이다. 잘못되었다는 말이 지나치게 들린다면, 과대평가라고 해도 좋다.

IPCC 보고서가 채용한 논문에서는 자연 변화의 영향으로 태양과 화산을 들고 있다. 그러나 특히 태양의 영향을 고려하는 것은 생각보다 어려움이 많다. 계산을 한 기후 모델 연구자의 입장에서는 '태양의 변화를 이렇게 가정하면 이런 결과를 얻을 수 있다.'라고 주장하지만, 결과적으로는 관측치와 모델 계산을 맞추기 위해서 태양의 영향을 과대평가하고 있다. 굳이 모델에 대해 엄격한 연구자가 아니더라도 이러한 시뮬레이션에는 낙제점을 줄 것이다. 단, 태양의 변화가 의외로 작다고 알려진 것은 최근의 일이기 때문에 어쩔 수 없었을지도 모른다. 이처럼 20세기 전반의 기후 변화를 무리하게 자연적 변화로 설명하는 것에는 문제가 있다.

다음은 20세기 후반의 기온 변화가 인위적이라는 결론에 대해서다. 기후를 둘러싼 경제와 정책 결정에 있어서 이 결론은 실로 중대하다. 1970년 이후에 대해서는 어느 정도 인위적인 영향이 포함되어 있다. 그러나 기후 문제의 전문가 입장에서 봤을 때, 어디까지가 인위적인 영향이고 어디까지가 자연 변화인지는 아직 확실하게 말할 수 있는 단계가 아니다.

기후 변화는 자연 변화와 인위적 영향이 서로 결합하여 일어난다

그림 1-25는 지구 온난화(기후 변화)와 관련한 사항을 정리한 것이다.

그림 설명에 앞서 먼저 '기후 변화'에 관한 설명이 필요할 듯하다.

이 용어에 대하여 여러 가지로 정의하고 있어서 혼란스러울 수 있기 때문이다.

우선 인위적으로 방출된 온실효과가스 등에 의한 것만을 '기후 변화'라고 부르는 입장이 있다. 인위적인 온실효과가스의 배출을 대상으로 하는 '기후변화협약'이 이의 입장을 따른다. 따라서 지구 온난화도 인위적인 원인으로만 한정하고 있다. 지금 생각하면 옹색하다는 생각도 들지만 거기에는 역사적인 배경이 있다. 이 협약이 처음 생겼을 때는 이산화탄소 배출에 따른 기온 상승과 기후 변화가 각별한 지지를 받고 있을 때여서, 온실효과가스 농도를 안정시키려는 목적으로 협약이 체결되었기 때문이다.

한편 인위적인 기후 변화만을 기후 변화라 부르는 정치적인 입장과는 달리, (자연 · 인위를 따지지 않고) 여러 가지 원인에 의해서 기후가 변하는 것을 기후 변화라 보는 입장도 있다. 지구 온난화에 있어서도 자연 요인과 인위적 요인 양쪽을 생각하는데 바로 기후 변화를 연구하는 대부분의 기후과학자의 입장이기도 하다. 실제로 IPCC 보고서에는 '협약의 입장과는 달리 기후 변화의 원인으로서 인위적인 것과 자연적인 것 양쪽을 생각한다.'는 주의 사항이 덧붙여 있는 것을 볼 수 있다. 기후과학자로서의 신념을 엿볼 수 있는 대목이다.

이상과 같은 것을 염두에 두고 그림 1-25를 살펴보자. 기후 변화를 '원인', '영향', '대책'의 관점에서 정리한 것이다. 원인으로는 자연 변화와 인위적 요인, 양쪽을 고려하는 기후과학자의 입장을 따르고 있다. 이것은, 기후는 여러 가지 요인의 영향을 받는다는 것을 알고 있기 때문이다. 몸을 예로 든다면 컨디션과 체질에 영향을 주는 많은 요인들을 떠올리면 된다. 더위나 추위와 같은 자연적 인자와 자신의

기후 변화의 원인은 온실효과가스만이 아니다.

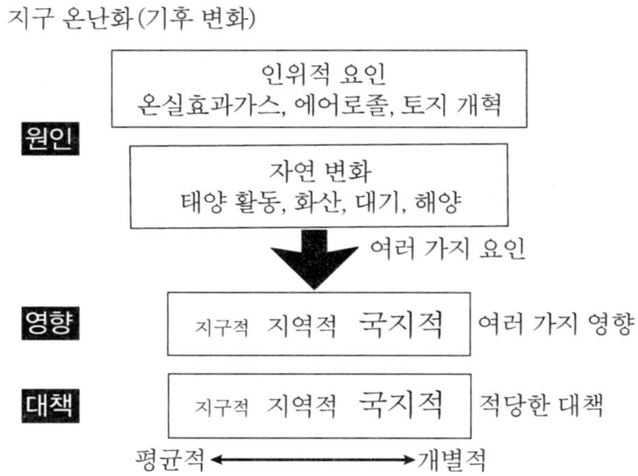

그림 1-25 지구 온난화(기후 변화)에 관한 사항. 원인, 영향, 대책에 관한 여러 가지 요소.

의지에 의한 인자(인위적이라 부르는 데 적합한 인자)도 있다. 당연히 양쪽의 요인이 서로 섞여 있는 경우도 많다. 어느 한쪽만을 중시하고자 간단하게 한쪽을 무시할 수는 없다. 그렇게 해서는 문제 해결에 도움이 되지 않는 경우가 많기 때문이다.

기후의 경우에도 자연 변화와 인위적 요인, 양쪽 모두가 중요하다. 그림 1-25로 다시 돌아와 보자. 조금 복잡하다고 여길 수도 있을 것이다. 가령 온실효과가스는 잘 안다고 하더라도, '에어로졸은 무엇이지?', '토지 개혁은?', '태양 활동은?' 하는 여러 가지 의문이 꼬리를 물지도 모른다. 각 요인들의 내용과 특징에 대해서는 나중에 설명하겠지만, 여기서는 각각의 요인들이 모두 중요하다는 것을 꼭 강조하고 싶다. 각각의 요소는 각각의 특성에 따라 각각 다른 효과를 낸다. 몸으로 말하면 독감 바이러스나 직장 상사의 잔소리와 같이 서로 전혀 다른 성질의 것이지만 어느 쪽도 스트레스로 작용하는 것과 마찬가지다.

다음은 영향에 관해서다. 앞에서 살펴본 요인들은 각각 다른 규모와 다른 경로로 기후에 영향을 주고 있다. 지구 전체에 영향을 미치는 것부터 국지적으로만 영향을 주는 것까지 모두 제각각이다. 지구 전체적인 영향은 평균치를 생각하면 되겠지만 국지적인 영향은 장소와 시기에 따라 다른 현상이 나타난다. 뿐만 아니라 영향을 받는 정도 또한 크게 다르다. 그래서 문자의 크기를 달리하였다.

마지막으로 대책이다. 이 또한 지구 규모의 대책과 국지적인 대책까지 폭넓게 생각할 수 있으며, 각각의 규모가 명확하게 다르다는 것을 인지할 필요가 있다. 특히 국지적으로는 장소나 시기에 따라 적절한 대책이 필요하다. 이 점에 대해서는 앞에서 손가락을 베었을 때의 예(손가락을 베인 정도라면 소독하고 반창고를 붙이는 정도로 충분하다.)를 떠올려보길 바란다.

IPCC는 왜 이산화탄소에 집착하는가?

기후 변화의 원인 · 영향 · 대책의 다양함에 대해서 살펴보았다. 그렇다면 IPCC의 결론을 토대로 나온 대책들은 왜 온실효과가스의 감축, 특히 이산화탄소의 감축에 집중되어 있을까?

중요한 이유는 누가 뭐래도 기후변화협약의 최종 목적 때문이다. 온실효과가스의 농도 안정이 협약의 최종 목적이라는 것을 상기해보자. IPCC의 과학 담당 부처의 주장처럼 다른 여러 가지 요인을 고려해야 하는데 아무래도 IPCC의 역할에는 한계가 있는 듯하다.

과학적인 이유도 있다. 이산화탄소를 비롯해서 온실효과가스의 특성은 과학적으로 취급하기 쉽다. 결국 자신들이 잘 아는 것에 대해서만 발언하고 있는 셈이다. 과학자의 자세로서는 바람직할지 모른다. 잘 모르는 것에 대해서는 아무것도 말할 수 없으니까 말이다. 하지만 환경 관리의 입장에서는 곤란하다. 잘 알지 못하더라도 영향이 있을 만한 인자는 많기 때문이다.

글로벌한 기후 모델에서 나오는 데이터는 신용할 수 없다

IPCC는 '20세기 후반의 기온 상승은 인위적인 것이다.'와 같은 결론을 내리면서 기후 모델에 의한 시뮬레이션을 주로 사용했는데, 과연 기후 모델은 어느 정도 신뢰할 수 있을까? 앞에서도 잠깐 언급했듯이 태양 변화가 과대평가되고 있으며, 파라미터가 많아질 경우 시뮬레이션의 신뢰성은 떨어진다. 그렇다면 기후 모델에 대해 살펴보자.

최근 들어 기후 모델 연구는 눈부시게 발전하였다. 계산기 능력은 크게 향상되었으며 파라미터화라는, 예술적이라 할 만한 정밀한 수법도 눈에 띈다. 내실을 기한 지구 규모의 관측망에서 얻은 데이터(에어로졸의 분포 등)를 모델에 도입하면서, 보다 많은 사람들이 납득할 결론을 낼 수 있는 환경이 되었다. 그 결과 IPCC는 1970년 이후의 기온 상승이 인위적으로 배출된 온실효과가스 때문인 것으로 결론 내렸다.

그러나 결론이 너무 한쪽으로 치우쳐 있다. 지구 규모(글로벌)의 기후 모델을 사용한 해석에 대해서 비판도 일고 있다. 환경 정책이 실효성을 거두려면 지역적regional 혹은 국지적인local 기상 및 기후의 관점이 중요하며, 글로벌한 기후 모델에서 얻은 결과만으로는 불충하다는 것이다. 이는 폰 스토치의 앙케트 결과(후술)에서도 입증되고 있다. 그렇다면 무엇이 불충분한지, 글로벌한 기후 모델을 대신할 것이 과연 있는지에 대해서 자세히 살펴보자.

기후 모델의 연구는 아직 미성숙한 수준

'기후변화협약'의 목적이 '온실효과가스 농도의 안정화'에 있지만 취지는 대단히 좋다. 지역과 국지적인 기상에까지 염두에 두고 있으니 말이다. 하지만 협약 취지에 걸맞은 환경대책이 시행될 수 있는 정보를 현재의 기후 모델이 제시하고 있는지, 그 여부에 따라서 가치가 결정될 것이다.

앞에서 언급한 로저 필케는 기후 모델의 사용법을 ① 기초 연구, ② 진단, ③ 예보로 분류하였다. 제일 먼저 '기초 단계'를 충분히 거친 다음, 그 지식을 가지고 기후 변화의 '진단'에 사용하도록 한다. 즉 어떤 현상이 어떻게 일어나는지를 이해하고 판단하고 나서, 마지막으로 '예보'에 사용한다.

'기초 연구'에서는 기후 시스템을 이해하는 것이 목적이다. 공기나 물의 움직임을 물리 법칙으로 나타내고 컴퓨터를 사용하여 계산한다. 그리고 한 요소가 바뀜에 따라 기후가 어떻게 변하는지를 관찰한다. 예를 들면 이산화탄소가 증가했을 때 평균 기온이 어느 정도 상승하는지, 기온 분포가 어떻게 나타나는지를 살피는 것이다.

이 경우 필케의 생각은 이렇다. 기후 모델은 불안전해도 좋다. 결국 알고 싶은 요소에 대해서 알면 그뿐이므로 다른 중요한 요소가 있더라도 상관없다. 전부를 염두에 두지 않더라도 어느 정도는 알 수 있다. 실제로 현재의 기후 모델에서는 태양 변화의 효과나 식물의 효과

등 중요한 요소를 충분히 고려하지 않고 있다. 하지만 기초적인 단계의 연구라면 허용된다.

'진단' 단계가 되면 문제는 달라진다. 현상이 왜 일어났는지 그 이유를 판단하지 않으면 안 되는데, 고려하지 않은 요소가 원인일 경우에는 곤란하므로 가능한 한 많은 요소를 기후 모델에 포함시킨다. 특히 관측 데이터를 모델에 포함시켜 관측 결과를 해석한다. 실제로 기상 분야에서는 이 같은 방법이 사용되고 있지만, 기후 모델은 거기까지 발전하지 못하였다고 필케는 평가하고 있다.

'예보' 단계에서는 앞으로 기후가 어떻게 될지를 정확하게 예측한다. 날씨 정보라면 1주일 정도의 예보가 가능한데, 필케에 따르면 거기까지 정확히 하는 것도 아직은 무리다.

기후감도(CO_2 농도가 2배일 때 기온은 몇 도 올라갈까)가 중요한 지표

글로벌 기후 모델의 여러 가지 문제점에 관해 언급했는데, 지역이나 작은 마을의 기후와 기상에 일일이 대응하는 데 무리가 따른다는 지적은 어떤 의미에서 당연할 것이다. 말 그대로 글로벌이므로 작은 지역을 커버하기는 쉽지 않다. 오히려 현재의 글로벌 모델이 얼마만큼 여러 가지 것을 설명할 수 있을지, 어느 정도 실제의 관측과 일치하는지를 눈여겨봐둘 필요가 있다.

당연히 가장 중요한 것은 대기 중의 이산화탄소가 증가했을 때 기온이 얼마 정도 상승하는가이다. 이때의 기온 상승의 정도를 일반적으로 '기후감도climate sensitivity'라 한다.

이때 기체가 지구의 에너지 수지收支에 얼마만큼 영향을 끼쳤는지를 나타내는 수치를 '복사강제력'이라 하는데, 이는 기후감도를 크게 좌우하는 요인이다. 복사강제력이 양의 값이면 온실 효과를 가지고, 음의 값이면 대기 온도를 내리는 효과를 갖는다. 대표적인 예로서 이산화탄소 및 메탄은 양의 값을, 분진 등의 에어로졸은 음의 값을 갖는다.

기후감도는 기초적인 검토에는 상관없지만 직감적으로는 알기 어렵다. 이때 사용되는 기준이 '이산화탄소의 농도가 2배일 때 기온이 몇 도 오르는가?'이다. 이것을 이산화탄소 2배 때의 기온 상승, 줄여서 '2배 때 기온 상승'이라 하고, 수치를 '기후감도'라 한다. 이것을 사용하여 편리한 점은 2100년경에 이산화탄소의 농도가 산업혁명 이전(280 ppm)의 2배가 될지 안 될지, 정책상의 하나의 기준이 되기 때문이다. '이산화탄소의 농도가 2배가 될 때'라는 의미는 100 ppm에서 200 ppm이 되든, 280 ppm에서 560 ppm이 되든 기온의 상승폭은 동일함을 의미한다.

당연히 2배 때의 기온 상승은 중요한 양이 된다. 만일 0.2 °C 정도라면 무시해도 좋겠지만, 5 °C나 되면 큰일이다. 2 °C를 기준으로 기온이 더 이상 오르지 않도록 이산화탄소의 배출을 줄여야 한다는 주장도 보인다. 근거가 확실한 것은 아니지만 해류가 큰 변화를 일으키지 않도록 해야 한다는 것이 하나의 이유다. 또 미국의 윌리엄 노드하우스 William D. Nordhaus 팀의 경제학적 견해에 의하면, 국가나 지역(주로 개발도상국)에 따라서 기온이 2 °C 상승할 때 농업 등에 큰 영향이 나

CO_2 농도가 2배가 되었을 때
기온은 몇 도 오르는가?
'2배 때의 기온 상승'
산업혁명 때의 농도(280 ppm)가 앞으로
2배(560 ppm)가 되었을 때의 상승 기온

타나고, 세계의 GDP는 약 1% 정도 감소한다고 한다.

따라서 기온 상승이 2 °C 이하가 되도록 이산화탄소 배출 방안을 연구하지 않으면 안 된다. 몸으로 말하면 혈액 중의 콜레스테롤을 일정 수치 이하로 조절하는 것이 바람직하므로, 적절한 칼로리 섭취를 해야 하는 것과 마찬가지다.

그렇다면 2배 때의 기온 상승 수치를 어떻게 알 수 있을까? 이산화탄소는 온실효과가스이므로 공기 중의 이산화탄소가 증가하면 기온이 오르는 것은 당연할 것이다. 그래서 우선 '다른 조건을 바꾸지 않고' 이산화탄소만 2배가 되었을 때 어떻게 되는지를 계산한다. 그때의 기온 상승은 1.3 °C 정도라고 알려져 있다. 다시 말해서 2배 때의 기온 상승은 1.3 °C이다.

'다른 조건을 바꾸지 않고'란 기후와 같은 복잡한 시스템에서 어떤 요소를 변화시키려 했을 때 다른 부분도 변화되어버리기 때문이다. 예를 들면 '몸에서 지방만을 줄일 수 있는가'와 같은 맥락이다. 대답은 물론 '어렵다'이다. 식사량을 줄여서 지방을 줄일 경우 대개는 근육도 함께 줄어든다. 땀이 나는 방식도 바뀐다. 심하면 성격마저 바뀔지도 모른다. 몸은 안팎의 변화에 적응하도록 여러모로 바뀐다. 결국 이산화탄소만을 2배로 한다는 것은 어디까지나 가상의 이야기에 불과하다.

모델에서 갑자기 튀어나온 '기후감도는 약 3 °C인데……'

기후감도의 문제를 잘 살펴보면 현재의 기후 모델이 아직 개발 단계에 있다는 것을 알 수 있다. 모델에 따라서 기후감도가 크게 달라지기 때문이다. 여러 가지 모델을 써보면 결과적으로 기후감도치도 다르게 나온다.

가장 확실시되는 것은 이산화탄소가 2배일 때 기온 상승이 3 ℃라는 것이다. 이것은 기후 모델 연구자들의 합의라고 전해진다. 말하자면, '이산화탄소 농도가 2배가 되었을 때, 기온이 3 ℃ 오르는 것이 가장 그럴듯하다.'는 것이다. 2007년에 IPCC가 내놓은 4차 보고서에는 오차 범위가 1.9~4 ℃였다. 기후학 분야의 중진 연구자에게 직접 들은 바에 의하면, 3 ℃를 중심으로 하여 적게는 반에서 많게는 2배로 하는 것이 일차적 근사치로서 타당했을 것이라고 한다.

이처럼 폭이 큰 이유 중 하나는 구름의 취급 여부가 모델에 따라서 다르기 때문이라고 한다. 실제로 기본적인 모델이 같더라도 구름의 특성을 바꾸면 기후감도는 몇 배나 바뀐다고 알려져 있다.

기후 모델 연구로 저명한 미국립기상관측연구소NCAR의 제프리 킬Jeffrey T. Kiehl은 2007년의 논문 '기후 모델과 기후감도'• 에서, 모델에 따라서 기후감도가 다각도로 바뀌는 이유가 에어로졸의 취급 방법이 다르기 때문이라고 하였다. 온실효과가스와 에어로졸은 기온 관측과 모델 계산을 비교하는 데 있어서 필요한 요소다. 그러나 온실효과가스에 대한 계산에 유연성은 크지 않다. 이산화탄소와 같은 온실효과가스는 농도가 지구상 어디서나 거의 같을 뿐 아니라 성질도 간단하다. 즉, 계산하기 쉽다는 말이다. 결국에 조절 가능한 파라미터가 되지 않음을 뜻한다. 그러나 에어로졸은 농도도 분포도 균일하지 않으며 이론적인 취급도 어렵기 때문에 조절 가능한 변수가 된다. 킬의 주장에

• 역자 주 : Kiehl J. T. (2007). Twentieth century climate model response and climate sensitivity. *Geophys. Res. Lett.*, 34, L22710.

> 기후 모델 연구자의 합의
> **모델에 의한 기후감도 3°C**
> (오차 범위 1.9~4°C)

의하면 기후감도가 큰 모델에서는 에어로졸의 영향을 크게 해서 전체 복사강제력을 작게 한다고 한다. 의외가 아닐 수 없으며, 관측치와 맞추기 위해서 에어로졸의 영향을 조절하는 게 아닌가 하는 의아심도 든다. (이를 보크리스 교수가 알면 크게 나무라지 않을까…….)

한편 기후감도는 실측 불가능하기 때문에 모델로밖에 계산할 수밖에 없다는 것이 오래전부터의 정설이었다. 때문에 2배 때 기온 상승치의 평가에 대해서는 이론이 선행되어 왔는데 최근에 와서 관측을 토대로 추정할 수 있게 되었다. 아직 제대로 된 평가를 얻지는 못하지만, 중요한 결과를 얻을 수 있는 확률이 크므로 소개해보겠다.

확실한 관측에 의한 기후감도는 1.6°C

이론적으로만 추정되었던 기후감도도 최근 들어 위성 데이터 등을 사용한 '실측'이 가능해졌다. 실측이라고는 하지만 직접적인 측정을 하는 것은 아니고 여러 가지 관측 결과를 토대로 기후감도를 추정하는 것이다.

2006년 영국의 기후 연구자 피어스 포스터P. M. Forster와 조나단 그레고리J. M. Gregory는 기후감도의 정의를 토대로 관측을 시도하였다. 아마도 세계 최초일 것이다. 위성에서 측정한 적외선의 수지收支 데이터를 사용하여 기후감도를 얻고자 했는데, 기후감도가 원래 대기 중에 들어 있는 적외선에 의해 기온이 몇 도 오르는가를 나타내는 양이기 때문이다. 즉, 정의에 충실한 측정이라 할 수 있다. 지금까지 이러한 측정이 어려웠던 것은 지구 전체에서 적외선의 수지나 기온 변화를 측정하는 것이 쉽지 않았기 때문이다. 그러나 위성 데이터를 사용하면 가능하다. 그들이 사용한 데이터는 태양에서 지구로 들어오는 열, 지구에서 방출되는 적외선 그리고 지구 대기의 평균 기온이었다.

그들의 해석은 비록 오차는 컸지만 데이터에서 얻은 2배 때 기온 상승의 가장 그럴듯한 수치를 얻어내는 데 성공하였다. 최확치最確値• 는 1.6 °C, 폭은 1.0~4.1 °C였다. 기후 모델의 결과와 비교했을 때 폭은 0.5 °C 정도 저온이고, 최확치는 절반 정도로 나타났다. 이 결과를 가지고 그들은 '기후 모델은 기후감도를 너무 높게 추정하는 경향이 있다.'라고 기술하였다.

기후 모델에서 얻은 기후감도가 높게 나타나기 쉽다는 것은 기후 모델의 전문가 사이에서도 문제시되고 있다. 한때는 상한을 규정하기 어려운 것이 아닌가 하는 의견조차 제기되었다. 실제로 2배 때 기온 상승이 9 °C 정도가 될지도 모른다는 논문도 나왔었다. 9 °C까지는 아니더라도 6 °C 정도의 수치까지는 곧잘 매스컴에 등장한다.

실제로 큰 수치는 매스컴에서 자주 다뤄진다. 화제를 불러일으킬 수 있는 수치는 당연히 극단적인 예가 많기 때문에, 기후 문제의 전문가 입장에서는 주의가 필요하다. 텔레비전의 건강 프로그램에서도 흥밋거리들이 인기를 모았다가 사라지곤 한다. 환경 문제에서도 건강 문제에서도 자신의 몸을 지키기 위해서는 정보를 잘 음미해서 받아들일 필요가 있다.

포스터와 그레고리는 기후감도를 '실측'했을 뿐만 아니라, 기후 모

• 역자 주 : 어느 양을 수차례 측정했을 때 가장 정확한 값에 가까운 수치.

델의 검증에 도움이 되는 해석도 하였다. 예를 들면 기온과 구름의 관계를 측정하고 기후 모델과 비교하였다. 그리고 2007년 IPCC 4차 보고서에 수록되기로 한 10개의 모델 중에서 그들의 결과와 잘 맞는 것은 1개밖에 없었다고 기술하였다.

해당 논문은 IPCC 4차 보고서에 인용되어 있지만 보고서 작성 단계에서는 그들의 논문이 아직 인쇄 중이어서 보고서에서는 중요하게 다루지 않았다. 하지만 이 논문이 갖는 의미는 크다. 다양한 기후 모델은 논문에 있는 데이터를 참고해서 수정이 되어야 한다고 본다. 필자는 4차 보고서의 내용 심사에 참여했는데, 보고서의 1차 원고에 인용되어 있던 이 논문을 보고 흥분했던 것을 지금도 기억하고 있다. 난치병 치료약이 개발되었다는 뉴스처럼 무게감이 느껴졌다.

IPCC 4차 보고서의 출판 후에도 기후감도를 '실측'한 논문이 몇 편인가 나왔다. 시간적으로 조금만 빨랐다면 당연히 4차 보고서에 수록되었을 것이다. 흥미로운 사실은 서로 다른 방법으로 기후감도를 추정했는데도 비슷한 수치가 나왔다는 것이다. 표에 그 골자를 정리하였다.

2배 때 기온 상승의 최확치로는 1.1 ℃와 1.3 ℃가 보고되고 있다. 포스터와 그레고리의 결과보다 더 작다. 그 중에서도 미국 브룩헤이븐Brookhaven 연구소의 스테판 슈워츠Stephen E. Schwartz의 결과는 폭의 하한이 0.5 ℃로 상당히 낮다. 어떤 전문가는 2배 때 기온 상승이 1 ℃보다 작을 수는 없다고 하지만, 슈워츠는 그 가능성을 내비친 것이다.

이 결과에 대해서 방법에 문제가 있다는 의견도 있지만 슈워츠와 츄레크는 지금까지의 연구 실적으로 그 실력을 인정받고 있으므로, 그들의 논문을 무시할 수만은 없다.

앞에서도 언급했듯이 지구 평균 기온 상승이 2℃를 넘지 않도록 하

기후 모델은 기후감도를 과대평가하고 있다.

1. 포스터와 그레고리, 2006년 1월• * 위성에서 적외선의 수지를 관측 1.0~4.1°C 최확치 1.6°C
2. 슈워츠, 2007년 11월•• * 해양의 열용량 등에서 추정 0.6~1.6°C 최확치 1.1°C
3. 츄레크, 2007년 12월••• * 에어로졸에 의한 태양광 차폐와 바다로의 열 수송을 고려 0.9~1.8°C 최확치 1.3°C

최근 관측에 의한 기온감도의 추정치

자는 의견이 지배적이지만, 만일 2배 때 기온 상승이 2°C보다 작다면 정책을 결정하는 데 있어서 큰 의미를 지닌다. 얼마만큼 신뢰할 수 있을까는 아직 불명확하지만, 포스터와 그레고리의 논문에서 '기후 모델은 기후감도를 과대평가하기 쉽다.'는 주장은 염두에 둘 필요가 있다. 이들 논문은 지구 온난화 문제와 기후 변화에 대해서 냉정하게 생각해볼 커다란 계기를 마련해주었다고 할 수 있다.

• 역자 주: P. M. Forster and J. M. Gregory (2006). The climate sensitivity and its components diagnosed from earth radiation budget data. *Journal of climate*, 19(1), 39-52.

•• 역자 주: Schwartz S. E. (2007). Heat capacity, time constant, and sensitivity of earth's climate system. *Journal of Geophysical Research*, 112, D24S05.

••• 역자 주: Peter Chylek, Ulrike Lohmann, Manvencra Dubey, Michael Mishchenko, Ralph Kahn, and Atsumu Ohmura (2007). Limits on climate sensitivity derived from recent satellite and surface observations. *Journal of Geophysical Research*, 112, D24S04.

모델에 의한 진단 예측은 아직 어렵다

기후감도 문제가 아니더라도 기후 모델의 한계를 나타내는 예는 많다. 이미 밝힌 바와 같이 20세기 전반에 일어난 기온의 급상승 역시 기후 모델로는 설명되지 않고 있다. IPCC 3차 보고서에서는 충분한 설명이 이루어졌다고 하지만 태양 변화에 관한 전제에 오류가 많은 게 사실이다. 4차 보고서에서는 무리한 설명을 자제하는 듯하다. 기후학의 중진 연구자에게 들은 바로는 20세기 전반의 기온 상승을 설명할 수 없는 것이 기후 모델이 가진 큰 결점이라 한다.

한편 다양한 지구 기후 모델의 결과를 비교해봤을 때, 기온의 지리적 분포는 거의 일치하지만 강수량 분포의 차이는 크다. 이래서는 일상생활에 직결되는 세부 지역에 대한 정확한 정보를 얻기 힘들다. 이 또한 모델을 이용한 진단과 예측이 어렵다고 하는 이유다.

또 다른 예를 살펴보자. 잘 알려져 있는 것으로 기온의 고도 분포가 있다. 그림 1-26(서두의 컬러 그림)에서 왼쪽 위 그림은 기후 모델의 결과인데, 기온이 크게 오른 곳이 북극 주위의 지표에서 대류권 중부에 걸친 곳과 적도의 대류권 상부라는 것을 알 수 있다. 반대로 성층권에서는 기온이 내려간다.

하지만 실제로 측정한 것과는 모습이 다르다. 북극 근처에서는 기온이 상승하고 있는데도 불구하고 적도 상공에서의 기온 상승은 보이지 않는다. 기후 모델의 경우, 계산 기간이 2000~2050년인 데 반해, 측정은 1979년에서 현재까지로 되어 있기 때문에 직접적인 비교가 불가능하다는 주장도 있다. 그러나 기후 모델의 계산을 1979년부터 현재까지로 하더라도 적도 상공이 따뜻해진다는 계산 결과의 경향은 달라지지 않을 것이라 생각된다.

성층권에 대해서는 모델과 관측 모두에서 기온 저하가 나타난다. 하지만 성층권의 기온 저하는 대부분이 오존층 감소에 의한 것이라 여겨지고 있다. 다시 말해서, 온실효과가스에 의한 것은 아닌 듯하다. 유감스럽게도 성층권의 기온 저하는 모델의 타당성을 말해주지 못한다.

온난화 경향이 북극권에 강하게 나타난다는 설은 잘못되었다

그림 1-27(서두의 컬러 그림)은 북극권에서 지표의 기온 변화에 관해 모델과 관측을 서로 비교한 것이다(아카소후 슌이치赤祖父俊一의 미국 의회 증언을 참고). 1950년경부터 2000년경에 걸쳐 기온이 얼마만큼 상승했는지, 아니면 하강했는지를 나타낸 것으로 대체로 같은 기간을 비교하였다. 관측에서는 알래스카나 시베리아와 같은 대륙부의 기온이 크게 오른 반면에, 그린란드 서부나 캐나다 동부, 베링 해협 근처의 기온은 하강하였다. 모델에서는 대륙에서의 기온 상승보다 북극해에서의 기온 상승이 크게 나타났다.

모델에서 북극해의 기온 상승이 크게 나타난 이유를 몇 가지 살펴보기로 하자. 기후 모델에서는 '빙설 피드백'이라는 현상을 중시한다. 북극권에는 얼음으로 뒤덮인 바다와 눈 쌓인 땅이 많다. 기온이 오르면서 얼음이나 눈이 줄어들면, 지면과 바다가 그대로 드러나 알베도•가 작아진다. 때문에 태양광의 흡수가 커지고 기온이 점점 오르는 것이다. 이것을 극지 증폭이라 부른다.

• 역자 주: albedo. 라틴 어로 '하얗다'는 뜻. 반사율을 의미. 최댓값은 100%.

그러나 그림 1-26과 그림 1-27을 보았을 때 실제로 극지에서 일어나는 일은 다르다. 그림 1-27의 관측 기온 변화의 패턴은 북극 진동[•]이라 불리는 자연 변화에 의한 패턴과 상당히 유사하다(자세한 것은 후술). 특히 기온이 크게 오르고 있는 곳은 북극해가 아니라, 북미 대륙이나 시베리아와 같은 대륙 지역이다. 때문에 모델의 현실성에 의문을 제기하는 북극 지역 연구자도 많다. 아카소후 슌이치(오로라 연구로 저명) 알래스카 대학 교수에 따르면, '북극 지역에 있어서 현재와 같은 온난화의 직접적인 원인은 따뜻한 해류의 유입' 때문으로, 같은 현상은 20세기 전반에도 일어났다고 한다. 다시 말해서 북극 지역에서의 기온 상승이 모델에서 주장하듯 빙설 피드백이 주원인은 아닌 듯하다.

모델에서는 구름 다루기가 가장 어렵다

최근, 구름양의 변화로 인한 지구 알베도의 큰 변화가 보고되었다. 예를 들면 미국의 브루스 윌리키Bruce A. Wielicki는 위성 관측 데이터를 토대로, 2000년 이후의 알베도 변화로부터 1 m^2당 2.1 W(와트)의 가열에 해당하는 복사강제력 증가를 얻었다. 이것은 같은 기간에 있어서 온실효과가스 증가에 따른 복사강제력의 몇 배에 해당한다. 변동 이유는 확실하지 않지만, 가능성으로는 온실효과가스 증가에 대한 기후 응답, 기후 시스템의 자연 변화, 후술할 태양 변화의 영향 등이 있다.

기후 모델의 결과에 의하면 지구의 알베도는 구름의 계절 변동으로

• 역자 주 : NAO; North Arctic Oscillation.

5% 정도 변화하는데, 여름과 겨울에 높다. 그러나 위성 관측에 따르면 계절 변동은 적고, 오히려 앞에서 기술한 장기적 변동이 나타난다. 기후 모델에서는 구름 다루기가 가장 어렵다고 알려져 있는데 이것도 일례다. 폰 스토치의 앙케트에서도 '기후 모델이 구름을 잘 다루고 있다고 생각하는가?'라는 질문에 적극적으로 '예'(7단계 평가에서 6 또는 7)라고 대답한 기후과학자는 8%밖에 되지 않았다.

모델로는 태양 변화를 정확히 다루기 어렵다

글로벌 모델은 20세기 전반의 자연 변화를 설명해주지 않는데, 이유는 태양의 영향을 책정하기 어렵기 때문이다. 좀더 자세히 설명하면, 태양 활동에는 활발한 시기와 활발하지 않은 시기가 있다고 알려져 있다. 전형적인 것은 17세기의 '마운더 극소기Maunder Minimum'•로 태양의 흑점을 거의 볼 수 없었다(그림 1-28 참고).

이러한 변동이 지구 기후 변화와 잘 대응한다는 증거는 많다. 특히 지역적인 수문학水文學••적 데이터(가뭄 등)에는 태양 활동과 대응되는 것들이 몇 가지 있다.

이처럼 태양 변화가 영향을 주는 것은 틀림없어 보이므로, 글로벌 기후 모델에도 도입할 필요가 있다. 현 단계에서는 우선 태양광도의 변화를 생각할 수 있다. 이에 관한 이론적 예측은 크게 2가지다. 하나는 수백 년 규모의 태양광도의 변화가 0.5% 정도로 크다고 하는 것이다. 또 하나는 흑점의 11년 주기에 대응한 0.1% 정도라는 것이다. 전

• 역자 주: 1645~1715년의 태양의 불규칙 활동기, 태양의 흑점이 거의 소멸한 시기.

•• 역자 주: Hydrology.

현대의 태양 활동은 활발하다. 태양 변동의 주기는 다양하다.

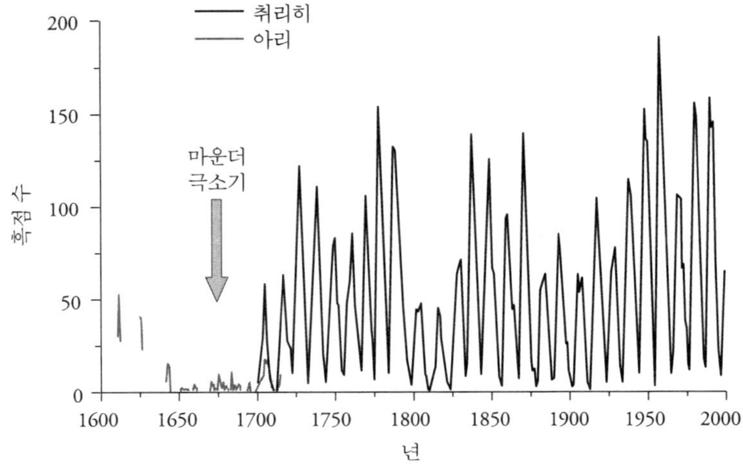

그림 1-28 태양 흑점 수의 변화. 1600년부터 현재까지. 1700년 이전은 오래된 기록으로 추측. 1600~1700년은 흑점이 적으며 마운더 극소기라 불린다.

자에 따르면 20세기 전반까지의 기온 변화의 상당 부분이 태양광도의 변화에 의한 것이라는 설명이 가능해지며, 모든 것이 잘 해석된다. 사실 대부분의 모델이 이를 가정하고 있는데, 그에 비해서 후자에 대해서는 설명하기가 어렵다.

그런데 최근의 이론적 검토에 따르면 후자의 0.1% 정도가 확실한 듯하다. 따라서 광도의 변화로는 태양이 지구 기후에 끼치는 영향을 설명하기 어렵다. IPCC가 채용한 기후 모델의 연구에서는 이 문제가 아직 해결되지 않고 있다. IPCC 보고서에서 '20세기 전반의 기온 변화는 자연 변화로 인한 것이다.'라는 것은 설명되었다는 의미가 아니다. 오히려 '잘 모르겠다.'는 것이다. 주의를 기울여야 할 대목이다.

해양 대순환은 안정적이며, 약해지고 있다는 데이터는 없다

유럽이 따뜻한 것은 난류의 멕시코 만류 때문인데, 만일 멕시코 만류가 멈춘다면 유럽은 한랭화되어버린다. 영화 '투모로우'와 같이 해양 대순환이 정지할지 아닌지는 심각한 문제다. 현재의 기후과학자들의 의견을 들어보면 급격한 변화는 없을 것이라는 것이 정설이기는 하다. 하지만 기온 상승으로 인해 빙하와 눈이 녹아내려서 북극 지역에 담수가 유입되고, 결과적으로 해양 대순환이 약해질 것이라는 설은 지구 기후의 안정성을 검토하는 데 중요한 사안이 되고 있다.

현재의 기후 모델에서 추정되는 해양 대순환의 안정화 조건이 기온 상승을 2 ℃ 이하로 하고 있기 때문에, 2 ℃ 이상의 기온 상승을 막지 않으면 안 된다고 전해지고 있다. 해양 대순환은 기후 변화의 중심적 사안이며 이산화탄소 감축이라는 시나리오에도 큰 영향을 주는 커다란 문제다.

그런데 이러한 메커니즘은 어느 정도 확실할까? 실제로는 상당한 의문이 제기되고 있다. 해양 대순환을 일으키는 에너지를 해수의 증발에 따른 밀도 상승으로 보는 '열염 순환熱鹽循環'• 모델이 최근 주류를 차지하는데, 미국의 해양물리학자 칼 분쉬Carl Wunsch가 반박하고 나선 것이다. 그에 따르면 해양 대순환의 구동에 필요한 약 2 TW(테라와트, 2조 W) 에너지 중에서 거의 절반을 바람이 좌우한다고 한다. 그리고 나머지 반에 해당하는 약 1 TW는 달과 태양의 조석 현상에 의해 해저에서 발생하는 마찰열일 가능성이 크다고 한다. 만일 그의 이론이 맞는다면 담수 유입으로 열염 순환이 약해진다 하더라도, 그 정

• 역자 주 : Thermohaline Circulation.

도는 지금까지 예측된 것보다 훨씬 작기 때문에 해양 대순환은 상당히 안정하다고 볼 수 있다. 실제로 북태평양으로 흘러들어가는 담수로 인해 해류가 얼마만큼 영향을 받고 있는지에 대한 조사가 계속 이루어지고 있는데, 단기적인 변화를 제외하면 해양 대순환이 약해지고 있다는 관측 결과는 나오지 않고 있다. 칼 분쉬의 주장을 뒷받침해주는 사실이다.

지금까지 열염 순환 메커니즘이 지지를 받은 이유는 달리 설명할 수 없는 현상이 있었기 때문이다. 약 11000년 전에 일어난 소빙하기(영거 드라이아스기•)가 그것이다. 지구는 최근 100만 년 사이에 추운 시기(빙기)와 따뜻한 시기(간빙기)를 약 10만 년 주기로 반복하고 있는데, 태양과 지구 궤도의 관계에서 발생하는 주기다. 이는 1920년대 세르비아의 지구물리학자 밀루틴 밀란코비치••가 고안한 주기(Milankovitch cycle) 중 하나다.

이 주기에 따라 약 1만 2000년 전부터 지구는 현재의 온난기에 들어섰으며, 도중에 영거 드라이아스기가 약 1000년 동안 계속되었다. 바로 이 점을 설명하기 위해서 열염 순환이 이용되어 왔던 것이다. 내용은 이렇다. 빙하기 동안 북미 대륙에는 거대한 빙상이 있었는데, 이것이 녹으면서 아가시즈 호•••라 불리는 커다란 빙하호가 생겼다. 그런데 이 호수를 둘러싼 흙들이 무너져 내리면서 북대서양으로 흘러들었기 때문에 열염 순환이 멈추었고, 한랭화가 일어났다는 것이다. 그러나 최근 이 같은 상상을 부정하는 결과들이 속속 보고되고 있다(자

• 역자 주 : Younger Dryas Period.

•• 역자 주 : Milutin Milankovitch.

••• 역자 주 : Agasis Lake. 가상의 호수 이름.

세한 것은 후술). 모델로는 간단히 설명할 수 있어도 실제로 관측을 해 보면 전혀 다른 결과가 나오는 일이 의외로 많다.

화산 분화로는 기후 모델을 검증할 수 없다

기후 모델이 어느 정도 정확한지를 알아보기 위해서 자주 사용되는 현상으로 화산 분화가 있다. 분화 때는 에어로졸이 성층권까지 뿜어져 올라 태양광을 반사하기 때문에 지구 평균적으로는 기온이 내려간다. 이를 기후 모델로 재현하는 것이다. 기온 저하의 크기 및 얼마만큼 기간이 계속되는가 등을 따져서 모델 결과와 관측치를 비교한다. 그 결과 기후 모델은 상당히 정확하다고 보는 이론가가 많다.

앞에서 서술한 포스터와 그레고리 역시 이 점에 관해서 보고했는데, 결론부터 이야기하자면 화산의 분화는 상당히 특수한 경우로 기후 모델을 검증하는 데는 적당하지 않다는 반대 의견을 내놓았다. 즉, 화산 분화의 결과를 설명했다고 해서 그 기후 모델이 타당한 것은 아니라는 것이다. 또한 IPCC 4차 보고서에서 인용한 모델 10개 중, 구름의 특성에 관해 그들이 내놓은 데이터와 합치하는 모델은 1개밖에 없다는 것도 덧붙이고 있다. 기후 모델에 관한 비보임에는 틀림없지만, 정확한 관측이 있어야만 기후 모델도 발전할 수 있다. 겸허하게 긍정적으로 받아들여야 할 것이다.

좁은 지역의 에어로졸이 전체에 어떠한 영향을 끼치는지는 알 수 없다

IPCC 보고서에서도 에어로졸의 영향이 크다고 평가되었다. 원래 에어로졸을 빼놓고는 20세기의 기온 변화를 설명할 수 없다. 에어로졸의 영향은 지구 규모의 평가(그림 1-1이나 1-5 참고)만으로는 충분하지 않다. 실제로 에어로졸은 지구 전체에 영향을 끼치기보다 좁은 지역에 영향을 줄 가능성이 크다. 에어로졸 분포가 균일하지 않은 것이 커다란 이유다. 예를 들어 필케 연구팀의 보고서를 보면 고농도의 에어로졸 주변에서 영향이 크게 나타났다.

그러나 현재의 글로벌 모델은 이와 같은 지역 규모의 영향을 제대로 평가하지 못하고 있다. 격자를 나누는 데 문제가 있기 때문이다. 컴퓨터의 성능상 글로벌 모델에서 취급할 수 있는 것은, 예를 들면 가로 100 km의 격자로 구분한 지표 표면에 한정된다. 높이는 예를 들어 대기를 20층으로 나누고, 바다는 깊이 200 m마다 구분한다. 그리고 격자 안의 환경은 균일하다고 본다. 격자의 5배 크기 이하의 현상은 다루기 어렵기 때문에, 구름과 같이 격자보다 훨씬 작은 대상은 직접적인 처리가 불가능하다. 그렇기 때문에 '격자의 습도가 이 정도라면, 구름이 이 정도 생기는 것으로 하자.' 또는 '비가 내린다고 하자.' 라고 정한다. 이것을 파라미터화라 한다. 관건은 파라미터화를 솜씨 좋게 잘 다루는 것이다. 다루는 방법은 여러 가지가 있기 때문에 필요에 따라서 가장 적당한 것을 선택한다. 한 가지 방법이 항상 잘될 것이라는 보장은 없다. 때문에 파라미터화는 과학이라고 하기보다는 기술이나 예술 문제에 가깝다고 보는 것이 좋다.

주로 세부 지역을 다루는 기후 모델, 즉 로컬 모델에서는 가령 격자를 1 km로 작게 해서 구름의 발생 등도 처리할 수 있다. 현재의 과제는 글로벌 모델과 로컬 모델을 연결하는 일인데, 간단하지 않을 뿐더러 의미 있는 결과가 얻어지리란 보장도 없다. 왜냐하면 결국에 큰 스케일의 글로벌 모델의 결과를 사용하여 로컬 모델을 움직이게 되는데, 글로벌 모델에는 작은 오차에 불과한 것이 로컬의 결과에는 크게 작용해버리기 때문이다. 계산은 가능하겠지만 유용하지는 않다.

IPCC 방침으로는 처리 못하는 예외 요소가 몇 개나 발견되었다

대기 위(정확하게는 대류권의 상단)의 열원으로 표시하는 복사강제력이라는 것에 착안하여, 이를 여러 가지 기후 인자를 비교하는 데 이용하려는 것이 IPCC 보고서의 방침이다. 가령 산업혁명 이전부터 지금까지 이산화탄소의 증가로 인한 복사강제력은 1 m^2당 1.6 W가 된다. 참으로 편리한 생각이 아닐 수 없다. 하지만 과연 복사강제력만 살펴서 될 것인가? 최근 들어 이견을 제기하는 목소리가 높아지고 있다. 특히 지역 레벨의 기후를 중시한 환경 정책에 이용하는 것은 불충분하다는 지적이다. 주로 3가지 인자를 고려해야 하기 때문이다. (1) 복사강제력이 작아도 지표 기온에 영향을 크게 주는 인자. (2) 열원 · 냉각원으로 간주하기 어려운 인자(비복사강제력). (3) 불균일한 분포를 갖는 인자. 이들 요소들은 서로 뒤섞여서 나타날 때가 많다.

예를 들면 매연(흑색 탄소)을 포함한 에어로졸이 있다. 매연은 태양광을 흡수하여 대기를 따뜻하게 하고, 지표에서는 햇빛을 막아 기온을 내리는 요인이 된다. 대기 상단에서의 복사강제력은 2개의 인자를 합한 것이기 때문에 꽤 작아져서 경우에 따라서는 0이 된다. 영향이 있는데 0이라고 하는 것은 앞뒤가 맞지 않다. 따라서 대기에 주는 영향은 '대기 복사강제력', 표면에 주는 영향은 '표면 복사강제력'과 같이 나누어 생각해야 할 방안이 요구된다.

‘표면 복사강제력’의 중요성은 최근 그 논의가 활발하다. 그 중에서도 스위스의 오오무라 아츠무大村纂 박사가 발견한 ‘글로벌 디밍•/글로벌 브라이팅••’이 특이할 만하다. 그는 1960~1990년 동안 지표에서의 일사량이 수% 감소했다고 보고하였다. 이는 ‘지표 복사강제력’이 −9 W라는, 마이너스가 큰 수치에 해당한다. 때문에 지표에서 수도(℃)의 기온 강하가 일어났다 해도 이상하지 않다. 그러나 실제로는 지표 기온이 오르고 있다. 그래서 그들의 주장은(다른 연구팀에서도) 해양에서 대륙으로 수증기가 이동했기 때문에 증발이 안 되어 기온이 올랐다는 것이다. 간단히 말하면 습하고 더워졌다는 것이다. 이러한 과정은 대기 상단에 열원·냉각원을 두는 방식으로는 다룰 수 없다고 알려져 있다.

또한 불균일한 공간 분포를 가진 복사강제력·비복사강제력의 인자로서 식생 등의 토지 이용은 상당히 중요하다고 여겨지고 있다. 식생, 즉 식물은 생물로서 기후의 영향을 받는다. 그뿐 아니라 역으로 식물이 기후에 영향을 주기도 한다. 식생이 변하는 것은 가령 지표면의 색이 변하는 것이므로 태양광의 반사율(알베도)도 변한다. 또 식물의 뿌리에서 흡수하는 물의 양과 잎에서 증산하는 물의 양도 변한다. 이러한 변화에 의해서 대기의 대류까지 큰 영향을 받는다는 것이다(자세한 것은 후술). 농지 등이 대규모로 개발되고 있는 현재, 토지 이용이 기후에 주는 영향이 온실효과가스보다 더 크다는 일부 지적도 있다.

• 역자 주 : Global Dimming. 지구 암화.
•• 역자 주 : Global Brighting. 지구 명화.

기후 변화를 이해하기 위해서는 이제까지 글로벌 모델에서 다루지 못한 물의 증발과 같은 요소가 중요하다. IPCC 4차 보고서에서는 '표면 복사강제력'을 고려하고 있지만, '비복사강제력'에 대해서는 아직 염두에 두지 않고 있다.

제임스 한센의 모델에서도 기후감도는 지나치게 컸다

미국 NASA의 한센 연구팀이 전 세계의 기온 데이터를 모으게 된 계기는 자신들의 기후 모델을 뒷받침해줄 데이터를 얻기 위해서였다. 과연 목표는 달성되었을까?

한센은 그가 내놓은 기후 모델과 미래의 이산화탄소 배출 시나리오를 조합하여, 시나리오 A, 시나리오 B, 시나리오 C라 불리는 몇 가지 예상 곡선을 그렸다. 그림 1-29(서두의 컬러 그림)가 그것인데, 시나리오 A와 시나리오 B는 별로 다르지 않지만, 시나리오 C에서는 이산화탄소도 메탄도(다른 온실효과가스도) 2000년부터 농도가 일정하다.

시나리오와 기후 모델을 조합하면 예상 기온 변화를 얻을 수 있다. 나온 결과와 그들이 정리한 관측치를 비교한 것이 NASA 사이트에 있다.• 기온 변화에는 2종류의 데이터가 실려 있다. 관측소 데이터란 육상에 있는 기온 관측소에서 얻은 데이터다. 육상 · 바다란 육상의 관측소 데이터와 바다의 데이터를 조합한 것이다. 지구 평균으로는 육상과 바다 모두의 데이터를 보는 것이 타당하다. 앞서 언급한 것과 같이 문제점이 있다는 것을 고려하여 한센의 시뮬레이션과 관측 데이터를

• 역자 주 : http://www.nasa.gov/

비교해보자.

1990년 무렵까지의 관측 데이터는 어느 시나리오나 거의 일치한다. 1990년까지는 각 시나리오가 서로 다르지 않기 때문에 당연할 것이다. 1990년 이후는 시나리오 A가 위쪽으로 상당히 올라간다. 이산화탄소의 농도는 시나리오 A와 시나리오 B가 차이가 없기 때문에, 이산화탄소 이외의 온실효과가스가 감소한 결과로밖에 해석할 수 없다. 메탄과 프론과 같은 저농도의 온실효과가스의 효과가 크다는 것은 이들 가스를 감축하는 것이 선결이라는 미국 측 의견을 반영하고 있다.

2000년 이후의 지구 평균 기온(육상 · 바다)은 어느 시나리오의 곡선보다도 아래에 있다. 이것이 무엇을 의미하는가? 시나리오 C는 모든 온실효과가스의 농도가 2000년 이후에도 일정하다는 것을 나타낸다. 그렇다면 온실효과가스의 농도 측정치는 어떻게 되었을까?

메탄 등은 더이상 증가하지 않았다고 보고되었다. 그러나 이산화탄소는 2000년 이후에도 계속 증가하고 있다.

지표 측정에서 밝힌 바와 같이 지표에서 측정하는 기온은 최근 높게 나타난다고 의심된다. 필케가 주장하듯이 지표 온도의 측정에서 본질적으로 변화를 크게 측정해버리는 이론적 근거가 있다면 신중히 검토할 필요가 있다.

이렇게 보면 실제의 기온은 그림 1-29의 관측치보다도 더욱 낮을 가능성을 고려할 필요가 있다. 그러면 실제의 기온은 시나리오 C에 비해 더욱 낮아진다고 보아야 하지 않을까! 그렇다면 이것은 또 무엇을 의미하는 것일까? 우선 떠오르는 것은 모델의 기후감도 문제다. 예를 들면 한센이 제기한 모델의 기후감도가 실제의 기후감도의 2배라면 이와 같은 결과를 어느 정도는 납득할 수 있다.

계산기의 한계와 관측 데이터 부족의 벽을 넘지 못하다

지역 기상 모델과 같이 고도의 정밀함과 분석 기능이 높은 모델은 꽤 정확하다. 이것을 지구 규모로 사용하면 좋겠지만 계산기의 능력 문제, 관측 결과의 문제 등으로 불가능할 것이다.

그래서 나온 것이 글로벌 기후 모델과 지역 모델이나 세부 지역 모델을 연결하는 발상이다. 규모가 큰 곳은 글로벌 모델로 계산해서 그 결과를 지역 모델이나 세부 지역 모델에 집어넣고 자세한 내용을 계산한다는 것이다. 이 방법은 '다운 스켈링'이라 불린다. 얼핏 보면 잘될 것 같은데 필케 연구팀이 내놓은 최신 결과를 보면 그렇지도 않아 보인다. 글로벌 모델의 작은 오차가 세부 지역의 모델에서는 확대되어 쓸모가 없다는 것이다. 폰 스토치의 앙케트를 보더라도 '다운 스켈링으로 세부 지역의 기후 변화 영향을 잘 예측할 수 있겠는가?'라는 의견에 적극적으로 찬성하는 연구자는 10 % 이하에 불과하였다(그림 1-30).

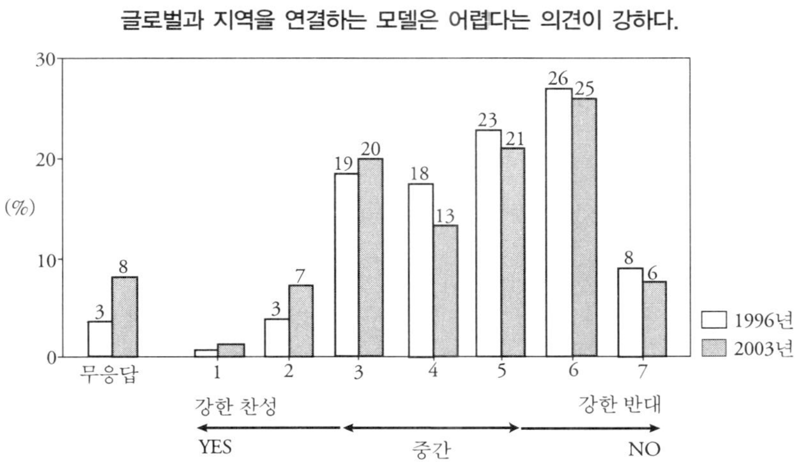

그림 1-30 폰 스토치의 앙케트 결과. '다운 스켈링으로 세부 지역의 기후 변화 영향을 잘 예측할 수 있겠는가?'에 대한 응답.

결과적으로 세부 지역의 환경 정책에 사용할 수 있는 기후 모델은 아직 발전 단계인 것이다.

IPCC의 결론에서는 균형 잡힌 결론이 나오기 어렵다

IPCC가 신뢰하고 있는 현재의 기후 모델에는 착색 에어로졸이나 토지 이용과 같은 인위적 변화 인자와 태양의 영향을 비롯한 자연 변화의 인자가 충분히 고려되지 않고 있다.

환경 정책과의 관계에서 봤을 때 이들 인자는 앞으로의 기후 모델 연구에서 반드시 도입되어야 할 것이다. 착색 에어로졸과 토지 이용의 영향에 관한 정확한 예측이 가능해지면 세부 지역의 기후 변화 대책에 크게 기여할 것으로 기대된다.

기후 모델의 현황에서 보면 좀 무리한 이야기일지 모른다. 하지만 그렇게까지 정확하지 않더라도 시뮬레이션은 충분히 제 역할을 할 가능성이 있다. 목적에 따라서 이러한 인자의 영향력을 대강이라도 파악할 수 있을 정도라도 좋은 것이다.

기후변화협약에 대해서 미래의 참모습을 탐구해갈 때 여러 가지 인자가 가진 영향력을 예측하는 것은 중요하다. 여하튼 현재의 기후변화협약의 최종 목적은 온실효과가스의 농도에만 있으므로 여러 가지 인자를 도입한 기후 모델 연구에서 온실가스만을 고려하는 것은 불충분하다고 결론이 나면 협약을 고칠 필요가 있다.

결국 IPCC 보고서는 신뢰도가 높지 않다고밖에 말할 수 없다. IPCC 스스로가 협약의 제한이나 정치적인 목적에 휘둘리고 있기 때문이다. 기후변화협약의 취지에 걸맞게(보고서의 주의사항에서 볼 수 있듯이) 기후 변화에 관한 인자를 인위적이든 자연적이든 공평하게 취급하여 균형 잡힌 정책이 이루어질 수 있도록 조언자의 역할을 제대로 수행하길 바란다. 이처럼 해야 할 일은 산더미다.

IPCC 4차 보고서가 작성되었을 때 형식주의가 지적된 적도 있다. '새로운 것이 없다. 3차 보고서와 무엇이 다른가?'라고 말이다. 이제까지 살펴보았듯이 본질적인 점을 놓치고 있을 가능성이 크다. 앞으로 나올 5차 보고서에서는 이제까지의 많은 결점들이 개선되길 기대한다.

2장

기온을 변화시키는 원인은 무엇인가?

— 기후 변화를 이해하는 올바른 과학

이토 키미노리[伊藤公紀]

1장에서는 기후의 건강 진단의 기초가 되는 기온 측정에 대해서, 또 기후의 건강진단서라 할 수 있는 IPCC 보고서의 문제점에 대해서 기후 문제의 전문가적 입장에서 서술해보았다.

사람의 건강도 관리를 잘하기 위해서는 질병의 원인과 정신적인 스트레스 원인을 잘 살필 필요가 있다. 기후 변화도 마찬가지다. 기후 변화의 원인이 되는 여러 가지 요소(그림 1-25 참고)부터 잘 살펴볼 필요가 있다. 4장에서 앨 고어의 『불편한 진실』을 검증할 텐데 이번 장에서 언급한 것들이 판단을 위한 참고가 될 것이다.

CO_2 농도가 높아지는 것은 확실한데……

인위적 요소로는 이산화탄소, 메탄 등으로 대표되는 온실효과가스 농도가 낮은 메탄이나 일산화이질소도 효과가 꽤 크다.

온실효과가스	농도(2004년)	복사강제력
이산화탄소	377 ppm	1.63
메탄	1.78 ppm	0.48
일산화이질소	0.32 ppm	0.16
할로카본	합계 1 ppm 정도	0.33
육불화황	0.005 ppm	0.0028
합계		2.59

표 2-1 온실효과가스의 농도와 복사강제력

를 들 수 있다. 표 2-1에 온실효과가스의 목록을 나타내었다.

모두 투명한 기체이므로 가시광을 흡수하지 않는다. 하지만 적외선은 잘 흡수하고 또 방출한다. 바로 온실 효과의 원인인 것이다. 이산화탄소나 메탄과 같은 온실효과가스의 작용은 인위적 요소 중에서 가장 잘 알려져 있다. 이유 중 하나는 이들 기체는 수명이 길기 때문에 대기 순환을 통해서 지구 전체로 균일하게 퍼지기 쉽다는 데 있다. 하와이의 마우나로아 산 중턱에 위치한 관측소에서 측정한 이산화탄소의 농도와 남극에서 측정한 이산화탄소 농도는 별다른 차이가 없다. 대기 중의 성분 비율을 보면 높이 100 km 정도까지는 거의 비슷하다. 이것이 기후 연구에 있어서 온실효과가스 연구가 활발하게 진행되고 있는 이유다.

그림 2-1에 마우나로아 산에서 측정한 이산화탄소의 농도가 어떻게 변화하고 있는지를 나타내었다. 가로축은 연도이며, 세로축은 이산화탄소의 농도를 ppm(100만분의 1)으로 표시한 것이다. 1년 주기로 증감하면서 점차로 증가하고 있다. 앞에서도 언급한 미국의 킬링Ralph

킬링은 이산화탄소 농도가 점점 증가하고 있는 것을 발견하였다.

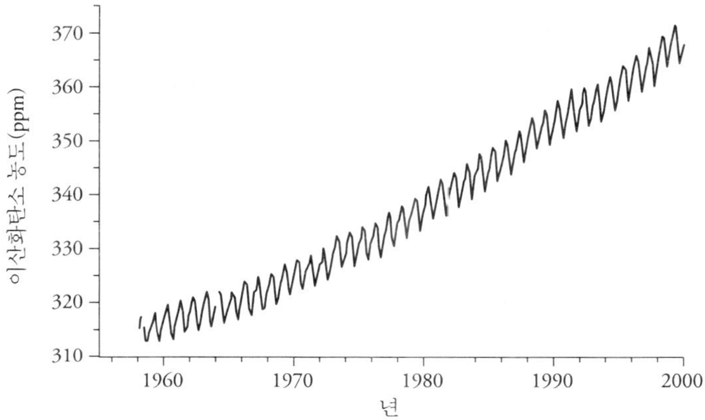

그림 2-1 하와이의 마우나로아 산에서 측정한 킬링의 이산화탄소 농도 측정 데이터. http://cdiac.esd.ornl.gov/ftp/ndp001/maunalca.co2.

Keeling이 20대부터 측정한 것이다(자세한 사항은 4장을 참조). 그의 이름을 따서 이산화탄소 농도 상승 곡선을 킬링 곡선이라 부르기도 한다. 현재는 측정의 중요성을 인정받고 있지만, 초기에는 예산 부족 등으로 어려움이 많았다고 한다. 1964년 무렵의 데이터를 자세히 보면, 곡선의 이음새가 끊겨 있다. 이때는 예산 부족으로 측정을 할 수 없었다고 한다.

이 곡선을 보고 무슨 생각이 떠오르는가? 예를 들어 자신이나 가까운 누군가의 몸에 비유하여 생각해보자. 건강에 주의를 줄 목적으로 말할 때 '식생활 개선이 필요하군요. 운동도 좀 해야겠어요.'라고 말할 것인가, 아니면 남의 말을 잘 듣지 않는 사람이라고 해서 '콜레스테롤 수치가 꽤 높군요. 조심하지 않으면 위험하겠어요.'라고 겁을 줄 것인가. 그리 간단한 문제는 아니다. 하지만 좋은 의사라면 상대(혹은 자신)의 기질과 생활 습관을 잘 살펴서 무리가 적은 방법을 가르쳐줄 것이다. 반면, 상대의 약점을 파고들어 다이어트 식품 등을 팔려고 하는 것은 한몫 챙기려는 속셈밖에 안 된다.

기후 변화에서의 이산화탄소는 몸에 비유하자면 급성 독성물질은 아니기 때문에 지금 당장 손쓰지 않는다고 해서 생명에 이상을 초래하지는 않는다. 그렇다고 해서 방치하자는 이야기도 아니다. 건강을 해칠 가능성은 충분히 있기 때문에 좀더 냉정한 의사의 눈으로 바라볼 필요가 있다는 것이다.

그 밖에 주목할 것이 또 있다. 바로 수증기에 대해서다. 수증기는 가장 강력한 온실효과가스다. 지구 온난화는 대부분(90% 이상)이 수증기 때문이다. 가령 물 등을 끓였을 때 수증기가 발생할 경우 과도한 수증기는 물방울이 되고 옆에 있는 창문을 뿌옇게 만든다. 이처럼 자연계에서의 수증기는 액체(구름, 비)나 고체(얼음, 눈)가 되어 순환한다. 순환하는, 엄청나게 많은 물의 극히 일부가 대기 중에서 온실효과가스로 작용한다. 뿐만 아니라 공기 중의 수증기 비율(습도)은 크게 변하기 때문에 대기 성분의 표에는 일반적으로 수증기가 포함되어 있지 않다. 다시 말해서 건조한 공기 수치가 실려 있다. 수증기의 움직임은 기후 변화 문제를 푸는 중요한 과제다. 특히 이산화탄소가 2배가 되었을 때 기온이 몇 도 오르는가 하는 문제와 관련해서 주요한 요소로 작용한다. 앞에서 기후감도에 대해 기술했는데, 기후 모델마다 기후감도의 수치가 크게 달라지는 것은 바로 이 수증기(와 구름) 탓이다.

대기 중에 무색의 미립자(투명 에어로졸)가 확산되면 반드시 기온이 내려간다

'기후변화협약'에서 상정된 온실효과가스 말고도 인위적인 기후변화 요소로 기후에 크게 영향을 끼치는 것은 많다. 대표 격이 에어로졸(대기 중의 미립자)과 토지 개혁이다. 에어로졸이란 대기 중에 떠다니는 액체나 고체의 아주 작은 입자를 말한다. 구름도 일종의 에어로졸이라 할 수 있다. 석유나 석탄이 연소될 때 에어로졸이 인위적으로 많이 배출된다. 화석연료 중에서 유황분이 탈 때 생기는 황산(혹은 황산염) 에어로졸에 대해서는 활발한 연구가 진행되어왔다. 황산 에어로졸은 화산 분화 때에도 대량으로 배출되기 때문에 기후 모델을 토대로 한 컴퓨터 시뮬레이션에서도 자주 거론된다. 따라서 황산 에어로졸은 인위적인 요인이기도 하며 자연 요인이기도 하다.

황산 에어로졸은 색깔이 없다. 많은 입자가 공기 속에 떠 있으면 구름과 마찬가지로 하얗게 보이는데 실제로 입자 자체는 투명하다. 때문에 이론적으로 다루기는 상당히 쉽다. 그러나 배출된 에어로졸은 비에 섞여서 땅으로 떨어지기 때문에 수명이 짧고, 이산화탄소처럼 지구 전체로 균일하지 않다. 장소와 시기에 따라서 농도도 크게 변한다. 때문에 에어로졸 관측이 어려운 것이다. 이산화탄소처럼 지구 규모로 균일하게 나타난다면 어느 한 장소를 선택해서 측정하면 된다. 하지만 장소에 따라서, 고도에 따라서, 시기에 따라서 변화하기 때문에 관측소의 숫자와 규모 역시 커질 수밖에 없다. 컴퓨터 시뮬레이션을 이용하여 에어로졸 효과를 예측할 때 장해가 되는 것도 이 때문이다. 그러나 어느 정도는 밝혀지고 있다.

한편 태양광을 반사하는 효과 또한 중요하다. 하얀 구름과 마찬가

엘니뇨는 기온을 올리고, 라니냐와 화산은 기온을 내린다.
자연 변화의 영향을 나타낸 예. 화산(황산 에어로졸).

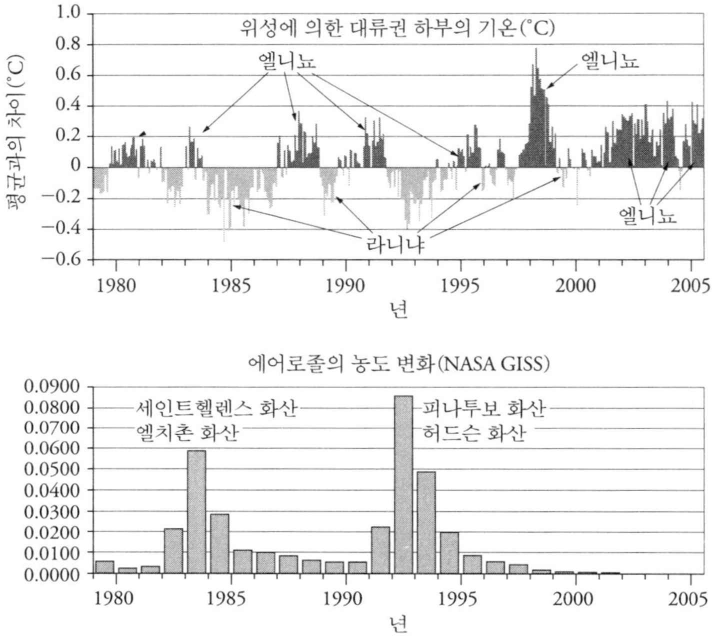

그림 2-2 위의 그림은 위성을 이용하여 측정한 대류권 하부의 기온. 엘니뇨와 라니냐의 영향을 알 수 있다. 아래의 그림은 에어로졸 농도의 변화. 분화가 크게 일어났을 때 증가하며 기온 저하와 대응하고 있다.

지로 황산 에어로졸은 태양광을 반사한다. 때문에 지상에 닿는 태양광은 적어지고 평균 기온이 내려간다. 이를 우산 효과•라 부른다.

평균 기온의 저하는 실제로 기온 측정에서도 확인되었다. 그림 2-2는 기상위성 NOAA에서 측정한 평균 기온이다. 비록 1979년부터 측정한 것이지만 그 사이에 커다란 화산 분화가 세 차례나 있었고, 기온에 큰 영향을 끼친 엘니뇨와 라니냐가 몇 차례 있었다.

• 역자 주 : Umbrella Effect.

1984년을 전후로 한 기온 저하는 미국의 세인트헬렌스 화산과 멕시코의 엘치촌 화산의 영향이 컸다. 1992년 전후의 기온 저하는 필리핀의 피나투보 화산과 칠레의 허드슨 화산의 영향을 들 수 있다. 그림 2-2의 아래 그림처럼 에어로졸 양과 기온 저하의 대응에서 살펴볼 수 있다. 기온 저하의 정도는 최대 0.4℃이고, 2년 정도 계속되고 있다. 상당히 짧은 기간에 집중해서 영향이 나타났다.

중요한 포인트는 평균 기온이 하강하는 상황에서 각 지역의 기온이 어떻게 나타나는지와, 기온 변화의 영향이 각 지역에 어떤 영향을 끼치는지는 별개의 문제라는 것이다. 짧은 기간 동안의 영향이라는 점도 중요하다.

이상은 환경 문제에 잘 대처하기 위한 필수 사항이다. 사람의 몸으로 말하자면 평균 체온이 36℃라고 해도, 몸이 아파서 며칠씩이나 40℃ 가까이 체온이 오르면 상당히 괴로울 것이다. 또 뜨거운 차를 아무렇지도 않게 마실 수 있는 것처럼 혀는 50℃의 물을 미지근하다고 느끼지만, 50℃의 욕탕에는 들어갈 수 없다.

화산 활동이 활발해지면 평균 기온이 낮아진다

화산은 에어로졸을 발생시키는 주요 요인이다. 오랜 역사를 보더라도 화산의 영향은 컸던 모양이다. 그림 2-3은 기후와 인간 사회의 관계를 극명하게 조사한 램Lamb의 명저 『기후와 역사』•에 수록된 것으로, 화산 활동이 활발했던 시대에는 기온(북반구)이 낮았음을 나타내

• 역자 주: Hubert H. Lamb (1995). *Climate, history and the modern world*. Routledge. 김종규 역 (2004), 『기후와 역사』, 한울.

화산 활동이 활발하면 기온이 낮다.

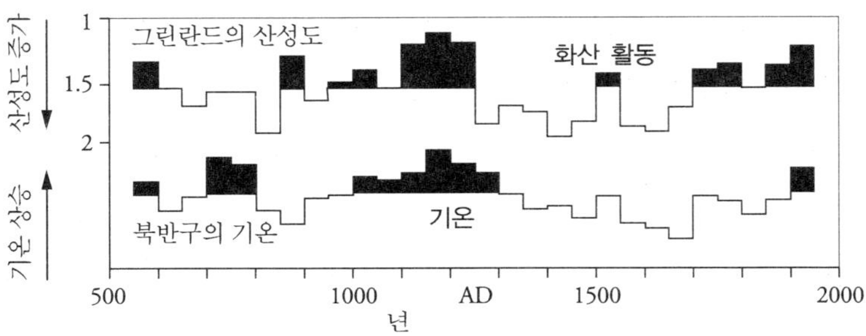

그림 2-3 그린란드의 빙상 코어를 분석해서 얻은 유산 농도(화산 분화가 심한 정도의 지표)와 추정 기온의 관계. H. Lamb, 『기후와 역사』.

고 있다. 과거 기온은 수목의 나이테 변화 등으로 추측하며, 화산 활동의 추측은 그린란드에 있는 얼음층을 파서 분석하고 있다. 그린란드에는 오랜 세월 쌓인 눈이 2000 m나 되는 두꺼운 얼음층을 이루고 있으며, 화산에서 분출한 황산 에어로졸이 눈과 섞여 내린 것이 그 안에 그대로 들어 있다. 따라서 얼음층의 산성도를 재면 황산염의 농도를 알 수 있고 과거의 화산 활동 또한 짐작할 수 있다.

그림 2-3을 보면 빙하 속의 산성도가 낮을 때(그림에서 위쪽), 다시 말해서 화산 분화가 약했을 때 평균 기온이 높음을 알 수 있다. 1200년 무렵과 현재가 그렇다. 이와 반대로 1600년대에는 화산 활동이 활발했고 평균 기온은 낮았다.

에어로졸은 지역마다 다른 기후 변화를 일으킨다

화산 분화의 영향으로 지역적인 기온이 어떻게 변화하는지를 살펴보자. 화산이 분화할 때 발생하는 에어로졸은 성층권(높이 약 10 km보다 위)까지 퍼져 올라가며 세계를 돌아다닌다. 때문에 분화 장소 근처에만 영향력이 국한되지 않는다. 또 하나, 지구 기후의 특성에는 텔레커넥션Teleconnection이라는 것이 있다. 이것은 어느 지역의 날씨가 다른 지역의 날씨와 관계한다는 현상이다. 화산의 대분화가 일어날 경우 세계 전체에 영향이 미친다는 근거가 되기도 한다.

그 결과를 그림 2-4(서두의 컬러 그림)에 나타내었다.• 필리핀의 피나투보 화산 폭발 후에 세계 각지의 기온 변화를 나타낸 것이다. 여기서는 평년과의 비교를 기온 편차anomaly를 사용하여 나타내었다(겨울 기온만을 나타내었고, 여름은 다른 요소가 있다. 후술).

그림 2-4를 보면 피나투보 산이 있는 필리핀 부근은 1 °C 정도 저온 현상을 보인다. 근처에 있는 일본은 반대로 고온이다. 아라비아 반도나 그린란드 주변은 필리핀 부근보다 더 저온이다. 영국 부근과 캐나다 중앙은 2~4 °C나 오르고 있다. 영향은 남극에까지 이른다.

세계 어딘가에서 화산 분화가 크게 일어나면 일본 도호쿠 지방의 여름은 저온이 된다

화산의 영향이 여름에 어떻게 나타나는지에 대해 살펴보자. 특히 농업과 관련해서 중요하다.

곤도 쥰세近藤純正의 조사에 따르면, 세계적인 규모의 화산 분화가 일어난 직후 일본의 도호쿠 지방에서는 벼농사가 흉작을 보인다고 한다. 이를 표 2-2에 정리해보았다. 앞에서 언급한 세인트헬렌스 화산과

• 역자 주: Alan Robock (2002). The climatic aftermath. *Science*, 295(5558), 1242-1244.

커다란 화산 분화가 일어나면 일본 도호쿠 지방에서는 벼농사가 흉작이 된다.

세계적인 화산 분화와 일본 도호쿠 지방의 기근과 흉작

년	화산	일본 도호쿠 지방의 기근과 흉작
1783	아사마(일본), *라키(아이슬란드)	텐메이 대기근
1835	코세기나(니카라과)	텐메이 대기근
1883	크라카토아 섬(인도네시아)	메이지 17년 흉작
1902	세인트빈센트 섬(서인도제도)	메이지 35년 흉작
1902–1906	산타마리아(코스타리카)	메이지 38 · 39년 흉작
1912	카트마이(알래스카)	다이쇼 2년 흉작
1980	세인트헬렌스(미국)	쇼와 55년 흉작
1991	피나투보(필리핀)	헤세 흉작

곤도 쥰세, 『지표면에 가까운 대기의 과학』(*라키를 추가함.)

표 2-2 세계적 화산 분화와 도호쿠 지방의 기근과 흉작.

피나투보 화산도 있다. 오래된 것으로 1783년의 아사마 산淺間山 분화와 에도江戸 시대를 휩쓴 텐메이天明 대기근이 대응하고 있다. 기근의 원인은 단순하지 않지만 우선 기온 저하에 대해서만 주목해보자.

곤도는 벼농사의 흉작 원인을 여름철의 저온에 두고, 거대 분화가 일어난 직후에 일본 도호쿠 지방의 여름이 저온 현상을 보인다고 지적하였다. 그림 2-4에서 살펴본 겨울이 고온이 되는 현상과는 정반대다. 또 벼농사가 흉작이 될 정도의 저온은 그림 2-2와 같이 지구 평균 기온의 0.4°C 저하만으로는 설명할 수 없다.

화산 분화로 인해 도호쿠 지방의 여름 기온이 어느 정도 내려갔는지도 추정했는데, 결과는 그림 2-5와 같다. 여름의 기온 변화를 추정하고 벼의 작황 지수와의 관계를 나타내었다.

그림에서 주목할 것은 첫 번째로 기온이 0.5~1°C 내려가면 작황

화산 분화로 여름 기온이 내려가고 벼의 흉작이 나타난다.

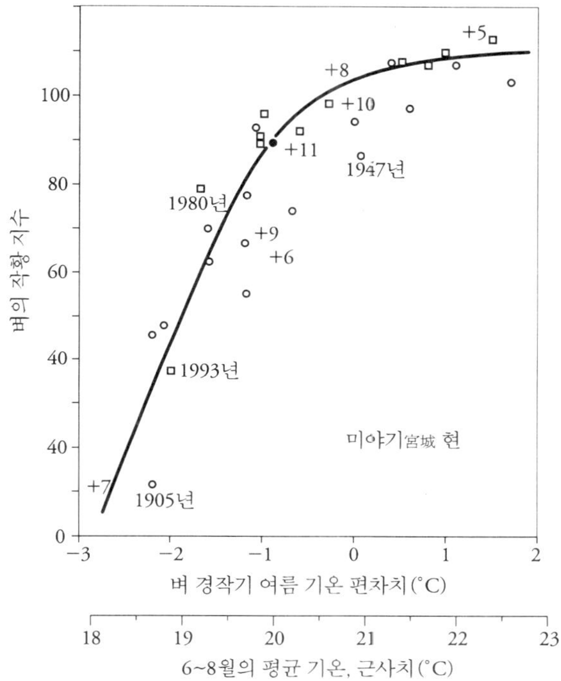

그림 2-5 일본 도호쿠 지방에 있어서 6~8월의 평균 기온과 벼의 작황 지수와의 관계. 곤도 쥰세의 『지표면에 가까운 대기의 과학』•을 참고.

지수가 10포인트 정도 내려간다는 것이다. 즉 악영향을 준다는 것이다. 두 번째는 기온이 높으면 작황 지수가 높다. 즉, 벼 작황에는 좋은 영향을 준다. 세 번째는 옛날이나 지금이나 똑같이 영향을 준다는 것이다.

먼저, 첫 번째부터 살펴보자. 필리핀의 피나투보 화산이 1991년에

• 역자 주 : 곤도 쥰세近藤純正 (2000), 『지표면에 가까운 대기의 과학地表面に近い大気の科学』, 도쿄대학출판회.

분화했을 당시, 평년과 비교했을 때 2 ℃ 내려갔던 모양이다. 지구의 평균 기온 저하(0.4 ℃)의 무려 5배나 된다. 이처럼 화산의 영향은 지역마다 크게 다르다.

두 번째는 기온이 높으면 작황 지수도 높다는 것이다. 일본 도호쿠 지방에 전해오는 격언에 '햇볕에 흉작 없다.'는 말이 있다. 온난화의 영향으로 악영향이 자주 거론되고 있지만 기온 저하의 피해가 더 클 수 있음을 그림 2-5는 보여주고 있다.

그리고 세 번째는 예나 지금이나 같은 영향을 보인다는 것이다. 과거에 비해 기술이 크게 발전한 현재에도 왜 같은 영향이 나타날까? 곤도는 냉해에 강한 품종이 생기면 벼를 자라게 하는 토지가 보다 추운 곳으로 넓혀지기 때문이라고 말한다. 이것은 기후 변화와 사회의 취약성과의 관계를 고려하는 데 있어서 좋은 예라고 생각된다.

인공 화산을 분화시켜 지구의 평균 기온을 저하시키려는 제안에 대하여

오존층 연구로 노벨상을 수상한 파울 크뤼천Paul J. Crutzen이 대담한 제안을 했다. 이산화탄소의 온난화 영향을 저하시키기 위해서 대량의 에어로졸을 성층권에 뿌린다는 것으로, 화산이 분화하면서 에어로졸이 기온을 저하시킨다는 것을 염두에 둔 것이었다. 이 방법은 지구공학적 방법으로 불렸는데, 그다지 참신한 아이디어는 아니었지만 노벨상을 받은 화학자의 발언이었기 때문에 화제가 되었다. 인공 화산법과 비슷한 아이디어로는 우주에 커다란 거울을 두어 태양광을 반사시키는 것도 있다. 양쪽 의견 모두가 지구로 들어오는 태양 에너지를 줄여서 기온을 내리려는 계획이다. 특히 인공 화산은 비용이 적게 든다는 점에서 주목되었다.

하지만 인공 화산의 아이디어에는 문제가 있다. 기온이 평균적으로 내려가면 좋겠지만 앞에서도 기술했듯이 그렇지 않기 때문이다. 지구 기후 시스템은 그리 단순하지 않다. 어떤 영향이 어떻게 일어날지 현 시점에서는 잘 알 수 없다. 일반적으로 지구공학적인 방법을 실행하기 위해서는 철저히 조사하지 않으면 오히려 위험하므로, 말하자면 마지막 수단으로 고려되고 있다. 인체의 예를 들어보자. 한때 뇌 일부를 절단하는 뇌엽절리술lobotomy이 감정 조절에 효과가 있다고 여겨졌던 시기가 있었고 노벨의학상의 대상도 되었지만, 인격을 파괴시키는 부작용이 밝혀지면서 현재는 금지되고 있다.

인공 화산이 꽤 흥미로운 이야기이기는 하다. 하지만 대상을 잘 알지 못할 때는 섣부른 행동을 하지 않는 것이 현명하다.

에어로졸도 착색하면 기온을 올리는 작용을 한다

에어로졸 중에서도 가장 두통거리는 착색 에어로졸이다. 질 나쁜 연료(숯, 가축의 분뇨, 배기가스가 충분히 처리되지 않은 디젤)를 태울 때 생기는 매연이다. 그림 2-6(서두의 컬러 그림)은 인도, 방글라데시, 중국 등에서 배출되는 착색 에어로졸의 위성사진을 나타낸다. 길게 뻗은 스모그 모양의 구름은 아시아 갈색구름이라 불리며 멀리 북미 대륙과 북극까지 흘러간다. 실제로 북극의 대기는 매우 오염되어 있다고 알려져 있으며, 이를 북극 연무Arctic Haze라 부른다. 아시아 갈색구름 중 적어도 일부는 북극 연무에 기여하고 있을 것이다. 이산화탄소와 달리 에어로졸은 지구 전체에 균일하게 펴져 있지 않다고 이미 언급했는데, 최근 대기 순환을 통해서 의외로 멀리까지 퍼져 나가는 것으로 알려졌다. 지구 전체로나 지역적으로나 여러 가지 영향이 나타나는데, 무엇보다 우려가 되는 것은 심각한 대기오염을 일으킨다는 사실이다. 현지인들의 건강을 크게 위협하고 있으며 2002년 유엔환경계획의 리포트에서는 연간 수십만 명의 사망 원인으로도 지적되었다.

텔레커넥션의 예에서도 상상할 수 있듯이 아시아의 갈색구름이 기후에 미치는 영향은 복잡하다. 그림 2-7(서두 컬러 그림)은 지구 온난화의 아버지라 불리는 미국의 한센 연구팀이 컴퓨터 시뮬레이션에서 발표한 결과다. 방글라데시나 중국에서 발생하는 매연이 세계 각지의 기온과 강수량에 어떤 영향을 끼치는지를 나타내고 있다. 기온 변화의 그림을 보면, 배출 근원지 지역의 기온은 오르는 곳도 있고 내리는 곳도 있다. 사하라 사막이나 아라비아 반도, 캐나다 남극에서는 고온이 나타난다. 반대로 저온이 심하게 나타나는 곳은 중국의 일부 지역이다. 강수량 변화의 그림을 보면 중국 남부에서 비가 많이 보인다. 더 남쪽으로 가면 강수량이 줄어드는 곳이 동서로 뻗어 있다. 일본에서는 비가 많이 오는 결과를 낳았다.

착색 에어로졸은 황산 에어로졸과 상당히 다른 특색이 있다. 황산 에어로졸은 지구 전체로 봤을 때 냉각 효과를 가지고 있다(그림 2-2 참고). 하지만 그림 2-7에서 착색 에어로졸은 지구 전체로 봤을 때 오히려 가열 효과가 있는 것처럼 보인다.

'복사강제력'에서 언급했듯이 착색 에어로졸은 태양광을 흡수하여 대기 온도를 올리는 작용을 한다. 대기 온도가 상승함에 따라 대류가 활발해지는 것으로 추측하고 있다. 하지만 지표를 기준으로 보면 태양이 내려쬐는 것을 방해하여 기온을 내린다. 이처럼 착색 에어로졸의 작용은 복잡하다.

기후 시스템 요소가 자세히 밝혀짐에 따라 취급 방법도 상당히 달라지고 있다. 의학과 마찬가지로 기후과학도 나날이 진보하고 있다. 물론 완성까지 이르기엔 길이 멀고 불가능한 일일지도 모른다. 때문에 어느 부분을 신뢰하고 어느 부분을 신뢰하지 않을지에 대한 정확한 판단이 필요하다.

지구는 암화暗化와 명화明化를 반복한다? 그 수수께끼 현상

에어로졸과 관계가 깊을 것으로 추측되는 현상으로는 앞서 설명한 글로벌 디밍(지구 암화)과 글로벌 브라이팅(지구 명화)이 있다. 지구 암화란 지표에서 측정한 일사량이 1980년 무렵까지 서서히 감소한 현상을 말하며, 지구 명화란 그 후에 일사량이 증가한 현상을 가리킨다. 대표적인 데이터는 그림 2-8과 같다. 러시아의 모스크바와 일본 관측소의 결과다.

1장에서 기술한 바와 같이 지구 암화 현상은 1980년대에 스위스의 오오무라 아츠무 박사가 세계 각지의 태양 복사 강도를 연구하면서 발견한 것으로, 태양광의 강도가 1960년 이후에 10% 가까이 줄어들었다고 결론 내렸다. 10년 이상 누구 한 사람 믿지 못했을 정도로 놀라운 결과였다. 이유는 복사 강도계의 계측은 오차가 크기 때문에 장기간 동안의 변동을 측정하는 것은 무리라고 여겨졌었기 때문이다. 이후 다른 연구 그룹에서도 이 현상을 확인하면서 지금은 '글로벌 디밍(지구 암화)'이라 불린다. 또 감소 경향은 1980년 무렵에 끝나고 점

'알려지지 않은 테이블 위의 고릴라'라고 이름 붙여진 큰 일사량 변화

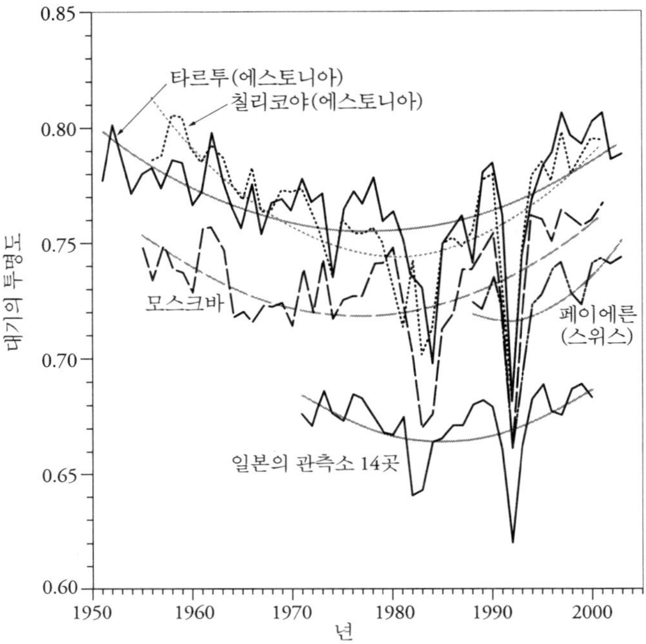

그림 2-8 글로벌 디밍(지구 암화)과 글로벌 브라이팅(지구 명화). 러시아 각지와 일본의 데이터. M. Wild 외, 「사이언스」, 2005년 5월 6일 호.•

차 증가 추세로 바뀌었으며 지금은 '글로벌 브라이팅(지구 명화)'이라 불리는 시기다.

위성 관측에 따르면 태양의 광도는 10년에 약 0.1% 정도 변화하기 때문에 지구 암화의 원인이 지구 대기에 있다는 것이 된다. 원인으로 유력시되고 있는 것이 연료 기원의 에어로졸이다. 대기 중의 에어로졸이 태양광을 혼란 · 반사해서 지표가 어두워진다. 이처럼 에어로졸

• 역자 주 : Marin Wild et al. (2005). From dimming to brightening: decade changes in solar radiation at earth's surface. *Science*, 308(5723), 847–850.

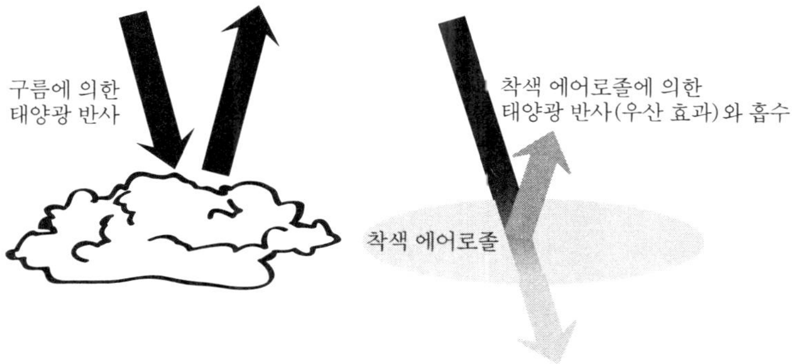

그림 2-9 구름과 착색 에어로졸에 의한 빛의 반사와 흡수의 모양.

이 태양광을 방해하는 현상은 앞에서 말한 우산 효과라고 불리는 것으로, 현상 자체는 잘 알려져 있었지만 실은 누구도 상상할 수 없을 만큼 대규모 현상임이 밝혀졌다. 때문에 연구자들이 받은 쇼크도 컸다. '고릴라가 테이블 위에 있었는데 전혀 알지 못했다.'라고 평한 기후학자가 있을 정도였다(그림 2-9).

태양광의 강도가 5~10%나 줄어들면 기후에 어떠한 영향을 끼칠까? 예를 들면 태양의 복사輻射를 생각할 수 있다. 태양과 마주 보는 면은 대기권 밖에서 1 m²당 1368 W(태양 정수)의 에너지가 전해진다. 자전하는 지구 전체로 평균 내면, 약 340 W에 해당하는 가열이 된다. 지표에서는 위도의 영향이나 구름 등의 영향으로 100~200 W다. 또한 산업혁명 이래 쌓인 이산화탄소(약 370 ppm)에 의한 복사강제력은 약 1.5 W('+'이므로 가열), 인위적 온실효과가스 전체로 봤을 때 약 2.5 W다.

제곱미터당 1 W의 가열이 있을 때 기온이 얼마만큼 오르는가 하는 것이 앞에서 기술한 기후감도였는데, 여기서는 이론의 대표치를 1 W당 0.8 °C, 관측의 대표치를 1 W당 0.4 °C로 해두자. 다시 말해서 1 W

의 복사강제력이 기온을 0.8℃나 0.4℃ 올린다고 할 수 있다.

한편, 글로벌 디밍에 의한 일사량 감소는 복사강제력으로서 −6~−10 W('−'이므로 냉각) 정도라고 추정되고 있다. 크기는 이산화탄소 영향의 4~6배로, 무려 5~8℃ 및 2.5~4℃의 기온 하강에 해당한다. 그러나 실제로 지표에서 측정된 기온은 최근 30년 동안 조금씩 오르고 있다. 앞에서 기술한 바와 같이 기온 측정이 여러 가지 요인에 의해 높게 나올 수 있음을 감안해야 하지만, 적어도 기온 저하가 크게 일어나지 않은 것은 확실하다.

아직 확실한 답을 낼 수는 없지만 오오무라는 냉각을 불식시키는 어떤 가열 메커니즘이 작용하고 있는 것이 틀림없다고 한다. 예를 들면 해양에서 육지로 수증기가 이동한 결과, 증발에 의한 육지의 냉각이 방해를 받아 지표 기온이 올라갔다고 설명한다. 기온 측정의 오차를 생각하면 '내려가지 않았다.'라고 하는 편이 더 정확할 것이다.

이와 같은 가열에 의해 지구 암화의 기후 영향이 감춰져 왔다고 하겠는데, 일사량에 민감한 농작물에는 영향을 끼친 것으로 알려졌다. 특히 온실 내의 작물은 일사량의 직접적인 영향을 받는다. 농작물에 미치는 영향을 검토한 이스라엘의 제럴드 스텐힐의 연구에 의하면, 통상적으로 작물은 10% 정도의 일사량 감소가 있더라도 수확량이 감소하지는 않는다고 한다. 하지만 일사량이 원래 약한 지역에서는 영향이 크다. 또한 에어로졸로 인해 산란된 빛이 숲 깊숙한 곳까지 들어와 광합성이 오히려 활발해지는 일도 있다고 한다. 그 밖에 태양광 발전 등에 미치는 영향도 무시할 수 없다. 이처럼 영향이 큰 현상인데도 불구하고 연구는 이제 막 시작 단계다.

기후에 큰 영향을 미치는 매연 배출은 방치

한센이 제시한 착색 에어로졸(매연)에 관한 최근 연구 결과는 기후 문제의 복잡함을 그대로 보여준다. 한센은 자신들의 결과(그림 2-7)를 토대로 중국에서 일어난 대홍수를 설명할 수 있을지도 모른다는 논문[•]을 발표하였다. 연구 결과에 대해 개발도상국의 반발이 심했다고 전해진다. 이산화탄소를 배출하는 문제로 선진국을 비난해온 개발도상국에게 실제로는 질 나쁜 연료를 사용해서 기후 변화를 초래하고 있는 것이 자신들임을 지적하고 있기 때문이다.

그러나 한센의 결과조차 과소평가되고 있을지도 모른다. 미국 스크립스 연구소The Scripps Research Institute, TSRI의 라마나탄V. Ramanathan이 「네이처 지오사이언스」 2008년 3월 23일 호[••]에 게재한 논문에 따르면, 매연이 기후에 끼치는 영향은 상상 이상이다. 기온 상승의 효과는 이산화탄소 다음이며, 북극 등의 눈과 얼음을 오염시키고 녹이고 있을 가능성이 크다.

이러한 연구 결과는 선진국과 개발도상국의 관계에 변수로 작용할 가능성이 있다. '기후변화협약'의 목적에는 온실효과가스의 농도 안정밖에 포함되어 있지 않지만, 원래 기후 변화에 대응하는 것이 더 중요한 목적이므로 기후에 커다란 영향을 미칠 수 있는 매연을 협약에서 고려하고 있지 않는 것은 이상하다.

기후과학과 정치가 여기서도 서로 연계해 있는데, 기후의 진실이

• 역자 주: Surabi Meno, James Hansen, Larissa Nazarenko, and Yunfeng Luo (2002). Climate effects of black carbon aerosols in China and India. *Science*, 297(5563), 2250-2253.

•• 역자 주: V. Ramanathan & G. Carmichael (2008). Global and regional climate change due to black carbon. *Nature Geoscience*, 1(4), 221-227.

알려지면 국제 정치도 실마리가 보일 것이다. 예를 들면, 착색 에어로졸의 문제를 통해서 선진국과 개발도상국 모두 자신들의 활동이 기후에 적지 않은 영향을 끼쳤다는 것을 인정하게 되면 앞으로의 기후 변화 문제는 해결책을 찾기 쉬워질 것이다.

온실효과가스뿐만 아니라 매연에 관한 협약, 기후와 건강에 미치는 영향에 함께 대응할 수 있는 협약을 만드는 것이 가장 중요하다. 의사는 우선적으로 몸 전체에 대하여 배운다. 사람의 몸을 따로따로 구분하여 생각할 수 없기 때문이다. 기상도 마찬가지다. 일부의 편리한 잣대로 구분 지을 수는 없는 것이다.

농지 개간 등으로 식생이 변하면 기후 변화가 일어난다

토지 개혁이란 자연 삼림이나 초지를 농지로 개간하거나 도시 개발로 지면을 변화시키는 것을 뜻한다. 도시화에 따른 열섬 현상에서는 도시가 다량의 열을 만들어내고 높은 건물이 태양열을 모으면서 기온이 크게 상승한다.

콘크리트 등을 사용하는 도시 개발뿐이 아니다. 농지 개발로 지상을 덮은 식물(식생)은 그 영향으로 여러 가지 것을 바꾼다. 극단적인 한 예로, 열대림의 벌채 때문에 생긴 피트모스의 연소에 의한 이산화탄소 배출을 들 수 있다. 또 다른 예도 있다. 미국 위스콘신 대학의 존 폴리Jonathan A. Foley에 의하면, 개간된 농지는 이미 자연 식생지 전체의 40%나 된다. 농작물이 1800만 km^2, 목초지가 3000만 km^2다. 이처럼 지표는 인간에 의해 크게 변했다. 물론 식량 생산에는 필요한 일이겠지만 말이다.

그러나 농지 개간이 기후에 주는 효과에 대해서는 지금까지 충분히 연구되지 않았다. 에어로졸의 경우와 비슷한 두 가지 이유에서다. 하나는 지역에 따라 크게 사정이 다르기 때문이다. 식생의 상황은 위성사진으로도 어느 정도는 알 수 있지만 데이터로는 불충분하고 현지 조사가 직접 필요하기 때문에 현실적으로 제약이 많다. 두 번째 이유는 기후에 대한 식물의 영향이 매우 복잡하기 때문이다. 우선 앞서 설명한 복사강제력을 고려할 수 없다. 왜냐하면 식물 작용에서 가장 중요한 것은 뿌리에서 물을 흡수하여 잎에서 수분을 증발시키는 것인데 이러한 현상을 복사강제력을 가지고는 설명할 수 없기 때문이다. 수분이 증발하면 기화열을 빼앗기면서 냉각하는데 단순히 에너지가 형태를 바꿔서 이동한 것이지, 지구로 열이 들어오거나 나가거나 한 것은 아니다. 이러한 작용은 앞에서도 언급했듯이 비복사강제력이라 불리는 것으로 IPCC 4차 보고서에도 실리지 않은 새로운 생각이다. 그러나 비복사강제력의 작용이 크다는 것은 이미 입증되고 있다.

식생이 기온이나 강수량에 끼치는 영향에 대하여 추정한 예가 있다(그림 2-10). 필케 그룹이 미국의 광대한 초원 그레이트플레인스Great Plains를 대상으로 계산한 것이다. 자연 식생이 있을 경우 최고 기온이 1.2°C나 낮아진다고 한다.

그들은 또 재미있는 시뮬레이션 결과를 내놓았다(그림 2-11).

미국의 식생 조사 결과를 사용한 것으로, 과거 식생과 현재 식생을 컴퓨터 프로그램에 입력하여 구름 모양이 어떻게 변했는지를 살펴본 것이다. 과거에 초원이었던 곳을 농지로 바꾼 장소에 대한 계산 결과다. 초원에서는 높은 웅대적운이 소규모로 보이는 한편, 현재의 농지에서는 적란운의 발달이 나타났다.

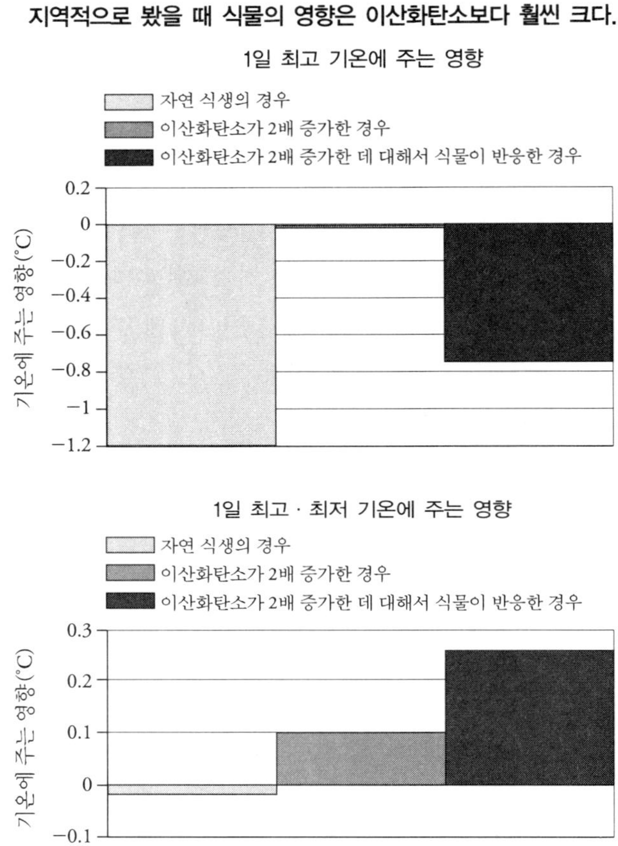

그림 2-10 식물에 의한 기온 변화. 자연 식생의 경우, 이산화탄소가 2배 증가한 경우, 이산화탄소가 2배 증가한 데 대해서 식물이 반응한 경우.

개발한 프로그램에서는 각각의 구름 형태까지 알 수 있다고 한다. 시뮬레이션 프로그램이 정밀해지면서 세부 지역을 볼 수 있게 되었기 때문이다. 식물의 영향을 살펴보는 데에는 빼놓을 수 없지만 지구 전체를 파악하려는 프로그램에서는 이곳저곳 모두를 다 살피기는 어렵다.

식생은 구름 형태에 큰 영향을 미친다.

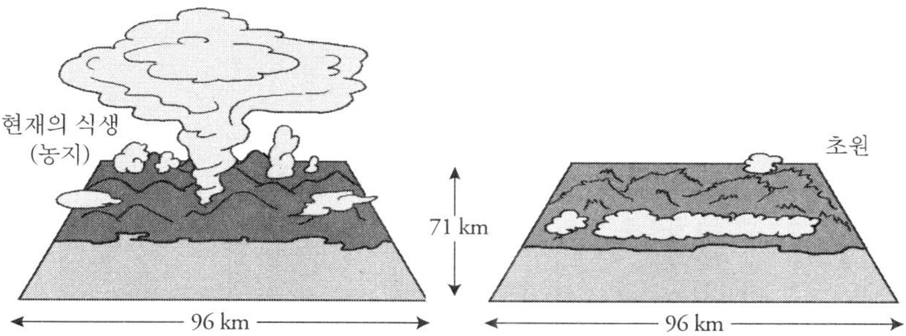

그림 2-11 식생에 따라 구름이 달라지는 시뮬레이션. 초원의 경우는 구름이 적다. 현재의 식생(농지)에서는 대류가 광범위하고 강해지므로 적란운이 발달한다. R. A. Pielke, *Ecological Applications*, 1997년.•

수목 색깔이 짙어질수록 기온이 오르기도 한다

식물이 기후에 미치는 영향은 단순하지 않다. 일반적으로 삼림은 이산화탄소를 흡수하기 때문에 이산화탄소의 증가를 막고 결과적으로 기온을 저하시킨다고 알려져 있는데, 물론 수령이 적을 때 한해서다. 따라서 다른 사항도 염두에 둘 필요가 있다. 왜냐하면 그림 2-12와 같은 현상이 나타나기 때문이다. 이것은 북미 및 유라시아의 온대에서 한대에 걸쳐 있는 식생의 양적 변화와 기온 변화를 나타낸 것인데, 두 가지가 잘 대응하고 있음을 알 수 있다.

그림 2-12에서 두 가지 해석이 가능하다. 첫 번째는 기온 변화가 먼저이며 수목의 양적 변화는 나중에 일어났다는 해석이다. 예를 들면 기온이 오르면서 수목 성장이 활발해졌다는 것이다. 그러나 기온

• 역자 주 : R. A. Pielke, T. J. Lee, J. H. Copeland, J. L. Eastman, C. L. Ziegler, and C. A. Finley (1997). Use of USGS-provided data to improve weather land climate simulation. *Ecological Applications*, 7(1), 3-21.

이산화탄소를 흡수해주는 식물이 증가할 때 기온이 상승하는 것은 왜일까?

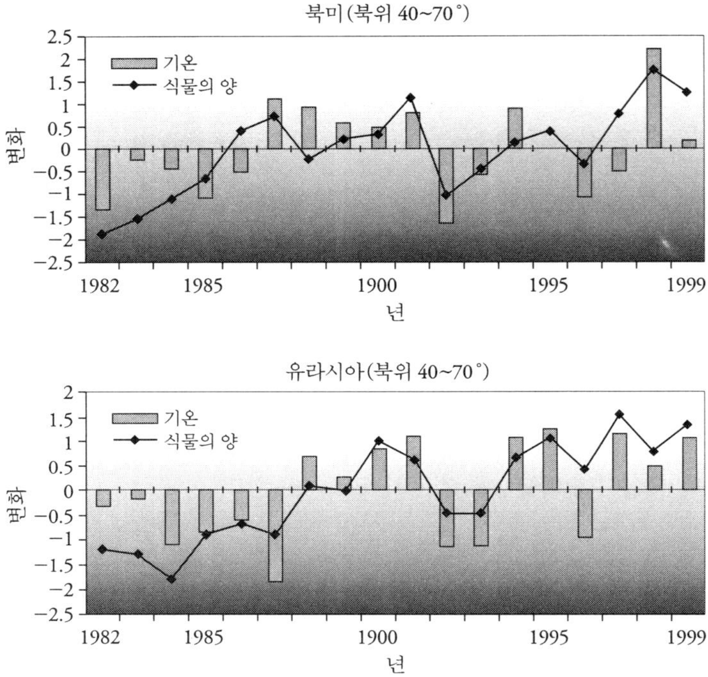

그림 2-12 식물의 양과 기온의 관계. 북미 대륙과 유라시아 대륙.

변화는 그다지 크지 않기 때문에 수목 성장에 큰 영향을 끼쳤다고는 보기 어렵다.

두 번째는 수목의 양이 변했기 때문에 기온이 변했다는 것이다. 새로운 해석인데 실은 이쪽이 더 맞는 것 같다. 이 경우 중요한 것은 수목의 색깔이다. 수목이 많은 지면과 없는 지면을 상상해보자. 수목에 덮인 지면과 수목이 없는 지면을 상공에서 봤을 때 수목에 덮여 있는 쪽이 짙은 색(녹색)으로 보일 것이다. 태양광이 반사되거나 흡수되는 양에 비례한다. 다시 말해서 수목이 많으면 많을수록 태양광의 흡수량이 증가하고 열이 발생하는 양도 증가한다. 그래서 기온이 오르게 된다.

이것은 식생의 변화로 알베도(반사율)가 변한 것과도 관계가 있다. 장소에 따라서 알베도의 수치가 달라지는데 삼림은 3~15 %, 밭은 15~25 %, 땅은 수분에 따라 다르지만 10~40 %라고 알려져 있다. 눈은 오염된 정도에 따라서 40~90 % 정도를 나타낸다. 금방 내린 눈은 태양광을 100 % 가까이 반사하는데 더러워지면 절반 정도까지 낮아진다. 지구 평균으로는 30 % 정도를 생각한다.

예를 들어 알베도가 25 %인 지면에서 수목이 자라 알베도가 15 % 되었을 때, 태양열로 달궈져 발생하는 열은 얼마만큼 달라질까?

태양으로부터 지표에 닿는 에너지(대부분은 가시광)는 장소와 시간으로 평균 내면 1 m^2당 340 W 정도다. 처음에는 75 %가 흡수되어 열로 되지만 85 %까지 증가하게 된다. 350 W의 10 %는 35 W다. 이산화탄소가 2배가 되었을 때의 복사강제력인 3.7 W의 약 10배에 가깝다. 물론 관계하는 면적은 다르지만, 만일 대규모의 토지 개혁이 이루어졌을 경우, 해당 지역의 열 발생에 크게 영향을 끼친다고 알려져 있다. 실제로 육지의 40 %가 농지와 목초지로 개발되고 있다고 알려져 있기 때문에, 이에 따른 알베도 변화로 생긴 기온 변화를 충분히 고려해야 할 것이다.

식물이 발생시키는 강력한 온실효과가스

식물이 기후에 주는 영향은 수분 증산과 알베도뿐만이 아니라는 지적이 있다. 그림 2-13은 전 세계에서 배출되는 온실효과가스를 여

농업·토지 이용 변화에 의해 배출되는 온실효과가스는 전체의 30%나 된다.

온실효과가스의 부문별 배출량(CO_2 환산)

부문	$MtCO_2$	%
에너지	26,980.4	61.4
전력 에너지업	11,581.5	26.4
제조·건설업	4,748.4	10.8
운송	5,089.0	11.6
기타 연소	3,964.1	9.0
누수	1,597.4	3.6
공업	1,369.4	3.1
농업	5,729.3	13.0
토지 이용 변화	7,618.6	17.3
폐기물	1,360.5	3.1
선박	862.7	2.0
합계	43,920.9	

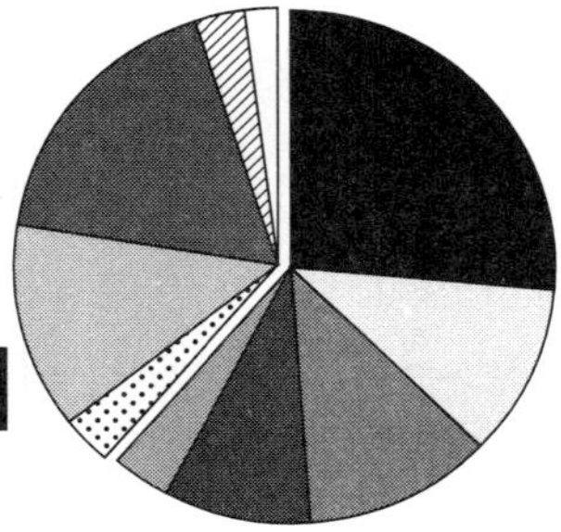

그림 2-13 온실효과가스의 부문별 배출과 비율. 전 세계 합계. 세계자원연구소 자료.

러 분야의 산업으로 나눈 것이다. 전기나 열에 사용되는 에너지 관계로부터 나오는 비율이 높은 것은 당연하지만, 농업과 토지 이용 변화가 차지하는 비율도 상당하다. 전체의 약 30%나 된다. 농업에서는 경작에 에너지를 사용하고, 또 비료에서 온실효과가스인 산화질소가 나오거나 폐기물에서 메탄이 발생하기 때문이다. 이미 토지 이용 변화에서 언급했듯이 열대림의 벌채로 인한 이산화탄소 비율이 높다.

단, 이와 같은 그래프는 국가나 지방에 따라 매우 다르다. 예를 들면 일본의 경우 농업과 토지 이용에서 나오는 온실효과가스는 전체의 3% 이하다. 그 대신 전기 및 열이 35% 가까이 된다. 이처럼 국가와 지역마다 특성이 있다는 것을 알아두자.

이와는 별도로 식물 자체가 온실효과가스를 배출한다는 보고도 있다. 이들이 내는 온실효과가스는 메탄이나 브롬화메틸과 같은 화학물질로, 상당히 충격적인 보고임에도 불구하고 왜 식물이 이러한 기체

메탄은 이산화탄소가 흡수하지 않는 파장의 적외선을 흡수한다.

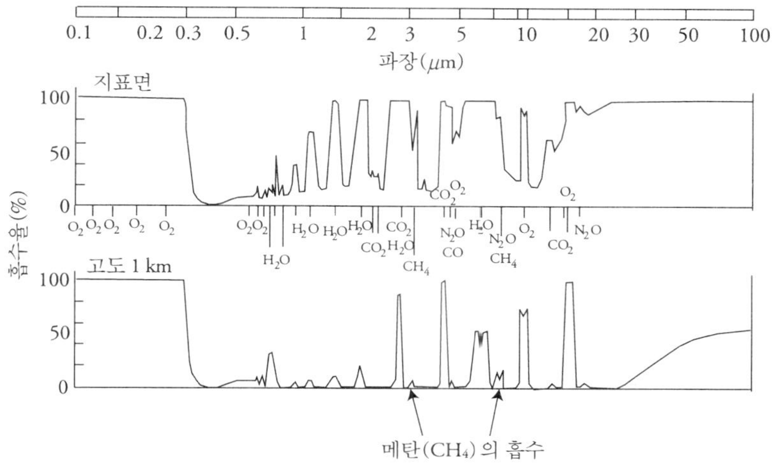

그림 2-14 메탄의 적외선 흡수에 관하여. 이와나미岩波 강좌, 『지구 환경학 3地球環境学 3』.

를 내는지에 대해서는 잘 알려져 있지 않다. 식물이 여러 가지 기체를 배출한다는 것은 예전부터 알려진 사실이다. 주로 식물의 성장이나 개화 및 과실의 숙성 등과 관련된 중요한 식물 호르몬은 에틸렌이라는 꽤 단순한 구조의 기체다. 메탄 등도 어떠한 작용을 한다고 알려져 있다. 그러나 메탄은 강한 온실 효과가 있다. 메탄과 같은 기체는 수증기나 이산화탄소가 흡수하지 않는 파장의 적외선을 흡수할 수 있다. 때문에 지금까지 대기에서 우주로 빠져나간 적외선의 일부를 메탄이 흡수하게 되는 것이다. 메탄이 1 ppm 증가하는 것은 이산화탄소가 230 ppm 증가한 것과 같은 온실 효과가 있다고 알려져 있다(그림 2-14).

영구 동토에 세워진 가옥이 붕괴한 이유

인위적 요인으로 인한 기후 변화에 대해서는 정보를 다루는 데 있어서 신중할 필요가 있다. 잘못된 해석을 하거나 평가를 하면 당연히 제대로 된 대응을 할 수 없다. 오히려 경우에 따라서는 해가 되기도 한다. 그 예를 보자.

시베리아나 알래스카 등지에서, 영구 동토에 세워진 가옥이 붕괴되거나 가라앉은 사진을 본 적이 있을 것이다. 고어의 『불편한 진실』은 물론 신문에도 많이 실렸다. 그런데 문제는 왜 그런 일이 일어났는가 하는 것이다. 매스컴은 '지구 온난화로 기온이 오르면서 영구 동토가 녹아내려 지반이 약해졌기 때문에 가옥이 피해를 입었다.'는 식의 천편일률적인 보도를 하고 있다.

영구 동토란 그 안에 포함된 수분이 언 채로 있는 땅을 가리킨다. 당연히 그 위에 열이 가해지면 녹게 되어 있다. 따라서 영구 동토 위에 건축 등을 할 경우에는 건물이나 파이프라인에서 나오는 열이 영구 동토를 녹이지 않도록 하는 특별한 주의가 필요하다. 그런데 그림 2-15의 가옥에서 볼 수 있듯이 단열이 그다지 잘 되어 있지 않다.

오로라 연구자인 아카소후 교수가 알래스카 대학의 극지연구소 소장으로 있을 때 미 의회 공청회에서 다음과 같은 발언을 하였다.

'영구 동토에 세운 가옥이 붕괴한 것은 인위적인 요인이 확실하다. 그러나 난방 때문이지 온실 효과의 직접적인 결과라고는 할 수 없다. 이런 식의 이야기는 혼란을 가중시킨다.'

그와 개인적인 연락을 취했을 때 다음과 같은 한탄 섞인 말을 들었다.

'일본에서 신문기자가 찾아와서, 지구 온난화 때문에 기울어진 가

원인 특정을 잘못하면 대책을 세울 수 없다.

그림 2-15 인위적인 영향에 대한 잘못된 해석의 일례. 영구 동토가 녹은 것은, 실제로는 난방 때문이다. 그림은 A. 고어의 『불편한 진실』에서.

옥의 사진을 찍으려고 하니 안내해달라고 부탁을 한 적이 있다. 그때 가옥이 기울어진 것은 난방 때문이라고 분명히 말했는데도 듣지 않고 사진만 찍고 돌아갔다. 정말 말도 안 되는 이야기다. 사람들에게 진실을 정확하게 알리고 싶은데 잘 들어주지 않는다.'

또 영구 동토로 덮인 시베리아의 타이가Taiga라 불리는 침엽수림대는 개발이라는 명목으로 벌채가 진행 중이다. 곤도 교수(도호쿠 대학 명예교수)의 지적에 의하면, 침엽수림의 벌채로 인해 태양열을 직접 받은 지면이 녹고 있다고 한다. 이 역시 지구 온난화에 의한 기온 상승으로 혼동하기 쉬운 예다. 현장에 가서 직접 보면, 있어야 할 삼림이 형체도 보이지 않는다. 현지에서 보고되는 기온의 수치만으로는 제대로 파악하기 어렵다는 이야기다. 의사가 환자를 직접 대면해보지도 않고 진단하는 것을 꺼리는 것과 같은 이치다.

그린란드의 기온 상승은 100년 전에도 있었다

'북극권의 기후 변화에 있어서 자연 변화와 인위적인 영향의 비율을 따지는 것은 어렵다.'는 아카소후 교수의 의견이 아사히신문의 의견란에도 실린 바 있다. 북극권에서는 특히 하절기 때 북극해 얼음의 녹는 정도가 심하며 이처럼 상당한 규모의 변화가 나타나는 것은 통상적으로 지구 온난화 때문이라고 알려져 있다. 아니 빙하가 녹는 것을 지구 온난화의 상징으로까지 여기고 있다.

하지만 아카소후 교수의 생각은 자연 변화인지 인위적인 영향인지 확실하게 알기 어렵다는 것이다. 다른 극지 연구자들도 같은 의견을 내놓고 있다. 예를 들면 캐나다의 피터 츄렉Peter Chylek 연구팀이 그러하다. 츄렉는 앞에서 언급한 기후감도를 측정한 연구자이며, 글로벌 디밍을 발견한 스위스의 오오무라와도 함께 일을 했었다.

츄렉 등은 북극권에 있는 그린란드의 과거 기온을 오랫동안 조사해왔다. 그린란드는 기후 여건이 열악한 곳이어서 관측소도 적다. 측정에 따르는 오차 등의 문제점 때문에 조사에 어려움이 많았다고 한다. 실제로 내용이 다른 논문을 몇 편인가 쓰기도 했다.

그림 2-16은 최신 데이터(2006년 논문)다. 1900~2005년 동안의 기온 변화를 그린란드 해안 근처의 8지점에서 조사한 결과다. 중간에

조사해보니 과거와 현재 일어나고 있는 일이 같다.

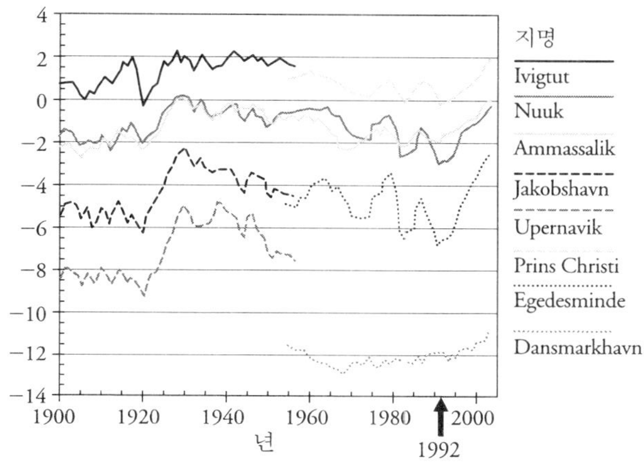

그림 2-16 그린란드에서의 기온 변화(1900년 이후). P. Chylek, *Geophysical Research Letters*, 2006년.•

데이터가 끊긴 곳도 있지만 전체로 봤을 때 1920~1930년과 1995~2005년에 기온이 크게 상승하였다. 또한 중간 부분에서는 기온이 점점 하강하고 있다. 1930년과 2005년에는 거의 비슷한 기온을 보인다는 점도 주의할 필요가 있다. 결국에 그린란드에서는 최근 10년간 기온이 꽤 오른 것이 확실하지만 같은 현상이 약 100년 전에도 있었음을 말해준다.

기온 상승을 살펴볼 때 원인이 인간이 배출한 이산화탄소인지 아닌지를 검토하는 데 있어서 중요한 포인트가 있다. 바로 기온 상승의 시점이다. 즉 1950~1960년보다 나중에 일어난 것인지 아니면 그 전에 일어난 것인지가 중요하다. 그림 2-17은 온실효과가스의 방출이 급

• 역자 주: Peter Chylek, M. K. Dubey, and G. Lesins (2006). Greenland warming of 1920~1930 and 1995~2005. *Geophysical Research Letters*, 33, L11707.

이산화탄소 배출은 1950년 이후에 급격히 증가하였다.

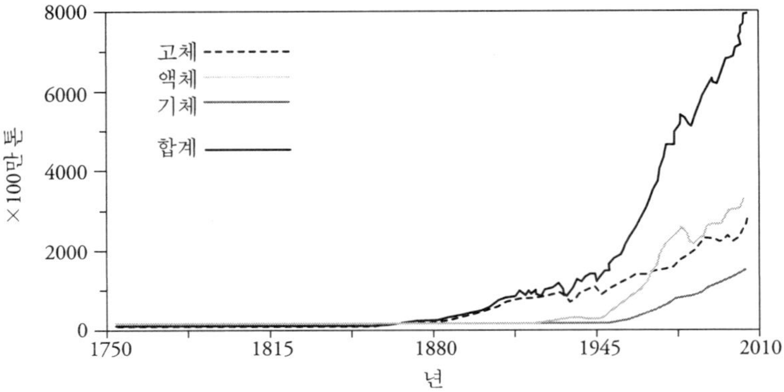

그림 2-17 세계의 이산화탄소 배출원 내역.

증한 것이 2차 세계대전이 끝나고 석유가 대량으로 소비되기 시작한 1960년 이후라는 것을 나타내고 있다. 다시 말해서 1950년보다 먼저 일어난 기온 상승은 자연 변화로 봐야 한다는 추론이 가능한 것이다.

한편 그림 2-16의 결과는 어떻게 해석하면 좋을까? 츄렉 자신의 의견 변화가 무척 흥미롭다. 그는 2005년에도 같은 테마로 논문을 써서 '인간이 배출한 이산화탄소와 황산 에어로졸을 고려하지 않으면 우리가 낸 결과를 설명할 수 없다.'라고 하였다. 그런데 1년 후의 2006년 논문에서는 '이것은 자연 변화다.'라고 의견을 정반대로 바꾸어 버렸다. 파장이 꽤 컸는데 곧바로 본인이 나서서 세계적인 기후 연구자들을 모아 심포지엄을 열 정도였다.

과거에도 같은 일로 소동을 벌였다

다음에 인용하는 문장은 '기후는 계속 변하고 있는가 — 장기적인 기온 경향에 대한 연구'라는 제목으로 실린, 미국기상학회의 학회지 「기상 월보」의 기사에서 발췌하였다.

'현재의 광범위하면서도 영속적인 온난화 경향, 특히 따뜻한 겨울을 우려해서인지 기후 변화 탓이냐는 질문을 많이 받고 있다. 이런 이야기도 많이 한다. 작년 겨울은 과거 100년 중 가장 더웠다. 우리가 어렸을 때는 겨울이 훨씬 추웠고 눈도 많이 왔다. 근 50년간의 온난화 경향은 미국뿐만이 아니라 북반구의 여러 국가들에서도 또한 남반구에서도 놀랄 만큼 나타나고 있다.'

이 기사가 과연 언제 쓰였다고 생각하는가? 놀라지 마시라. 실은 1933년 9월 호의 기사다. 지금으로부터 70년 전 과거의 기사인 것이다.

다음 기사는 어떨까? 역시 「기상 월보」의 기사다.

'북극권은 계속적으로 더워지고 있는 듯하다. 스피츠베르겐이나 북극해의 서부를 항해하는 어민이나 바다표범을 잡는 사냥꾼, 탐험대의 보고에 따르면, 이 근방의 기후는 크게 변화하고 있으며 과거에 유래가 없을 정도로 높은 기온을 보이고 있다.', '얼음이 없는 해수면을 북위 81.5도까지 거슬러 갈 수 있게 되었다. 이것은 최고 기록이다.', '과거 바다까지 닿아 있던 빙하는 완전히 사라져 버렸다.', '북극권의 동물이나 식물은 크게 변화하고 있다.', '작년 겨울에는 스피츠베르겐의 북쪽 해안조차 얼지 않았다.'

이 또한 요즘 기사가 아니다. 1922년 11월 호에 나온 것이다.

츄렉의 논문에서는 관측소에서의 기온 변화밖에 알 수 없지만, 이와 같은 기사를 읽으면 1920~1930년에 북극해에서 일어난 일을 구체적으로 알 수 있다. 스피츠베르겐은 노르웨이 북쪽의 북극 해안에 있는 섬으로 북단은 북위 78도다. 이 주변까지 겨울에 빙하를 볼 수 없다는 것은 확실히 드문 일이기는 하다. 당시의 스피츠베르겐 부근의 빙하 주변은 위성사진으로 본 2006년, 2007년의 겨울과 비슷하다고 해도 좋을 듯하다.

이처럼 70년 전이나 80년 전의 기사가 현재의 북극권의 모습을 말해주고 있다고 해도 틀리지 않다. 20세기 전반에 북극권에서 일어난 일이 현재에도 재현되고 있다고 하는 아카소후 교수와 츄렉의 주장은 귀담아들을 필요가 있다.

북극권에서 빙설이 줄어들고 있는 것은 '북극 진동'에 기인한다

결국 아카소후 교수와 츄렉 등 북극 관련 연구가들은 최근의 북극권에서 나타나는 기온 상승의 대부분을 자연 현상으로 보고 있다. 물론 다르게 주장하는 연구자도 있다. 그러나 매스컴과 기후 문제에 촉각을 세우는 전문가들에게는 중요한 정보가 될 것이다.

그렇다면 어떠한 자연 변화를 말하는가? 아카소후 교수는 1920년대와 1990년대에 일어난 현상의 유사점을 지적하며 대서양의 따뜻한 해류가 북극해로 유입된 것을 원인으로 들고 있다.

현재의 상식은 어떠한가? 기후 모델을 기초로 한 연구에 따르면, 이산화탄소가 증가함에 따라 북극권의 기온이 크게 올라간다고 한다. 다름 아닌 '빙설 피드백'이라 불리는 현상 때문이다. 북극권에서는 빙하로 덮인 바다나 눈으로 뒤덮인 지면이 많다. 기온이 상승하면서 빙하와 눈이 줄어들면 맨바닥과 바다가 드러나고 알베도가 내려간다. 그로 인해서 태양광의 흡수가 커지고 기온은 점차 올라가는 것이다.

하지만 지금 북극에서 일어나고 있는 현상은 이것과는 전혀 다르다. 북극이라고 해도 워낙 넓기 때문에 장소에 따라서 빙하가 녹는 이유 또한 다를 테지만, 단순한 빙설 피드백이 아니라는 것은 확실하다.

또 한 가지 생각해볼 수 있는 이유는 북극 진동•이라 불리는 현상이다. 북극 진동은 극와極渦(북극의 저기압)의 변동으로, 강할 때는 남방에서 불어오는 따뜻한 바람으로 인하여 유럽 등이 온난화되는 등 전 세계 기후에 영향을 미친다. 아카소후 고수에 의하면 현재의 북극 지역의 기온 상승은 북극 진동의 강화 때문이다.

북극 진동은 뚜렷이 드러나는 현상인 데 반해 원인은 잘 알려져 있지 않다. 기후 모델에서도 북극 진동을 재현하기 위한 검토는 계속되고 있지만, 큰 변화를 설명하기에는 역부족이다. 그런데 북극 진동의 본질과 관련해서 흥미로운 사실이 발견되었다. 태양 자기 활동과의 관계다. 그림 2-18에 보이는 기간에 있어서 태양 자기 활동과 북극 진동은 분명 상관관계가 있다. 하지만 유감스럽게도 그 원인에 대해서는 아직까지 알려진 것이 없다.

태양의 에너지 변화는 왠지 너무 작다

태양은 지구의 에너지원이다. 그런데도 태양 변화와 그 영향을 대수롭지 않게 생각하는 것은 좀 이상하다. 현재 태양 활동의 변화가 지구 기후에 그다지 영향을 주지 않는다는 생각이 주류를 이루고 있는 게 사실이다. 이유는 태양 밝기의 변화가 매우 작기 때문이다. 그래서

• 역자 주 : NAO; North Arctic Oscillation.

북극 진동은 태양 자기 활동의 영향을 크게 받고 있다.

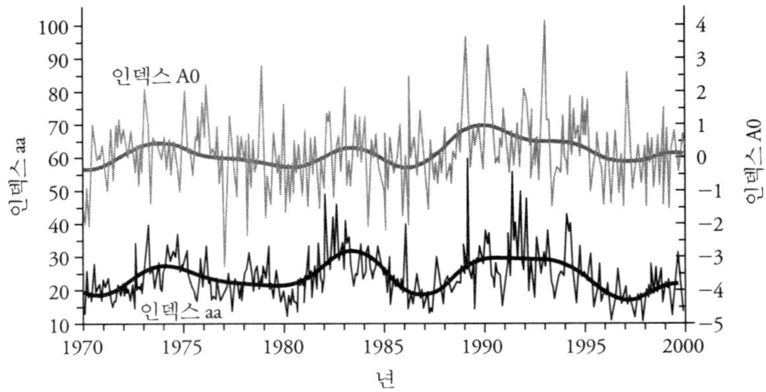

그림 2-18 북극 진동 지수(북극 상공의 저기압 세기)와 aa 지수(태양으로부터 오는 자기장의 세기)의 비교. 가는 선은 매월 측정한 수치, 굵은 선은 5년을 평균한 것이다. 이토 기미노리伊藤公紀, 『지구 온난화』.•

태양 정수라는 용어가 생겼다. 인간에게는 참으로 다행스러운 일이다. 많은 혹성은 밝기가 잘 변하며, 심지어 몇 배나 변하는 것도 있다. 만일 태양이 이렇다면 인간은 지구에서 살지 못할 것이다.

실제로 태양 역시 몇 개의 변화 주기를 가지고 있다. 가장 잘 알려져 있는 것이 흑점의 11년 주기다. 이에 맞추어 태양의 밝기는 주기적으로 약 0.1% 변화하고 있다. 단, 직감과는 달리 흑점이 많을수록 태양은 밝다.

그렇다면 과거에는 태양의 밝기가 어떠했을까? 이것은 기후의 자연 변동에 태양이 어느 정도 관여하는가에 직접 관련이 있다. 그림 2-19는 태양의 밝기와 변화에 관해서 지금까지 생각해오던 예를 나타낸 것이다. 가장 위의 선은 흑점의 변화에 해당하는 것으로 변화는

• 역자 주 : 이토 키미노리伊藤公紀 (2004), 『지구 온난화地球温暖化』, 일본평론사.

태양광도의 변화는 0.5%, 아니면 0.1%?

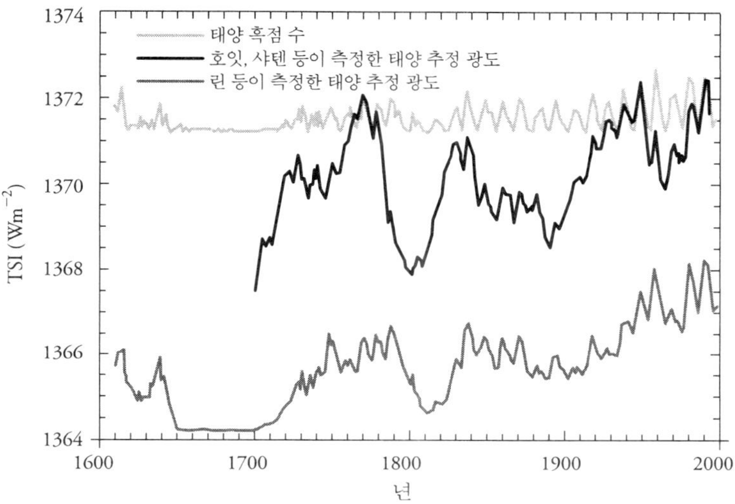

그림 2-19 태양광도 변화의 추정치(중간과 아래). 위는 흑점 수의 변화.

전체의 0.1% 정도다. 다른 곡선은 변화가 큰데 과거 300년 동안 0.5% 정도였다. 이 정도면 앞에서 기술한 유럽의 소빙하기와 같은 추운 시대의 설명과 잘 부합한다.

하지만 최근의 태양 이론에 의하면 그리 간단하지 않다. 조금 복잡한 이야기인데 중요하므로 짚고 넘어가자. 태양 표면은 끓고 있는 것처럼 다이내믹하다. 흑점이 있으면 더더욱 활발하다. 흑점은 태양 속에 있는 자기장이 바깥으로 나온 곳으로, 그곳으로부터 태양 지진(양진陽震)이라고 하는 파장이 주위에 전달되고 있다. 흑점이 없을 때의 태양 표면은 매우 평온하고, 흑점이 증가하면 파도가 일면서 태양 표면에 커다란 주름이 늘어난다. 주름이 많으면 표면적이 증가하기 때문에 태양에서 나오는 에너지가 증가한다고 한다. 이렇게 생각해볼 때 몇백 년 전의 태양과 지금의 태양을 비교해도 밝기의 변화는 겨우 0.1% 정도에 불과하다. 태양이 기후에 미치는 영향을 생각하는 데 있어서 곤란한 점이 아닐 수 없다. 소빙하기의 설명뿐만 아니라 20세기 전반의 기온 상승 또한 설명이 불가능해진다. 이것이 기후 모델이 어려움을 겪는 이유라는 것은 이미 언급한 대로다.

태양 흑점이 증가할수록 얕아지는 아프리카 호수

태양 밝기의 변화는 어쨌든 작은 듯한데 그럼에도 불구하고 태양 변화의 영향이 크다고 할 수 있는 증거는 많다. 예를 들어보자. 아프리카 동부에 나이바샤Naivasha 호수가 있다. 유명한 빅토리아 호수 바로 옆에 있는 작은 호수로 현재는 관광지로 개발되었다.

그런데 호수 밑바닥에 쌓인 진흙을 파서 조사해보면, 호수의 깊이가 어떻게 변화해왔는지를 알 수 있다. 깊을 때는 30 m나 되고 얕을 때는 수 미터에 불과하다. 또한 주변 마을도 조사했는데, 호수가 깊을 때에는 비옥한 시기로 마을 또한 번성하였다. 반대로 호수가 얕을 때에는 건조한 시기로 마을은 쇠퇴하였다. 이를 나타낸 것이 그림 2-20이다. 이 조사를 바탕으로 논문을 쓴 저자는 실로 재미있는 해석을 내놓았다. 바로 나이바샤 호수의 깊이 변화를 태양의 활동 변화와 비교해본 것이다.

과거 태양 활동의 변화는 어떻게 알아낼까? 흑점을 사용하는 방법도 있지만 흑점 수의 연대별 변화(그림 2-7 및 그림 2-19)에서 알 수 있듯이 400년 이상이나 거슬러 올라가면 추정이 불가능하다(그림 2-19).

또 다른 방법으로는 유적 등의 연대 측정에 사용되는 탄소14라는

나이바샤 호수의 수위는 태양 활동과 함께 크게 변하였다.

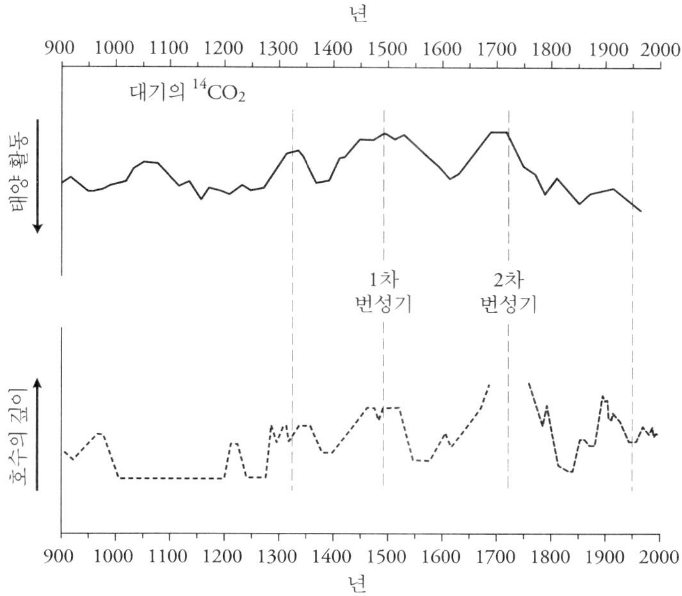

그림 2-20 아프리카 나이바샤 호수의 수위 변화, 마을의 성쇠와 태양 활동 변화의 대응. D. Verschuren 연구팀, 「네이처」, 2000년 1월 27일 호.•

탄소의 동위체의 양을 사용하는 방법이 가장 효과가 있다고 알려져 있다. 탄소14는 우주선宇宙線(우주에서 날아온 고에너지 방사선)이 대기와 충돌하여 생긴다. 그런데 이 고속의 우주선은 태양에서 나오는 태양풍에 의해 방해를 받는다. 태양 활동이 활발하여 태양풍이 강할 때는 대기에 돌입하는 우주선의 양이 줄어든다. 때문에 탄소14의 양도 줄어든다. 반대로 태양 활동이 약할 때는 탄소14가 많이 생긴다. 탄소14는 수목에 달라붙는 경향이 있어서 오래된 수목을 분석하면 탄

• 역자 주 : Dirk Verschuren, Kathland R. Laird, and Brain F. Cumming (2000). Rainfall and drought in equatorial East Africa during the past 1,100 years. *Nature*, 403, 410–414.

소14의 양을 알 수 있으며 자연히 태양 활동의 세기까지 추정할 수 있다는 것이다. 이렇게 해서 구한 태양 활동의 변화가 그림 2-19의 가장 위에 나타나 있다. 단, 태양 활동이 강한 쪽이 아래쪽으로 표기되어 있다.

태양 활동 변화와 호수의 수심을 비교해보았을 때, 두 가지가 잘 대응하고 있음을 알 수 있다. 태양 활동이 활발할 때는 호수가 얕다. 다시 말해서 건조한 시대로 가뭄으로 인해 마을이 쇠퇴하였다. 태양 활동이 약할 때는 호수가 깊고 주위의 마을이 번성하였다.

이상은 비교적 조사가 잘 이루어진 경우다. 그 밖에도 비슷한 예는 여러 가지가 있다. 그 중에서 눈길을 끄는 것은 수목의 나이테를 통해서 본 미국의 가뭄 데이터다. 이 데이터에서는 아프리카의 나이바샤 호수(그림 2-20)와는 반대로 태양 활동이 약할 때 가뭄이 일어난다는 결과가 나왔다. 이처럼 태양의 영향은 지역마다 다른 듯하다.

태양 활동이 북극의 진동을 바꾸고 지구 규모의 기후를 변화시킨다

태양 활동의 변화가 기후에 영향을 미치는 것은 확실한데, 자세한 메커니즘에 대해서는 아직 알려진 것이 없다. 특히 앞에서 언급한 대로, 태양 밝기의 변화가 매우 작다는 사실이 메커니즘 전체적인 검토를 어렵게 하고 있다. 때문에 기후학자로서 태양의 영향을 적극적으로 수용하려는 이는 적다. 유감스럽게도 태양 밝기를 대략적으로 어림잡는 데 만족하고 있는 현실이다.

그러나 최근 필자는 이 의문을 푸는 열쇠로 북극 진동이라 불리는 현상에 주목하게 되었다. 앞에서 그림 2-18과 같은 관계를 찾아내었기 때문이다. 하지만 발표가 늦어지는 바람에 그만 다른 연구자가 국제학술지에 발표해버렸다.

북극 진동이란 북극 상공에 있는 저기압 세기의 변동을 말한다. 겨울이면 강해지는 이 저기압은 극와極渦라고 불린다. 이 저기압이 강할 때에는 북극의 한기가 북극에 갇혀버린다. 이때 유럽 및 일본은 남쪽에서 따뜻한 바람이 불어와 겨울이 따뜻해진다. 반대로 저기압이 약해지면 한기가 주위에 퍼져 추운 겨울이 된다. 이처럼 북극 진동은 북반구 기후에 큰 영향을 끼치며, 소빙하기와 같은 한랭기의 원인으로도 일컬어지고 있다.

그래서 북극 진동과 태양 활동이 서로 어떤 관련이 있지 않을까 하여 여러 가지 검토를 해보았다. 그 결과, 태양 밝기의 변화(흑점의 변화와 동일)보다는 태양으로부터의 자기의 세기 변화와 북극 진동이 대응하고 있는 것을 알게 되었다.

태양으로부터 나오는 자기의 세기는 지자기地磁氣의 왜곡 현상으로 관측할 수 있다. 대표적인 것은 aa 지수라 불리는 양으로 100년 이상에 걸친 데이터가 있다. 간단히 말하면 이것은 태양풍(태양에서 내뿜어 나오는 고온의 가스. 주로 전리電離된 수소, 즉 양자와 전자로 됨)의 세기다. 이 aa 지수와 북극 진동의 지수가 1970년 이후의 기간에서 매우 비슷한 경향을 나타낸다. 세밀한 진동까지 대응하고 있다고는 할 수 없지만, 수년간을 평균하면 상당히 유사하다. aa 지수가 클 때, 다시 말해서 태양 시기 활동이 활발했을 때 북극 진동이 강해진다. 이렇게 태양 활동이 활발한 때에는 극와가 세고 따뜻한 겨울이 되는 것이다.

그러나 재미있게도(곤란하기도 하지만), 이와 같은 관계가 시기에 따라서 반대로 나타나기도 한다. 태양 시기의 활동이 강할 때 북극 진동 지수가 작은 시기도 있다. 이처럼 태양 자기 활동과 북극 진동의 관계는 복잡한데, 어쩌면 태양과 기후를 연결하는 중요한 잃어버린 고리Missing-link가 아닐까 한다.

이와 같은 예는 인간의 몸에 비유하면 원인을 잘 알지 못했던 병에 대해 알아보았더니 원인으로 추정되는 세균과 유전자를 발견한 것과 같다. 좀더 세심한 검토가 요구되는 것은 당연하다. 현재 자세한 조사를 진행 중에 있는데 그 결과에 대해 소개하겠다.

북극 진동에 의해 기후 변화가 일어나는 지역

우선 북극 진동이 어느 정도 기후에 영향을 주고 있는지 살펴보자. 북극 진동에 대해서는 기후 전문가들이 조사를 하고 있다. 그림 2-21(서두의 컬러 그림)은 북극 진동과 기온의 상관관계 그리고 북극 진동과 강수량의 상관관계를 세계지도 안에서 본 것이다. 1950년부터 1996년까지의 평균 경향이 나타나 있다. 이 '상관관계 지도'를 보면 북극 진동이 강했을 때 기온이나 강수량이 올라가는 지역과, 거꾸로 기온이나 강수량이 내려가는 지역이 있음을 알 수 있다.

북극 진동이 강할 때 기온이 오르는(양의 상관 혹은 상관) 곳은 유럽, 시베리아 그리고 미국 동부다. 일본도 이에 해당한다. 반대로 그린란드나 아프리카 남부와 같이 북극 진동이 강할 경우 기온이 내려가는 지역도 있다(음의 상관 혹은 역상관). 강수량의 패턴은 더욱 복잡해서 북극 진동과 상관이 있는 장소도 있고 그렇지 않은 장소도 있다.

이러한 사항들을 염두에 두었을 때 앞에서 예로 든 나이바샤 호수의 경우는 북극 진동의 영향이 아닐까 추측할 수 있다. 특히 지역에 따라서 상관관계가 달라지는 복잡한 양상이 나타나지만, 알려지지 않은 진실에 조금씩 다가가고 있는 것만은 틀림없다.

태양 활동에 따라 기온이 변하는 북반구의 마을

그림 2-18과 같이 시간 변화를 비교하는 것도 좋지만 이것만으로는 설득력이 떨어진다. 실제로 '우연에 불과하다.' 혹은 '시기에 따라서 상관이 있거나 없거나 하는 것은 납득할 수 없다.'는 의견도 있다.

그래서 우선 aa 지수와 기온의 상관을 자세히 살펴보기로 했다. 특히 그림 2-21과 같은 '상관관계 지도'를 만들어보는데, 장기간의 평균이 아닌 월 단위의 데이터를 사용한다. 이유는 앞에서 언급한 것처럼 기후 변화를 장기간의 평균으로 봐서는 대응하는 데 불충분하기 때문이다. 기상 변화는 하루나 일주일 사이에 일어나며 지구 평균이 아닌 작은 지역에서 일어난다.

사람으로 비유하면 집단의 평균을 관찰하는 것만으로 건강 관리를 할 수 없는 것과 마찬가지다. 각기 다양한 체질이 있을 것이고, 같은 사람이라도 계절에 따라서 컨디션이 변하기 마련이다. 중요한 것은 다른 부위보다 약한 곳에 주목하여 관리하는 방법이다. 이를 '취약성 어프로치'라 부른다. 사회도 사람도 약한 곳이 영향을 크게 받으므로 이를 철저하게 해둘 필요가 있다.

그렇지만 매일매일의 기온 변화를 기록하는 것은 너무나 방대하고 데이터를 입수하기도 어렵다. 따라서 공표되어 있는 NASA의 월별 데이터를 사용하였다. 오차가 있을 가능성에 대해서는 이미 기술한 대로다. 하지만 같은 달에 있어서 다른 지역의 기온을 비교하거나 같은 지역 기온의 월별 변화를 조사할 목적이라면 그다지 큰 문제는 없다. 10년 동안 0.1 °C라는 고도의 정밀함이 필요한 것이 아니기 때문이다.

그림 2-22(서두의 컬러 그림)에 결과를 나타내었다. 이 그림은 겨울(12월~2월)의 aa 지수와 봄(3월~5월)의 기온의 상관관계를 본 것이다. 데이터가 잘 정리되어 있는 1960~2001년이 중심이다. 해당 기간은 태양 자기 활동과 북극 진동과의 상관관계가 잘 나타나는 기간과도 겹친다.

그림 2-22를 보면 북극과 동유럽에서 특히 상관관계가 강하다. 최고인 곳은 핀란드의 이위베스퀼레 및 소단퀼레라는 마을 기온으로, 상관계수는 0.7 정도였다. 참고로 그림 2-23에 소단퀼레의 예를 나타내었다. 상당히 좋은 대응을 이루고 있음을 알 수 있다.

상관계수 0.7이 무엇을 의미하는가 하면, 예를 들어 어느 해 봄의 기온이 5 °C였고, 이듬해 봄 기온이 4 °C였다고 했을 때, 1 °C의 기온 변화 중에서 평균 절반(상관계수의 제곱 0.7 × 0.7 = 0.49)에 대해서는 태양 자기가 변화한 효과라 간주한다. 상관계수가 0.5라면 평균해서 4

북반구의 봄은 겨울 태양 자기 활동의 영향을 크게 받는다.

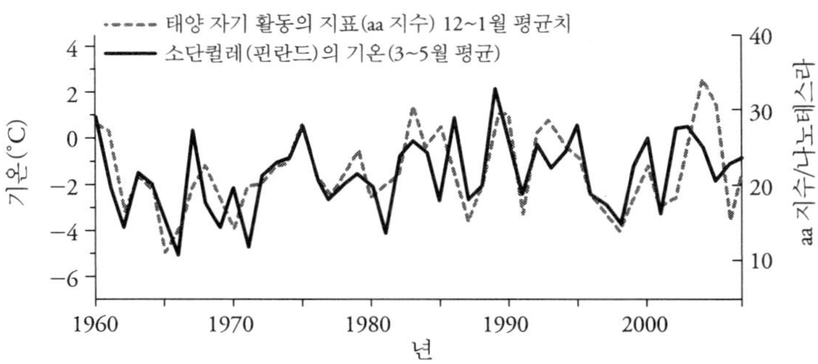

그림 2-23 태양 자기 활동 지표(aa 지수)와 지표 기온의 관계를 나타낸 예. 겨울(1, 2월 평균)의 aa 지수와 핀란드 소단퀼레의 봄(3~5월) 기온.

분의 1은 태양 자기의 효과라 할 수 있다.

소단퀼레 등에 대해서 월별 데이터를 자세히 살펴보면, 1월의 aa 지수와 3월의 기온 사이에 상관관계가 높게 나타난다.

그림 2-22(왼쪽)를 보면, 시베리아, 일본 및 북미 대륙의 서해안이나 대서양의 중위도 근방은 양의 상관관계가 높게 나타난다. 반대로 그린란드의 남부는 상관관계가 낮다. 대서양의 적도 부근 등에는 중간 정도에서 약한 음의 상관관계가 보인다.

이를 북극 진동의 경우와 비교해보자. 겨울의 북극 진동 지수와 봄 기온의 상관관계에 대해서 그림 2-22(오른쪽)에 나타내었다. 이것은 aa 지수와 기온의 상관관계를 나타낸 그림 2-22(왼쪽)과 매우 비슷하다. 그림 2-18에 나타낸 aa 지수와 북극 진동이 관련이 있음을 확인할 수 있다. 또 태양 자기가 기온에 영향을 주는 것이 북극 진동을 통해서라는 것 역시 가능성이 커졌다.

하지만 아직 확인되지 않은 사실도 많다. 우선 태양 자기와 기온 관계가 왜 수개월씩이나 차이가 나는가 하는 것도 그러하다. 실은 북극 진동과 기온의 경우 겨울일 때가 상관관계가 높다. 이렇게 봤을 때 aa 지수와 기온 관계 역시 겨울이 강하게 나타나면 좋겠지만, 그렇지도 않다.

이처럼 잘 알려져 있지 않은 사실도 혼재하는 가운데, aa 지수가 태양 자기 활동에 직접적인 지표인 것만큼은 틀림이 없다. aa 지수란 태양에서 날아온 태양풍 플라즈마(태양풍이 운반해온 양자와 전자가 섞인 희박한 가스)와 함께 온 자기를 지표에서 모니터한 것이다. 이것과 기온이 관계가 있다면 당연히 태양 자기 변화의 원인으로 기온 변화가 일어난다고 볼 수 있으며, 그 반대는 아니다. 태양 자기가 기후에 주는 영향은 추측의 단계에서 이제는 메커니즘을 분명히 하는 단계로 돌입했다고 하겠다.

태양 자기가 지구에 구름을 발생시키는 메커니즘

아직 확인되지는 않았지만 태양 자기를 포함한 메커니즘으로 잘 알려져 있는 것은 우주선宇宙線이 대기를 이온화하는 과정을 고려한 덴마크 그룹의 메커니즘과 우주선이 대기 전장電場에 미치는 영향을 생각한 미국 틴슬리Tinsley B. A. 그룹의 메커니즘, 두 가지다.

덴마크 그룹은 우주선과 구름양의 상관(그림 2-24)관계를 나타내고

저층의 구름양은 우주선의 강약과 대응하여 변화하고 있다.

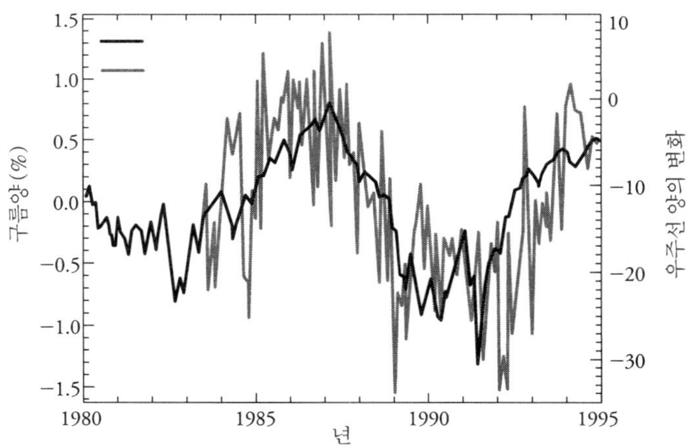

그림 2-24 구름과 우주선의 관계. 저위도의 저층 구름에서는 상관이 높다는 것이 밝혀졌다. N. Marsh 등, 「스페이스 사이언스 리뷰」, 2000년.•

• 역자 주 : Nigel Marsh and Henrik Svensmark (2000). Comic rays, clouds, and climate. *Space Science Review*, 94(1–2), 215–230.

우주선이 전리층을 통해서 구름에 영향을 준다고 하는 모델

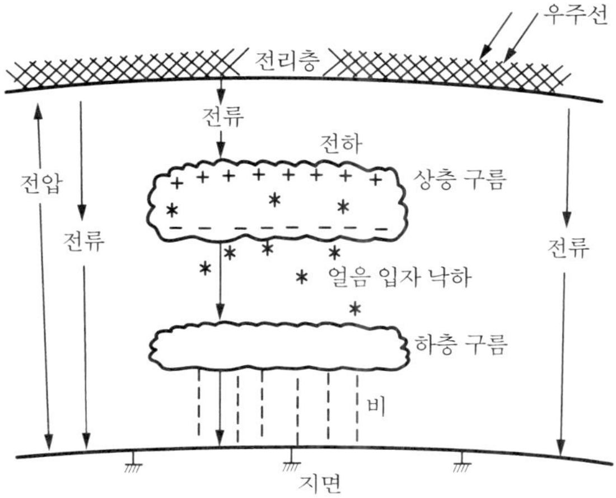

그림 2-25 틴슬리의 모델. 구름에 걸리는 전장이 상층 구름 안에서의 핵 생성에 영향을 주고 그것이 하층 구름에서의 비의 양을 바꾼다. *Journal of Geomagnetism and Geoelectricity*, 1996년.•

우주선이 태양 자기에 의해 강도가 변화되어 구름양의 변화로 이어진다는 메커니즘을 제안하였다. 한편 틴슬리에 의하면, 우주선 강도의 변조가 대기 전장의 변화를 일으켜서 구름의 대전량을 변화시키고 응축의 반응 속도에 영향을 준다(그림 2-25). 그 결과 강수 확률이나 잠열 생성 속도 등이 변화하여 저기압의 강도나 폭풍의 진로가 영향을 받는다고 한다. 이 과정은 열의 분배에 관계하므로 지구 평균 기온에 미치는 영향은 작지만, 지역 기후에 주는 영향은 크다고 여겨진다.

또한 틴슬리의 메커니즘은 기후의 텔레커넥션과도 관계가 있는 듯

• 역자 주 : Tinsley B. A. (1996). Solar wind modulation of the global electric circuit and apparent effects on cloud microphysics, latent heat release, and tropospheric dynamics. *Journal of Geomagnetism and Geoelectricity*, 48(1), 165-177.

하다. 예를 들면 앞에서 언급한 토지 이용은 적란운 생성의 빈도를 바꾸기 때문에 대기 전류를 바꾼다. 이 때문에 토지 개발이 이루어진 곳과 상당히 거리가 먼 지역의 강수량 등이 변할 가능성이 생기는 것이다.

비행기가 날지 않으면 한난차가 크다? 구름은 수수께끼

기상에서는 비나 눈을 만드는 구름이 큰 역할을 한다. 때문에 기후에서도 중요한데, 구름의 작용은 복잡해서 움직임 또한 잘 알려져 있지 않다. 그런데 최근에 구름이 지구 규모로 크게 변화한다는 것이 밝혀졌다. 그림 2-26은 미국 빅베어 천문대•의 엔릭 팔레Enric Palle 연구팀이 구름양의 변화에 관해 위성에서 모니터하여 보고한 것이다. 지상에서 봤을 때 어느 한 장소에서 구름양이 변하는 것은 당연한데 지구 전체에서 보더라도 상당히 변화하고 있음을 알 수 있다. 1985년부터 2000년에 걸쳐서 구름양이 69%에서 65%로 줄고, 2000년 이후에는 구름양이 증가했다는 결과를 나타낸다.

이미 기술한 바와 같이 구름은 태양광을 반사하기 때문에 구름양이 크게 변하는 것은 알베도가 크게 변하는 것을 의미한다. 그림 2-26에서 보이는 구름양의 변화는 말하자면 알베도가 30%였던 것이 27%로 줄어든 것과 같다고 할 것이다. 복사강제력으로 따지면 10 W에 가까운 큰 수치다. 이산화탄소가 2배가 되었을 때의 복사강제력 증가의 3.7 W와 비교했을 때, 3배에 가깝다. 뿐만 아니라 15년 정도의 단기

• 역자 주: Big Bear Solar Observatory.

구름의 양은 모델로 재현할 수 없을 만큼 크게 변한다.

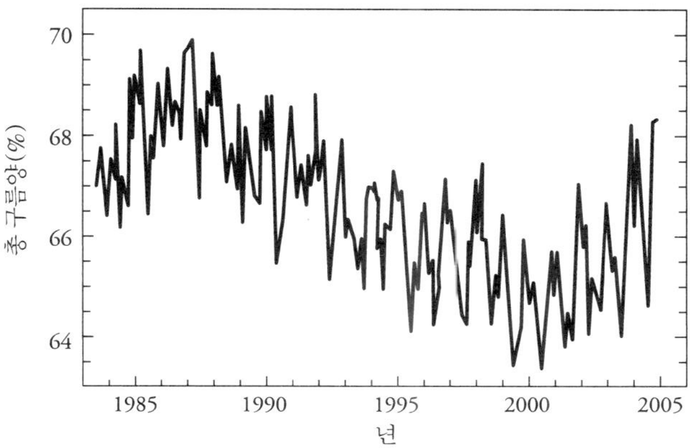

그림 2-26 위성에서 측정한 구름양의 변화. E. Palle 등, 「이오스」, 2006년.•

간에 일어난 일이다.

하지만 납득이 가지 않는 사실은 이처럼 큰 복사강제력의 변화에서 예상할 수 있는 커다란 기온 변화가 실제로는 일어나지 않는 사실이다. 엔릭 팔레 연구팀은 구름의 종류에 따라서 기온에 미치는 영향이 달라지기 때문인 것 같다는 추정을 하고 있다. 예를 들면 하늘을 가득 덮은 낮은 구름은 평균적으로는 기온을 내려주며, 투명하게 보이는 얇고 높은 구름은 기온을 올린다고 알려져 있다.

태양 자기의 경우와도 닮았고, 지구 암화의 경우와도 닮아, 아직 잘 알려져 있지 않은 것이 많다. 구름의 변화가 자연적인 것인지, 에어로졸과 같은 인위적인 원인 때문인지 잘 모른다. 그러나 지구 기후에 영

• 역자 주: E. Palle, P. R. Goode, P. Montanes-Rodriguez, S. E, Koonin (2006). Can the earth's albedo and surface temperatures increase together? *EOS*, 87(4). 37-39.

향을 끼치는 구름이 의외로 크게 변화하는 것은 특히 기후 모델의 검증에 있어서 중요하다.

특수한 구름으로 비행기구름이 있다. IPCC 보고서에서도 비행기구름의 영향에 대해 찾아볼 수 있다. 지구 규모라 하기보다는 지역적인 영향이 크다. 비행기구름이나 그곳에서 발달하는 새털구름卷雲 및 권층운卷層雲은 규모가 커졌을 때 대기와 지표를 따뜻하게 한다. 다시 말해서 양의 복사강제력을 갖는다고 생각되고 있다. 실은 유명한 9·11 테러 때 일부에서는 비행기구름의 영향에 대해 확인해보려는 작업을 진행하였다. 사건 후 미국에서는 3일 정도 비행이 금지되어 비행기구름이 발생하지 않았기 때문이다. 미국 위스콘신 대학의 데이비드 트래비스David Travis가 2002년에 보고한 내용에 따르면• 이 기간 동안 밤낮의 온도 차가 커졌다고 한다. 즉 비행기구름이 다발했을 때에는 낮과 밤의 기온 차가 작았었다. 이것은 밤 기온을 상승시키는 효과가 큰 것으로 나타났는데, 제트기 비행이 많은 지역의 평균 기온이 오르는 것도 같은 이유에서다.

북대서양에서는 해류의 수십 년 진동이 발견되었다

알래스카 대학의 아카소후 교수는 북극해 부근의 기온 상승 원인에 대해서 과거나 지금이나 따뜻한 해류가 들어왔기 때문으로 분석한다. 특히 북반구의 고위도 지대의 기온을 보면, 1920~1940년과 1980년

• 역자 주: Travis. D. J., Carleton, A. M., and R. Lauritsen (2002). Jet contrails and climate: Anomalous increase in U. S. diurnal temperature range for september 11–14, 2001. *Nature*, 418, 601–602.

이후에 크게 올랐다(그림 1-8의 데이터를 참고). 또 1940~1970년에는 크게 내려갔다. 이는 주로 대서양에서 북극해 쪽으로 따뜻한 해류가 들어온 것을 반증한다. 이와 같은 변화는 수십 년을 주기로 일어나고 있다고 전해지며 대서양 수십 년 진동(AMO)이라 불린다. AMO란 대서양 북부의 수온과 적도 근방의 수온이 시소처럼 올랐다 내렸다 하는 현상을 가리킨다. 대서양 북부의 수온이 높을 때에는 AMO 지수가 양의 값이 된다.

그림 2-27(서두의 컬러 그림)•은 과거 100년 기간 AMO의 진동 양상을 나타낸 것이다. 1980년경과 1940년경, 2000년경에 AMO 지수가 양의 큰 수치를 나타내고 있다. 한편 1910년경과 1980년경에는 AMO 지수가 음의 큰 값을 나타낸다.

AMO의 원인은 확실하지 않지만 주로 바람의 힘이 해류를 일으키므로, 이 경우 역시 바람의 영향일 것으로 생각된다. 그리고 바람의 변화를 일으키는 것으로 앞에서 언급한 북극 진동에 의한 가능성이 제기되고 있다.

태평양에서는 10년 규모 진동을 반복하고 있다

태평양에도 AMO와 비슷한 진동이 나타나며 '태평양 10년 규모 진동(PDO)'이라 불린다. PDO가 발견된 것은 해수 온도 측정에서가 아니라 뜻밖에도 알래스카의 연어 어업에서였다. 알래스카의 연어 어업은 유명한데 연어가 잘 잡히는 해와 통 잡히지 않는 해가 있다. 그림

• 역자 주 : Rowan T. Sutton and Daniel L. R. Hodson (2005). Atlantic ocean forcing of north american and european summer climate. *Science*, 309(5731), 115–118.

태평양 해수면 온도의 동서 분포 역시 수십 년 사이클로 진동한다.

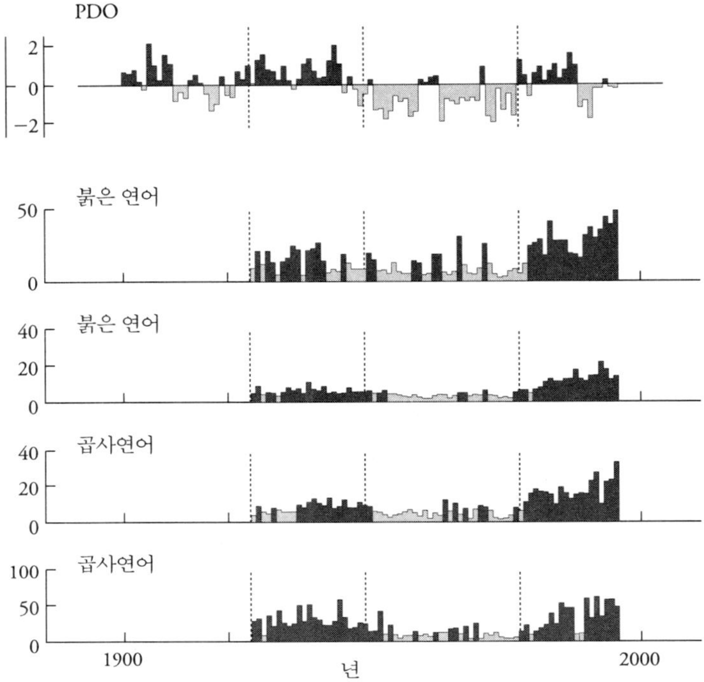

그림 2-28 알래스카에서의 연어 어업과 태평양 10년 규모 진동(PDO). PDO 지수가 높으면 연어가 잘 잡힌다. N. Mantua, 「미국 기상학회지」, 1997년.•

2-28에 자세한 양상이 나타나 있다. PDO 지수가 높을 때에는 알래스카 연안의 수온이 높고 비의 양도 많아져서 하천의 수량이 증가한다. 자연히 연어의 먹이가 되는 플랑크톤 양이 증가하고 그에 따라 연어도 증가한다.

• 역자 주 : Nathan J. Mantua, Steven R. Hare, Yuan Zhang, John M. Wallace, and Robert C. Francis (1997). A pacific interdecadal climate oscillation with impacts on salmon production. *Bulletin of the American Meteorological Society*, 78(6), 1069–1079.

어획량 증가의 큰 변화는 PDO(태평양 10년 규모 진동) 때문이다.

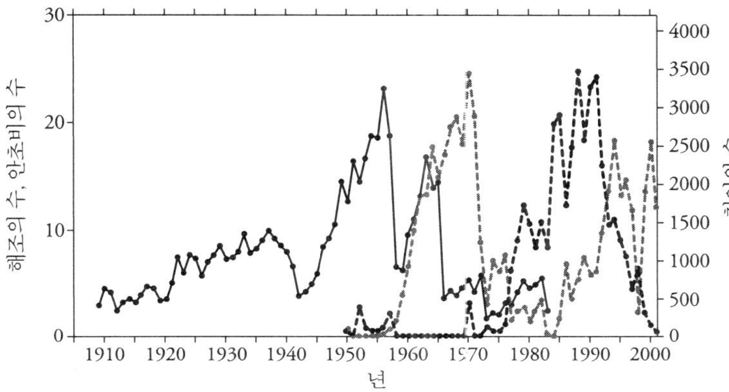

그림 2-29 안초비와 청어의 어획량 증가의 연도별 변화. 캘리포니아와 북해도의 청어 잡이 시기도 나타내었다. F. P. Chavez, 「사이언스」, 2003년 1월 10일 호.•

PDO가 영향을 주는 것은 연어뿐만이 아니다. PDO 지수가 클 때는 태평양 동부의 수온이 높아져서 청어 등도 잘 잡힌다. 때문에 이때의 수온 분포를 청어형이라 부른다. 반대로 태평양 서부가 따뜻할 때는 안초비가 잘 잡힌다(안초비형 수온 분포). 이처럼 수온 분포의 변화가 수십 년 주기로 나타나는 것이다.

그림 2-29에는 청어와 안초비가 잘 잡히는 추이를 나타내었다. 페루의 데이터인데 세계 각지에서 같은 양상이 나타난다. 일본 근해의 청어는 1987년 무렵에 최고조에 달했고 이후에는 격감했다. 북해도의 청어 잡이의 경우 1950년 무렵에는 쇠퇴했는데 이것은 그림 2-29의 페루에서의 어획량 증가와 대비를 이루고 있다. 또한 존 스타인벡John

• 역자 주 : Francisco. P. Chavez, John Ryan, Salvador E. Lluch-Cota, and Miguel Niquen C. (2003). From anchovies to sardines and back: Multidecadal change in the pacific ocean. *Science*, 2999(5604), 217-221.

Steinbeck의 소설 『통조림공장 골목』•에 나오는 캘리포니아 연안의 청어 잡이는 1940년 무렵까지 계속되었다. 그림 2-29를 보면 1990년경에 청어가 최고조에 달하는데, 그 이전의 호조기에 해당한다.

• 역자 주 : John Steinbeck. *Cannery Row*. 정영묵 역(2008), 『통조림공장 골목』, 문학동네.

3장

'기상 이변'은 진실인가? — 혼란과 이변

이토 기미노리[伊藤公紀]

'이변'이란 쉽게 쓸 수 없는 말이다

무엇이 이변(혹은 이상)인지 생각하기 전에 무엇이 정상인가부터 생각해보자. 사람 몸의 건강도 지구의 기후도 마찬가지다.

기후 변화는 보통 30년을 평균하여 논의하는 경우가 많다. 즉, 어느 곳의 기상을 이야기할 때, 지난 30년간의 평균을 보고 온난하고 안정된 기후인지 한랭하고 불안정한 기후인지를 판단한다. 그리고 차후의 30년간의 평균 상태가 어떻게 변화할지를 두고 기후 변화를 추정한다. 30년이라는 기간은 인간이 사회적으로 활동하는 기간을 상정하며, 기상 이변이란 30년에 한 번 정도 일어날 만한 기상을 말한다. 정규 분포로 미루어 봤을 때 중심에서 표준 편차가 2배 이상 차이가 나는 현상을 이변으로 본다. 원래는 빈도가 낮은 현상만을 가리키며 피해의 크기 등과는 관계가 없다. 거의 일어나지 않지만 어떤 의미에서는 일어나는 것도 당연하다고 할 수 있다. 따라서 본래의 의미를 강조하기 위해서 때로는 '저빈도 기상'이라 부르기도 한다.

그런데 좀처럼 일어나지 않는다는 의미의 '기상 이변'이 문제가 되는 것은 왜일까? 아마도 사회적인 요인이 크다고 하겠다. 좀처럼 일어나지 않으므로 준비가 불충분하기 마련이다. '재앙은 잊을 만할 때 찾아온다.'라는 격언이 이를 말해준다.

인간의 몸으로 말하면, 손가락을 베이는 일은 때로 있지만, 골절을 당하는 사고는 거의 일어나지 않는다. 여기서 골절을 겪는 것은 저빈도 현상 혹은 극단 현상이라고 부르는 것이 적절하지, 이변(혹은 이상) 현상이라 부르기에는 걸맞지 않다. 하지만 거의 일어나지 않는 의미로 이변을 사용한다면, 골절도 이변 현상이다.

어느 기상 상태에서는 좀처럼 일어나지 않기 때문에 이변이라 부르지만, 다른 기후 상태로 이동하면 자주 일어나기 때문에 이변이라 할 수 없는 현상도 있을 것이다. 예를 들면 그림 2-27의 PDO의 경우 청어형 때에 안초비가 잡히면 이변이지만, 안초비형 때라면 당연한 현상이다. 태양 변화 때 나온 아프리카 호수의 예에서는 가뭄 기간에 비가 오면 기상 이변이지만 습윤한 기간에 비가 오는 것은 정상이다. 이처럼 이변과 정상이란 상대적인 이야기에 지나지 않는다고 할 것이다. 따라서 빈도보다는 정도의 피해를 중시하여 '극단 기상'이라 부르자는 주장도 있다.

이처럼 이변인가 아닌가를 따지기 전에 용어에 주의하지 않으면 안 된다.

허리케인이 증가했다고는 할 수 없다

기상 이변이라 불리는 현상에 대해 생각해보자. 흔히 기상 이변을 지구 온난화와 관련지어 생각하고 있지는 않은가? 바꿔 말하면, 지구 평균 기온과 같은 지표와 연결 지어 생각하고 있지 않는가 하는 것이다. 우선은 허리케인부터 살펴보자. 허리케인에 대해서는 당연히 미국에서 활발한 연구가 이루어지고 있으며 통계치도 여러 가지 있다. 강력한 허리케인은 드물기 때문에 문자 그대로 기상 이변이라 할 수 있다. 강한 열대저기압으로서의 허리케인은 매년 20개 정도 발생한다. 그 중 일부가 거대하고 강한 허리케인으로 성장하며, 그 중 일부가 미국에 상륙한다.

허리케인의 세기는 카테고리 1에서 5까지로 분류된다. 풍속이 초당 약 33 m 이상이면 카테고리 1, 약 50 m 이상이면 카테고리 3, 70 m 이상이면 카테고리 5가 된다. 2005년 미국에 막대한 피해를 안겨주었던 허리케인 카트리나는 해상에서는 카테고리 5까지 발달하였지만 상륙 시점에는 카테고리 3이었다. 피해의 크기를 생각하면 의외가 아닐 수 없다. 피해는 허리케인의 세기만으로는 결정되지 않는 것이다.

그림 3-1은 1851년부터 2005년까지 미국에 상륙한 허리케인의 개수를 연도별도 정리한 것이다. 이 기간 동안 기상 이변에 걸맞은 카테고리 5의 허리케인이 상륙한 것은 불과 3개밖에 없다. 그림에서 화살표로 표시한 1935년(레이버 데이Labor day)과 1969년(카밀Camille), 1992년(앤드루Andrew)이다. 1935년에는 2개가 상륙했는데 그 중 하나가 레이버 데이였고, 또 다른 하나는 카테고리 2였다. 1969년에도 2개가 상륙했는데, 카밀 이외의 허리케인은 카테고리 1이었다. 1992년의 상륙은 앤드루뿐이었다.

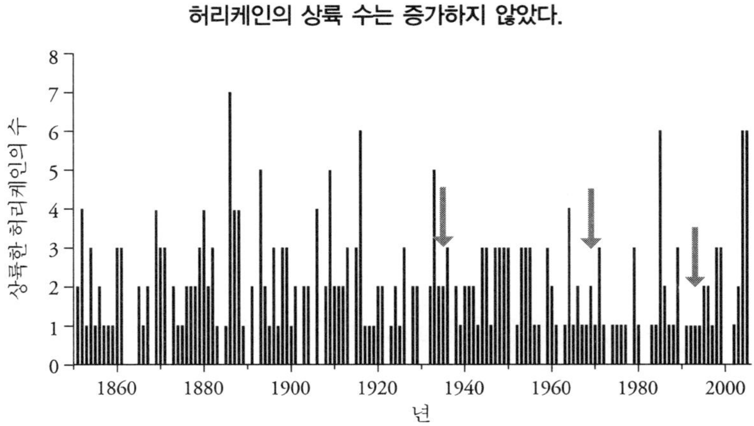

그림 3-1 상륙한 허리케인의 수. 회색의 화살표는 카테고리 5의 허리케인이 상륙한 연도. 미국 해양기상청NOAA의 데이터.

각 연도별 기온은 어떠했을까? 1969년은 1950년 이래 기온이 바닥을 친 기간이며(그림 1-7), 1935년과 1992년을 보더라도 지구 평균 기온의 측정치가 특별하게 높지도 낮지도 않다. 카테고리 4의 허리케인을 보더라도 역시 기온과 관련지어 생각하기 어렵다.

그러나 카트리나와 같은 허리케인을 지구 온난화 탓으로 돌리고 싶어하는 사람들은 고어를 비롯하여 상당히 많다. 다시 말해서 지구 온난화가 기상 이변을 자주 일으킨다는 것이다. 그들의 주장은 과연 옳을까? 한번 검토해보자.

그림 3-1과 같은 데이터는 상륙한 허리케인만을 다루고 있기 때문에 충분하지 않다는 주장이 있다. 당연한 지적이다. 그렇다면 이제까지 발생한 허리케인을 전부 검토해보면 뭔가 나올지도 모른다. 실제로 대서양의 열대저기압의 수를 빠짐없이 전부 세어본 연구가 있다. 하키 스틱 곡선으로 유명한 마이클 만과 미국의 케리 에마누엘은 공

해수면의 온도가 올라가면 열대저기압이 증가하는 것처럼 보인다.

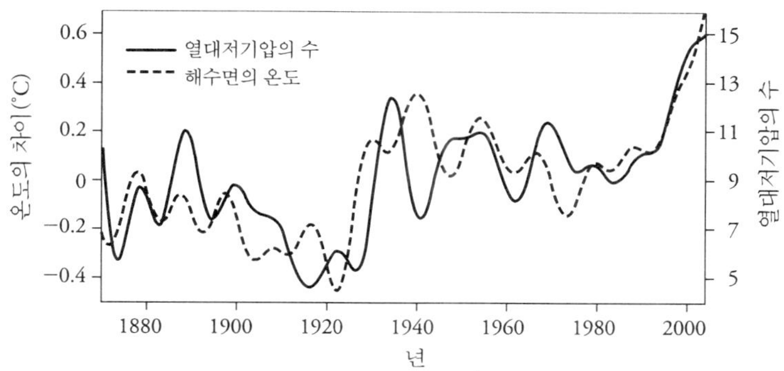

그림 3-2 M. 만과 K. 에마누엘이 발표한 해수면 온도와 열대저기압 발생 수의 관계. 「이오스」, 2006년 7월 13일 호.•

저 논문(미국 지구물리학회 주보 「이오스」, 2006년 7월 13일 호)에서 그림 3-2와 같은 결과를 보고하였다. 그런데 그림 3-2와 그림 3-1은 상당한 차이를 보인다.

열대저기압은 1920년 이전에는 개수가 적었다가 1930~1940년까지 일단 증가하였고, 1980년 무렵까지 조금씩 줄어들다가 1990년 이후에는 급증하고 있다. 그뿐 아니다. 열대저기압의 수와 열대저기압이 발생한 대서양의 해수면 온도가 같은 경향을 나타내면서 상승하고 있다.

이 데이터는 당시 적지 않은 반향을 일으켰다. 이전부터 해수면의 온도가 높은 편이 열대저기압 발생에 도움을 준다고 여겼기 때문에, 이 논문이 사실을 증명한다고 생각하였다. 이후에도 전 세계의 해수면 온도가 올라감에 따라서 열대저기압이 증가한다는 논문이 나왔고,

• 역자 주: M. Mann, Kerry A. Emanuel (2006). Atlantic hurricane trends linked to climate change. *EOS*, 87(24), 233-244.

만과 에마누엘의 데이터는 확실한 것이라고 믿게 되었다. 지구 온난화에 따라 허리케인이 증가한다, 강력한 허리케인도 증가한다는 주장이 많아진 것이다.

그런데 예전부터 허리케인을 예측해오던 미국 해양기상청NOAA의 크리스토퍼 랜드시Christopher W. Landsea 등의 전문가들이 이의를 제기하였다. '해수면 온도가 영향을 주는 것은 확실하지만 그리 간단한 것이 아니다.'라는 것이다. 실제로 최근에 만이 제시한 데이터와는 다른 해석이 나왔다.

허리케인이 발생하고 성장하는 원인은 상당히 복잡하다는 것을 누구나 알고 있다. 예를 들면 허리케인의 씨앗은 아프리카 대륙의 서쪽, 적도 부근의 앞바다 근처인데, 그곳의 바람 세기가 큰 영향을 끼친다. 바람이 강하면 허리케인 씨앗이 흩어져버려 성장할 수 없다.

스웨덴의 요한 나이버그 연구팀이 최근(2007년) 「네이처」•에서 '1990년 이후에 강한 허리케인이 증가하고 있는 것은 표면상 그렇다.'라는 주장을 펴서 주목을 받았다. 허리케인은 그림 3-3에 나타나듯이 1950년대까지는 많았던 반면, 1970년대부터 1980년대에는 그 수가 매우 줄었다. 즉, 1990년대에는 허리케인의 수가 원래대로 돌아갔다는 것이다.

그렇다면 왜 1990년대부터의 허리케인 증가가 이변으로 해석되고, 어떻게 지구 온난화 때문이라는 논문이 나왔을까? 나이버그 연구팀은 과거 허리케인 수가 과소평가되었기 때문이라고 결론 내렸다. 현재의 허리케인 수는 위성사진을 사용해서 잘 셀 수 있지만 과거의 허리케

• 역자 주: Johan Nyberg et al. (2007). Low 6 Atlantic hurricane activity in the 1970s and 1980s compared to the past 270 years. *Nature*, 447, 698-701.

허리케인의 수는 과거로 돌아갔을 뿐이다.

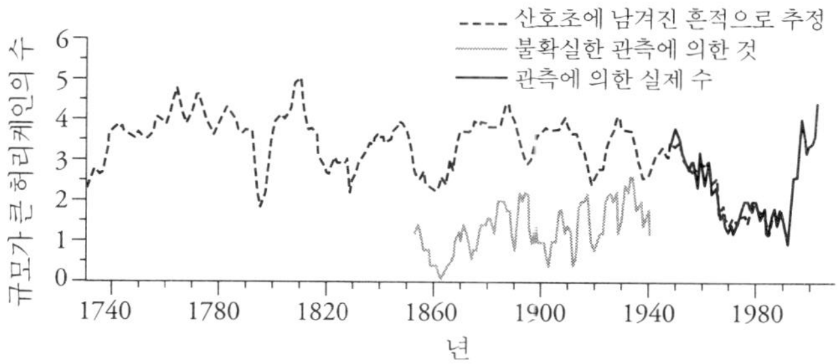

그림 3-3 규모가 큰 허리케인 수의 연도별 변화. 1730년부터 1950년까지의 데이터는 산호초에 남겨진 폭풍의 흔적을 통해 얻었고, 1950년부터 2000년까지는 관측 데이터다. 1850년부터 1950년 기간 동안 허리케인 수가 적은 데이터는 추정치다. N. Nyberg 연구팀, 「네이처」, 2007년 7월 7일 호.

인 수는 누락 가능성이 크다는 것이다. 우선 상륙하지 않은 허리케인은 수에 포함시키지 못했을 가능성이 크다. 실제로 해상 허리케인은 우연히 그 옆을 지나던 배에서만 관측이 가능하였다. 하지만 나이버그 연구팀은 해저의 산호초에 남겨진 폭풍의 흔적을 사용하여 허리케인의 영향을 평가했기 때문에, 과거 허리케인의 수를 효과적으로 추정할 수 있었다.

그렇다면 나이버그 연구팀이 내놓은 결과와 만과 에마누엘의 결과를 비교해보자. 그림 3-3에서 1860년부터 1900년까지의 기간을 보면, 나이버그 연구팀의 결과에서는 매년 2개에서 4개의, 규모가 큰 허리케인이 발생하고 있다. 반면에 만과 에마누엘이 채용한 오래된 관측 결과(그림 3-3 아래에 표시한 곡선)에서는 발생 수가 없거나 2개뿐이다. 오래된 관측 결과의 곡선에서는 과거로 갈수록 규모가 큰 허리케인의 수가 감소하고 있는데, 이는 과거에 발생한 허리케인을 제대로 파악하지 못했다는 것을 말해준다.

결국 지구 온난화로 인한 허리케인의 증가를 주장한 만과 에마누엘은 사실을 왜곡시켰다고 할 수 있다. 즉 과거의 허리케인 수를 적게 추정해서 현재와 비교했기 때문에 최근 들어 허리케인이 증가한 것처럼 보이는 것이다.

허리케인 수의 변화에 대해서는 충분히 이해했을 줄 믿는다. 그렇다면 낮은 빈도라는 의미에서 기상 이변과 지구 온난화의 관계는 어떨까? 기온이 높아진다고 해서 반드시 허리케인이 강해지는 것이 아니라면 무엇이 허리케인을 강하게 하는 것일까? 가능성으로서 해수의 온도가 높아질수록 허리케인이 성장하기 쉬워지는 경향을 들 수 있다. 이 경우 지구 온난화가 주요 요인으로 작용한다고도 할 수 있다.

이와 같은 의문에 대해서 미국 해양기상청의 R. 샤르Remko Scharro 연구팀은 위성에서 측정한 해수면의 높이를 정밀하게 분석하여 허리케인 카트리나에 관한 의외의 결론을 얻었다.• 그들은 위성을 사용한 고도 측정의 전문가들로, 카트리나가 지나간 해수면의 높이와 온도를 조사하였다. 그 결과 카트리나가 지나간 해역은 온도가 대부분 30℃ 이상이었다. 카트리나가 상륙한 해안 부근은 32℃로 특히 온도가 높았다. 그러나 카트리나의 세력이 강해진 해역의 온도는 30℃였기 때문에 특별히 온도가 높은 것은 아니었다. 카트리나는 실제로 멕시코만의 중간 지점에서 급속히 세력을 증가시켰는데, 여러모로 조사한 결과 그 주변은 해수면이 20 cm 혹은 40 cm나 높았다는 것을 알 수 있었다. 바다에서 생기는 대규모의 소용돌이가 이 해역에 따뜻한 해수를 가져오면서 따뜻한 해수의 두꺼운 층이 혀처럼 길게 늘어난 것

• 역자 주 : Remko Scharro, A. Cornish, Welter H. F. Smith, John L. Lillibridge (2005). Satellite altimetry and the intensification of hurricane Katrina. *EOS*, 86(40), 366-367.

이다. 결국 카트리나에 에너지를 공급한 것은 따뜻하고 두꺼운 해수층이었던 셈이다.

허리케인이 성장하기 위해서는 해수가 대량으로 증발하고, 증발열을 공급하지 않으면 안 된다. 때문에 따뜻한 해수의 양이 결정적으로 중요했던 것이다. 해수면의 온도가 높을 때 허리케인이 강해지는 것은 확실하지만, 실제로는 '따뜻한 해수층의 두께'가 결정적인 요인으로 작용한다. 아무리 표면 온도가 높더라도 이 층이 얇으면 허리케인을 성장시킬 수 없다.

카트리나는 때마침 따뜻한 해수층이 두꺼워진 혀 모양의 영역을 종횡하면서 성장하였다. 그리고 온난해수층을 지나고 나서부터 세력이 약해지고 상륙 시점에서는 카테고리 3으로 떨어졌다. 만일 온난해수층이 해안 부근까지 뻗어 있었다면 카트리나는 카테고리 4가 되었을 것이다. 물론 피해가 훨씬 더 컸으리라는 것은 두말할 필요도 없다.

한편 1992년 카테고리 5였던 허리케인 앤드루나, 카테고리 5였던 다른 슈퍼 허리케인이 상륙했던 해는 이와 같은 허리케인의 성장 조건이 잘 부합된 때였다. 이것은 기상 이변이 일어나는 조건에 대해 중요한 것을 시사한다. 결국 통상적으로는 있을 수 없는 최적의 조건이 갖추어지지 않는 한, 기상 이변은 일어나지 않는다는 것이다. 또한 일반적인 조건은 그다지 갖추지 못한 듯 보이더라도, 최적의 조건들이 잘 갖춰지면 기상 이변은 발생할 가능성이 있다.

강력한 태풍의 기준이 너무 애매하다

허리케인과 마찬가지로 강한 열대저기압인 태풍의 경우는 어떠할까? 태풍 수의 변화에 관한 보고는 상당히 혼란스럽다. 어떻게 된 결과인지 묻고 싶을 정도다. 미국의 P. 웹스터 연구팀은 2005년 「사이언스」•에 강한 태풍이 최근 증가하고 있다는 보고를 실었다. 앞에서 기술한 만과 에마누엘의 허리케인이 증가하고 있다는 보고와 딱 들어맞는 결론이었기 때문에 전 세계의 바다에서 열대저기압이 증가하고 있다는 인상을 주었다.

그런데 곧바로 홍콩의 천문대 M. 우 연구팀이 반론을 제기하였다.•• 우 연구팀에 따르면 홍콩 천문대가 정리한 데이터와 일본 기상센터가 정리한 데이터 그리고 웹스터 연구팀이 제출한 자료가 다르다는 것이다(그림 3-4). 태풍의 총수를 비교해보면 그다지 차이는 없다. 그러나 강한 태풍의 수는 상당히 다르다. 일본과 홍콩의 데이터에서는 강한 태풍의 수가 1990년대 이후에 줄어드는 데 반해서 웹스터 연구팀의 경우는 증가를 나타낸다.

왜 이런 차이가 생기는 것일까? M. 우의 설명에 의하면, 강한 태풍에 대한 기준이 다르기 때문이라 한다. 그렇다고 해도 예를 들어 2004년 일본의 관측소에서는 1개인 강한 태풍이 미국 측 해석으로는 10개 이상이라는 것은 기준이 너무 애매하지 않은가? 이러한 기준과 판단으로 강한 태풍이 증가했다고 결론을 내린 웹스터의 연구 결과는 사실상 신뢰하기 어렵다. 과학 연구는 다수결로 결정 나는 것은 아니지만 열대저기압이 전 세계 바다에서 비정상적으로 증가하고 있다는 견

• 역자 주: P. J. Webster, G. J. Holland, J. A. Curry, and H.-R. Chang (2005). Changes in tropical cyclone number, duration, and intensity in a warming environment. *Science*, 309, 1844-1846.

•• 역자 주: Man-Chi Wu, Kai-Hing Yeung and Wea-Lam Chang (2006). Trends in western north pacific cyclone intensity. *EOS*, 87(48), 537-548.

강한 태풍의 발생 개수도 증가하지 않았다.

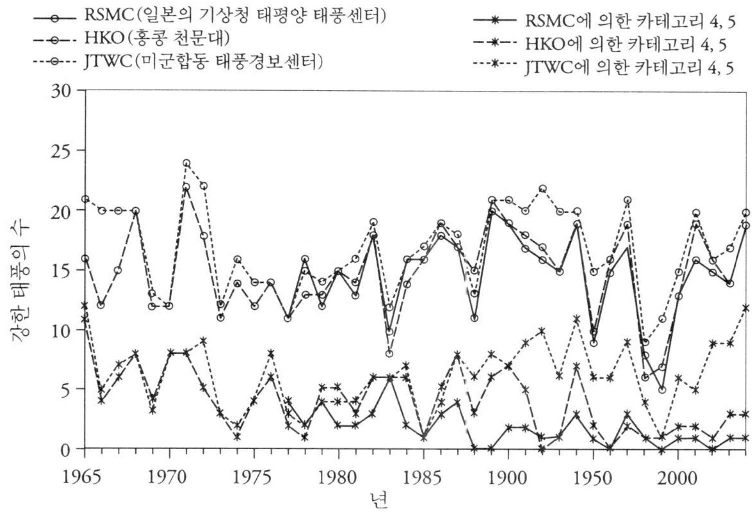

그림 3-4 태풍 수에 관한 여러 기관의 보고. 각각 RSMC(일본 기상청 태평양 태풍센터), HKO(홍콩 천문대), JTWC(미군합동 태풍경보센터)의 데이터다. 위의 3개 선은 태풍 전체의 수다. 아래의 3개 선은 카테고리 4와 5의 태풍 수다. M. Wu 연구팀, 「이오스」, 2006년 11월 28일 호.

해는 지나칠 정도로 단순하다. 그야말로 저널리즘을 즐겁게 할 뿐이라는 평가를 떠올리지 않을 수 없다.

미크로적인 날씨로는 매크로적인 기후가 보이지 않는다

좁은 지역에 큰 피해를 주는 열파나 한파는 지구 온난화의 영향을 어느 정도 받고 있을까? 역으로, 우연히 발생하는 열파나 한파는 평균 기온을 얼마만큼 반영하는가? 필케 연구팀의 최근 연구에 의하면, 과거 20년 동안 열파와 한파가 증가했는지 감소했는지가 명확하지 않다. 단, 전체적으로 봤을 때 따뜻한 해는 열파의 횟수가 많고, 추운 해는 한파의 횟수가 많다. 그러나 그렇다고 해도 평균 기온이 높은 해에 한파가 없다고는 말할 수 없다. 또 최근 10년간의 평균 기온이 높다고 해서 올해도 기온이 높을 것이라는 예측도 하기 어렵다. 가령 2007년부터 2008년에 걸친 일본의 겨울은 그림 3-5에 보이듯이 매우 추웠다. 11월과 12월은 십여 년만의 추위였다. 1월의 평균 기온은 평년(1960~1990년 평균) 기준으로 0.12 °C였는데, 2000년 1월의 0.14 °C나 1989년의 0.15 °C보다 낮았다. 그보다 낮은 해는 1982년의 0.08 °C였다. 2월의 평균 기온인 0.26 °C보다 낮은 때는 1994년 0.08 °C였다. 일본의 경우 이처럼 기온이 낮은 것은 시베리아에서 불어온 한기의 영향이 컸기 때문이다.

반대로 '올해는 각별히 덥다. 평균 기온이 틀림없이 올라갔을 것이다. 바로 지구 온난화 탓이다.'라고 단정할 수 없는 것과 같다.

지구 평균 기온이나 30년 평균 기온(= 기후 수치)과 같은 지표는 실

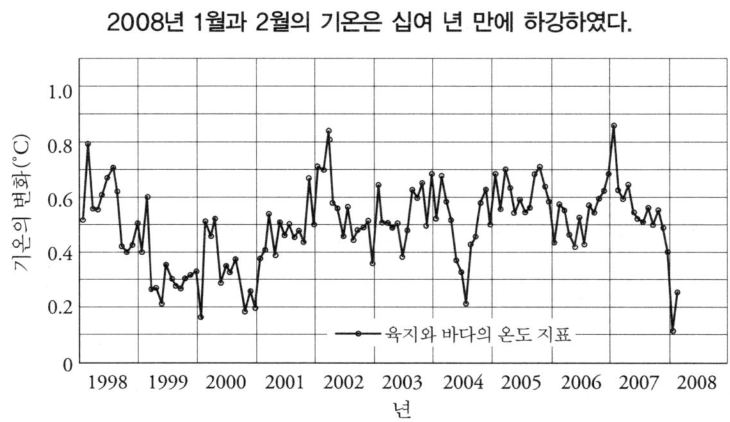

그림 3-5 1998년부터 2008년 2월까지의 지구 평균 기온. NASA GISS 데이터.

생활과 밀접한 지역 기후와 직결되지 않는 게 당연하다. 유사한 예로 사람의 건강 문제를 들어보자. 칼로리 섭취량을 월평균 단위로 재어도 좋은지 하는 것이다. 가령 두 사람이 있다고 하자. 한 사람은 어느 날은 폭음 폭식을 하고 어느 날은 절식을 하며, 또 한 사람은 매일매일 정량을 먹고 있다. 설령 이들의 평균 칼로리 양이 같더라도 효과는 전혀 다를 것이다.

또한 이것은 경제학에서 말하는 매크로 지표와 미크로 지표의 차이점과도 유사하다. 매크로 지표에서는 GDP나 소비자 물가지수 등 스케일이 큰 평균치나 합계치를 문제로 삼는다. 국가의 경제 상황은 그러한 지표로 논의되어도 괜찮다. 하지만 생활과 직결되는 사항, 예를 들면 가정과 기업의 회계는 미크로 경제로 취급된다. 따라서 양쪽 지표 모두를 고려하지 않으면 중요한 판단을 제대로 할 수 없다.

따라서 필케 등이 주장하듯이, IPCC가 지구 평균 기온에 집착하는 것은 환경 정책으로서는 불충분하다는 것이 된다. 그리고 지역과 지방의 기후 변화를 충분히 커버할 수 없는 기후 모델을 환경 정책에 그대로 이용하는 것 역시 불충분하다.

엘니뇨와 라니냐의 발생 경향은 아직 파악되지 않았다

태평양의 동쪽과 서쪽에서 바다가 따뜻해지거나 차가워지기를 수년 주기로 반복하는 것이 엘니뇨와 라니냐다. 수년 주기라면 기상 이변이라고 할 수 없지만, 가끔씩 초대형급이 나타나 막대한 영향을 끼친다는 의미에서 기상 이변 안에 넣어도 좋을 듯하다. 이들은 열대를 중심으로 한 현상이면서 지구 평균 기온에도 영향을 준다. 엘니뇨 때는 평균 기온이 오르고 라니냐 때는 내려간다.

엘니뇨와 라니냐의 원인에 대해서는 완전히 밝혀지지 않았지만 대규모의 해양과 대기 진동이 관계하고 있다고 알려져 있다. 기후 변화와 관련해서 지구 평균 기온이 올랐을 때 엘니뇨와 라니냐가 어떻게 될지는 큰 문제가 아닐 수 없다. '지구 온난화로 인해 엘니뇨가 증가했다는 시뮬레이션 결과가 나왔다.'는 주장이 매스컴에서 흘러나오듯이 이 문제는 기후 모델의 중요한 테마 중 하나다.

그런데 최근 들어 미국 해양기상청의 A. 베치Andersen Vecchi 연구팀이 다양한 기후 모델을 사용하여 기온이 2℃ 올랐을 때 엘니뇨와 라니냐가 어떻게 되는지, 어느 쪽이 증가하고 어느 쪽이 감소하는지를 조사하였다. 또 과거 약 130년간의 관측 결과를 사용하여 어떤 경향이 나타나는지도 조사하였다. 그런데 이렇게 해서 내린 결론은 '잘 모르겠다.'였다. 불만족스러울지 모르지만 정답으로 인정해야 한다.

기후 모델에 의하면 사용하는 가정에 따라 라니냐가 증가하는 경우와 엘니뇨가 증가하는 경우가 있다. 어느 쪽도 해수면 온도의 변화는 태평양 전체에서 꽤 균일하게 나타난다.

유감스럽게도 관측 결과 역시 확실하지 않다. 관측 결과를 낸 연구기관마다 결과가 다르다. 한 관측기관의 결과를 보면, 태평양 동쪽의 페루 앞바다 부근에서 금세기 들어 라니냐가 증가하고 있는 모양이다. 또 다른 연구기관의 데이터에 따르면, 페루 앞바다에서의 해수면 온도가 상승하였다. 어느 쪽 연구기관의 데이터를 보더라도 태평양 전체에서의 해수면 온도가 고르지 못하다는 것을 알 수 있다.

사실, 이 논문의 결과만 가지고는 기온이 올라갔을 때 엘니뇨나 라니냐가 어떻게 되는지를 정확하게 알 수 없다. 물론 하나의 가능성으로서 기후 모델이나 관측의 오차가 있을 수 있다. 아니면 엘니뇨와 라니냐에 있어서 기온 변화는 중요한 인자가 아님을 말해주고 있는지도 모른다.

이들은 기후과학에 있어서 커다란 과제르 남았지만 이와 같은 현상을 정확하게 파악해둘 필요가 있다.

이변인지 아닌지에 관한 실마리는 과거의 변화에서

현재의 기온 상승이 이변인지 아닌지를 알기 위해 과거 1000년 동안의 기온 조사가 이루어졌다는 것은 이미 기술하였다. 측정에 따르는 어려움이나 문제도 많았지만 여러 가지 새롭게 알게 된 사실도 적지 않다.

이미 알려진 예를 이용하여 시대를 거슬러 올라가면, 우선 1600년경은 유럽을 중심으로 소빙기라 불리던 추웠던 시대였다. 역사학자인 엠마뉘엘 르 루아 라뒤리Emmanuel Le Roy Ladurie는 알프스 산 중턱에 위치한 교회에 남아 있던 오래된 기록들을 조사했는데, 인구 동향 및 주거가 빙하 발달과 밀접한 관련이 있다는 결론에 도달하였다.• 여기에 보면 알프스에서는 빙하가 발달하여 마을이 잠겨버린 예도 있다. 다수의 정밀한 판화들도 빙하의 모습을 잘 전해준다. 또 영국의 템스 강이 얼었다는 기록도 남아 있다.

이 시대는 태양의 흑점이 적고(그림 1-28), 화산 활동이 활발하였다(그림 2-3). 앞에서 언급했듯이 아프리카 동부의 나이바샤 호수 주변

• 역자 주: Emmanuel Le Roy Ladurie (1993). *Histoire Du Climat Depuis L'an Mil T01*. Flammarion. 이나가키후미오稲垣文雄 역 (2000), 『기후으 역사気候の歴史』, 후지하라쇼텐藤原書店.

에는 습윤한 기후가 나타나고 마을이 발달하였다.

소빙하기는 왜 일어날까? 브라이언 페이건Brian Fagan은 『기후는 역사를 어떻게 만들었는가』•에서 북대서양 진동의 변화 때문이라고 주장한다. 북대서양 진동이란 북극 진동과 기본적으로는 같지만 특히 대서양 쪽에 주목한 것을 말한다. 즉, 북대서양의 진동 지수가 양의 값일 경우(북극 진동 지수가 양)는 북극의 한기가 나오지 못하고 갇혀 있어서 유럽이 따뜻하다. 반대로 북대서양의 진동 지수가 음의 값일 경우는 북극의 한기가 빠져나와 유럽이 춥다.

북극 진동이 태양의 자기 활동과 관련이 있을 가능성과 함께, 북대서양 진동 또한 태양 활동과의 관련 가능성이 지적되고 있다. 소빙하기와 같은 예를 보면 북극 진동이나 북대서양 진동이 과거 기온과 관계가 있을 것이라 추정된다. 그림 3-6에 필자의 검토를 나타내었다. 흑점 데이터(그림 1-28)를 이용하여 과거의 '태양 자기 활동(aa 지수)'을 추정하고, 과거 600년간의 기온 데이터와의 관계를 살펴본 것이다. 기온 데이터는 영국의 존스 연구팀이 정리한 것으로 수목의 나이테를 토대로 하고 있다. 당연히 남반구의 수목 데이터는 적다. 그림에서 볼 때 추정 aa 지수의 변동과 북반구 및 남반구의 기온은 변화의 경향이 상당히 일치한다. 역시 태양 활동이 북극 진동(북대서양 진동)과 같은 현상을 통해서 지구 기후에 커다란 영향을 끼치고 있다는 생각을 뒷받침해주는 결과다.

지금으로부터 1000년 전에는 유럽 등을 중심으로 적어도 1950년 무렵과 거의 동일하게 따뜻했다. 이를 중세온난기라 부른다. 당시는

• 역자 주 : Brian Fagan (2001). *The little ice age: How climate made history, 1300~1500*. Basic Books. 윤성옥 역 (2002), 『기후는 역사를 어떻게 만들었는가』, 중심.

태양 자기 활동의 변화는 과거 기온 변화와 상당히 일치한다.

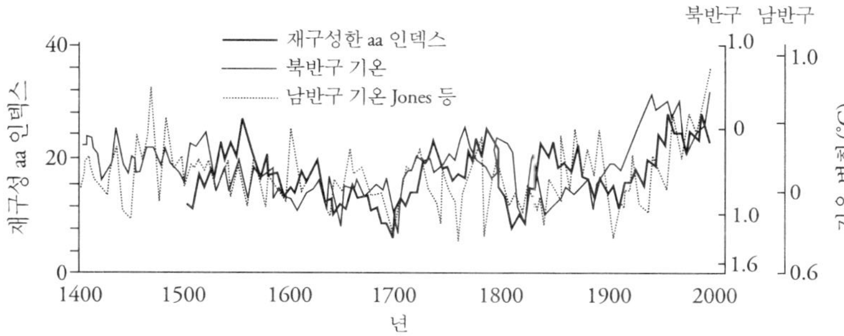

그림 3-6 태양 자기 활동과 기온의 관계. aa 지수는 필자가 재구성한 것. 추정 기온은 북반구와 남반구의 데이터를 사용. 이토 기미노리, 지구행성과학연합, 2001년 대회.

바이킹이 그린란드를 발견하고 더 나아가 현재의 캐나다 북동부에까지 진출했었다.

빙상에서 과거의 심했던 기후 변화를 엿볼 수 있다

시대를 더 거슬러 올라가면 어떠할까? 수목의 나이테로는 데이터를 수집하는 데 한계가 있기 때문에 다양한 방법이 고안되고 있다. 예를 들면 그린란드와 남극에는 몇만 년에 걸쳐 쌓인 눈이 단단한 얼음이 되어 수천 미터의 두꺼운 빙상을 이루고 있는데, 이를 파내어 분석하는 방법이다. 빙상 코어라 하며 과거 기온이나 대기의 모습 등을 알 수 있다. 빙상 코어에는 나이테와 같은 무늬층이 있기 때문에 연대 추정이 가능하다. 또한 얼음의 성분을 분석하면 과거 기후에 관한 정보까지 얻을 수 있다. 특히 물 분자를 이루고 있는 산소나 수소의 동위원소를 분석하면 당시의 기온을 추정할 수 있다. 간단하게 원리를 소개해보겠다.

빙하기 사이에 기온의 상승과 하강은 크고 빨랐다.

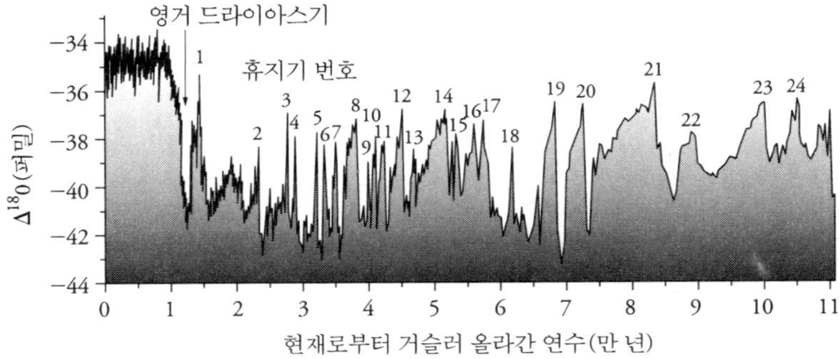

그림 3-7 그린란드 빙상 코어의 분석으로 밝혀진 극심한 기온 변화. 데이터는 NOAA의 데이터베이스를 참고.

중수소나 중산소를 포함한 물 분자는 통상적인 물 분자보다 증발하기 어렵다. 따라서 추운 시대에 있어서 공기 중의 수증기는 무거운 동위원소가 적기 때문에 이 시대에 생긴 얼음 속 동위원소도 적어진다. 그래서 빙상 코어를 분석했을 때 무거운 동위원소가 적으면 당시의 기온이 낮았을 것이라는 예측이 가능하다. 측정한 예를 그림 3-7에 나타내었다. 그린란드에서의 11만 년 전까지의 기온 변화를 나타낸 이 데이터에는 앞에서 언급한 '영거 드라이아스기' 및 기온 변화가 컸던 추운 시대(빙하기)가 확실히 나타나 있다. 극히 안정적인 현재의 기후와 비교했을 때, 과거의 기후 변화의 폭이 얼마나 컸는지를 잘 알 수 있다. 또한 13만 년 전에는 현재의 후빙하기보다도 따뜻했다는 최종빙하기가 있었다.

동위체의 측정은 기온을 직접 측정한 것이 아니기 때문에 오차는 어쩔 수 없다. 반면 과거의 기온을 직접 재는 방법도 있다. 이는 보아홀이라 부르는 방법으로 빙상 코어를 파낸 구멍을 사용한다. 구멍 벽의 습도를 정밀하게 측정하면 과거 기온을 알 수 있다는 것으로, 지상에서 기온이 변화하면 그 변화가 지면을 통해 지하로 전달된다. 따라서 깊은 곳의 온도에는 과거의 기온 변화가 남아 있다. 이 방법으로 측정한 기온 데이터를 그림 3-8(서두의 컬러 그림)에 나타내었다. 단, 과거로 갈수록 기온이 유실되어 세세한 변화를 살필 수 없게 된 것은 유감스럽다. 하지만 8000년경부터 5000년 전에 걸쳐 기후 최적기라 불리는 온난한 기간, 즉 1000년 무렵의 중세온난기와 1600년 무렵의 소빙하기는 확실히 알 수 있다.

데이터를 보면 빙하기 중 가장 추웠던 시기(약 3만 년 전)의 기온과 수천 년 전의 기후 최적기의 기온 차이는 약 30 °C나 된다. 또 기후 최적기의 기온은 현재보다 3 °C 정도 높았다. 그리고 중세온난기의 기온은 현재보다 1 °C 정도 높았다. 그런데 이 결과를 가지고 의견이 엇갈리고 있다. 중세온난기를 전 세계적으로 현재보다 따뜻했다는 증거로 보는 의견과 단순히 국지적인 것이었다고 보는 의견이다. 물론 그린란드의 데이터이기 때문에 다른 지역에서는 어떻게 나타날지 모른다는 문제점도 안고 있지만 많은 것을 시사해주는 데이터임에는 틀림없다.

국지적인 기후의 큰 변화는 과거 몇 번이나 경험한 것이다

빙하기 · 간빙기와 같은 극심한 변화(그림 3-7 및 그림 3-8)•가 태양과 지구의 위치 관계(밀란코비치의 주기) 때문에 일어났다는 것을 의심

• D. Dahl-Jensen, K. Mosegaard, N. Gundestrup, G. D. Clow, S. J. Johnsen, A. W. Hansen, N. Balling (1998). Past temperatures directly from the greenland ice sheet. *Science*, 282(5387), 268-271.

이산화탄소보다 기온이 먼저 변했다.

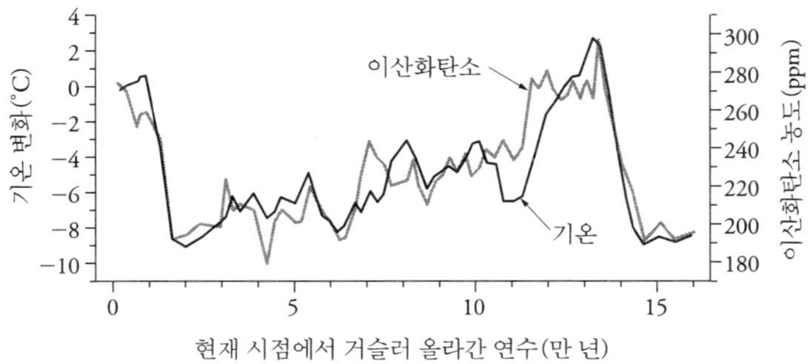

그림 3-9 남극 보스토크 기지의 빙상 코어를 분석하여 얻은 과거 16만 년의 기온과 이산화탄소 농도. CDIAC(아메리카 이산화탄소 정보분석센터)의 데이터를 참고.

하는 이는 현재 없다. 그러나 이 사실은 꽤 오랫동안 받아들여지지 않았다. 특히, 밀란코비치가 제창한 자전축(지축)의 기울기와 공전 궤도의 이심율의 변화로 생긴 태양으로부터 오는 에너지 변화는 작기 때문에, 기온 변화를 크게 일으킬 수 없다는 생각이 정설로 내려오고 있었다. 그러나 최근 컴퓨터 시뮬레이션으로도 재현이 가능해지면서 밀란코비치의 주장이 확인되었다. 대륙에 있는 얼음의 양이 알베도를 바꾸고, 태양으로부터 들어오는 에너지 작용을 증폭시킨다는 내용이다.

빙하기 · 간빙기의 교차에 이산화탄소가 관여하고 있다는 주장도 제기되고 있다. 그림 3-9는 남극의 보스토크 기지에서 채굴된 빙상 코어의 데이터로, 그린란드의 시료와 마찬가지로 기온을 추정하는 데 사용되었다. 보스토크의 코어에서는 얼음 속에 있던 이산화탄소도 분석되었는데 결과는 곧바로 유명해졌다. 각 시대별 이산화탄소의 농도와 기온이 잘 대응하면서 변화해왔기 때문에, 이산화탄소의 농도 변화로 인해서 기온이 올랐다 내렸다 하는 것이 아니냐는 것이다. 하지만 잘 살펴보면 기온 변화가 먼저 일어났음을 알 수 있다. 즉, 이산화탄소의 농도는 기온 변화를 쫓아가듯이 변화한 것이다.

물론 이산화탄소의 역할도 있었을 것으로 생각하는 이들도 많다. 예를 들면 '이산화탄소가 충분히 증가하지 않았다면 기온 역시 충분히 오르지 않았을 것이다.' 내지는 반대로 '이산화탄소가 줄지 않았다면 기온은 내려가지 않았을 것이다.' 등이다. 실제로 시뮬레이션에서는 이산화탄소의 기여가 없으면 기온의 큰 변화를 얻을 수 없는 상태가 이어졌다. 그러나 최근에 눈금을 더욱 세밀하게 나눈 시뮬레이션에서 이산화탄소의 기여 없이 빙하기·간빙기의 변화를 재현하는 데 성공했다는 보고가 있었다. 이산화탄소의 기여는 실은 필요하지 않았다는 것이 된다.

빙하기 사이에 보이는 극심한 변화가 무엇 때문이었는가 하는 것은 아직 확실하게 밝혀지지 않았다. 기후 변화에 대응하고 있는 것이 사실인지를 의심하는 이도 있다. 그러나 적어도 지역적으로는 기후 변화의 폭이 컸었을 것으로 여겨지고 있다. 우리들의 선조는 이와 같은 기후 변화를 잘 견디어 온 것이다. 현재의 기후가 얼마나 고마운지 다시 한 번 생각해볼 필요가 있다.

'이변인지 아닌지'보다도 '대응할 수 있는지 없는지'가 관건이다

이제까지 살펴본 기후 변화의 연구에서 무엇을 얻을 수 있는지를 정리해보자. 사람이 한평생 살면서 몇 번밖에 경험하지 않는 일을 이변이라고 한다면, 기상 이변의 정의로서 타당할 것이다. 그리고 기후가 변화하면 지금까지 비정상적이라고 여겼던 현상들도 정상적으로 보일 것이다. 때문에 기상 이변이 자주 일어난다면 기후가 변한 증거다.

허리케인이나 태풍의 수를 검토하는 일은 이러한 기후 변화를 알아내기 위한 한 가지 시도였다. 그러나 서두에서 기술한 바와 같이 그리 간단한 일이 아니다. 데이터를 취급하는 방법이나 해석에 따라서 결론이 크게 달라지기 때문에 선입관이 작용하기 쉬운 점도 주의해야 한다.

원래 기후는 우리가 생각하는 것만큼 그리 안정적이지 않다. 선조들이 경험한 빙하기 · 간빙기의 변화는 상상을 뛰어넘어 혹독했다. 아주 오래전 일이 아니더라도, 바다의 수십 년 규모의 변화나 북극 진동은 커다란 기후 변화를 늘 일으키고 있다. 때문에 지역에 있어서의 기후 변화는 특별한 일이 아니다.

그렇다면 '이변이다.', '아니 정상이다.'라고 하는 의견 대립은 과연 어느 정도 의미가 있을까? 그보다는 확실히 대응해 나갈 수 있을지의 여부가 중요할 것이다. 기상 이변은 정의에서 살펴보았듯이 반드시 일어나는 일이다. 기후 변화도 마찬가지로 반드시 일어난다. 하지만 예측하기는 아직 어렵다.

따라서 우선 기후 변화는 지구 시스템의 정상적인 모습이라고 수긍하자. 이변이라고 소동을 부리는 것이 가장 좋지 않다. 그리고 냉정하게 원인을 살펴볼 필요가 있다. 질병도 원인을 잘못 짚으면 치료나 대응에 실패한다. 그 외에도 중요한 것이 또 있다. 그것은 사회의 취약점을 줄이고 회복률을 높여서 기상 이변이나 기후 변화에 대처하는 일이다. 그것이 '기후 문제의 전문가'가 취해야 할 현명한 자세일 것이다.

다음 4장에서는 부디 이러한 열린 마음으로 각자의 눈을 키워주길 바란다.

4장

노벨상 수상 『불편한 진실』의 '자기 편향주의'

이토 기미노리[伊藤公紀]

『불편한 진실』에 대해 영국의 런던 법원이 오류를 지적

지구 온난화의 심각성과 환경 위기를 고발한 앨 고어의 저서와 영화 『불편한 진실』에 대한 평판이 높다. 고어가 노벨 평화상을 수상한 것은 독자들도 잘 알고 있을 것이다. IPCC 사무국과 공동으로 수상하였는데 지구 온난화 문제의 중요성을 세계에 널리 알린 공적이 인정되었다.

고어 자신이 등장하는 영화는 세계 각지에서 방영되었고 책은 베스트셀러가 되었다. 그러나 이 영화에 대한 재판이 영국의 잉글랜드에서 있었다는 사실은 매스컴에서 거의 보도되지 않고 있다. '기후 문제의 전문가' 입장에서 볼 때 반드시 주목해야 할 재판이므로 짚고 넘어갈 필요가 있다. 먼저 재판 배경에 대해서 살펴보기로 하자.

잉글랜드의 중학교에서는 이 영화를 교재로 수업하였다. 영국에 있는 티처넷•이라는 단체는 지속 가능한 사회 만들기를 추진하는 방안으로 학교 수업에서 사용할 적절한 교재를 제공하고 있었는데, 그 중 하나가 고어의 영화였다. 그리고 선생님들을 위한 지도서가 만들어졌는데 일부를 인용해보면 다음과 같다.

지도서 사용법

최근 기후 변화는 지구 규모의 중요한 문제로 대두되고 있다. 과학 잡지에나 실릴 법한 이야기를 정부 및 세계 지도자들, 더 나아가 유엔까지 적극적으로 나서서 논의하게 되었다. 이제는 지구촌에 사는 우리 모두의 중요한 당면과제가 아닐 수 없다. 그러나 이제까지 세간에 알려진 기후 변화를 둘러싼 관련 사실들과 증거들을 보면, 혼란을 가중시키거나 이해하기 어려운 문제점들이 많다. 기후 변화는 단순히 한 가지 문제가 아니라, 여러 테마들이 서로 맞물려 전체를 형성하고 있다. 각각의 테마들을 풀어내고 사실을 이해하고 설명하는 작업은 우리 모두에게 있어 혼란스러울 수 있다. 특히 젊은이들은 더더욱 그러할 것이다. 그래서 이 자료에서는 핵심이 되는 논의 몇 가지를 종합해서 과학 · 지리학 · 시민성에 관한 기존의 국가 커리큘럼 안에서 적용하도록 하고, 학생들이 알기 쉬운 방법으로 문제를 살펴볼 수 있도록 노력하였다.

이와 같은 취지로 과학 수업, 지리학 수업, 시민 생활 수업을 하면서, 관련 있는 영화의 장면들을 사용하여 학생들끼리 자유롭게 토론

• 역자 주 : 홈페이지 http://www.teachernet.gov.uk/

이 이루어지도록 하고 있다. 예를 들면 '이 장면에서는 무엇이 문제가 되는가?', '영화의 주장과 다른 주장이 있다면 어떠한 것을 생각할 수 있는가?' 등 다양한 논의들이 이루어질 수 있도록 하여, 학생들의 사고력을 키우려는 것이다. 독창성을 중시하는 영국 교육의 단면을 엿볼 수 있다.

그런데 한 학부모가 영화 『불편한 진실』에 이의를 제기하여, 중학교에서의 상영을 금지해달라고 법원에 호소하였다. 근거가 된 조례는 다음과 같다.

「교육 조례 1996년 · 조항 406 및 407에 기초한 교원의 법적 의무」에서 각각의 조항은 다음과 같다.

「교원을 관할하고 지도하는 지방교육위원회는 (중략) 학교에서는 어떠한 과제를 가르칠 때에도 당파적이고 정치적인 견해의 선전을 금한다.」

「교원을 총괄하고 지도하는 지방교육위원회가 이러한 단계를 밟는 이유는 다음과 같다. 학생이 (a) 공립학교에 재학 중이거나 혹은 (b) 학교 또는 학교를 대표하는 조직으로부터 제공되는 과외 활동에 참가할 경우, 정치적 문제가 학생의 주의를 끌 때를 대비하여 상반되는 견해에 대해서도 균형 있는 설명을 충분히 받을 수 있도록 보증하기 위해서다.」

쉽게 말하자면 고어의 영화는 정치적인 색채가 강하기 때문에 학교에서의 상영은 금지되어야 하지 않겠냐는 것이다. 재판은 일본의 민사재판에 해당하는 고등 재판소에서 열렸고, 버튼이라는 판사가 담당했다. 버튼 판사는 2007년에 나온 IPCC 4차 보고서(가장 최신 보고서)를 읽고 그 내용에 비추어 고어의 영화와 책 주장을 검토한 결과, 다음과 같은 내용의 판결을 내렸다.

'고등 법원은 AIT(『불편한 진실』)를 교육 조례 1996의 조항 406과 407에 위반하지 않는 한도에서 상영하는 것을 법적으로 허가한다. 동시에 다음과 같은 점을 염두에 두도록 요구한다.'

- AIT는 당파적인 정치적 견해를 권장하고 있다(즉, 정치적 견해에 대해서 일방적인 관점을 취하고 있다).
- 교사는 이 같은 견해를 교사 자신이 권장하는 일이 없도록 주의를 기울이지 않으면 안 된다.
- 이를 위해서 학생이 과학적 증거를 비판적으로 검증할 수 있도록 보조하는 데 주의를 기울이지 않으면 안 된다. 또한 고어의 견해가 부정확하거나 과학계의 주류 의견과 크게 다르거나 할 경우에는 지적하지 않으면 안 된다.
- 영화가 시청자에 대해서 정치적인 행동을 취하도록 촉구하는 경우에는(예를 들면 의원 선거에서 탄소배출량 감축을 지지하는 쪽으로 투표하도록 유도하는 등), 교사는 충분한 주의를 기울여 상반된 견해를 균형 있게 잘 제공하도록 하고, 영화에 나오는 견해나 다른 어떠한 특별한 견해도 장려해서는 안 된다.

결국, 버튼 판사는 고어가 주장하는 내용이 전체적으로는 올바르다고 평가하였다. 그리고 잉글랜드 중학교에서 영화가 상영되는 것을 허가하였다. 그러나 조건을 달았다. 영화를 상영할 때 사용할 교사의 지도서에 몇 가지 주의를 첨부하도록 한 것이다. 그러면 영화 장면들에 붙여진 9가지 주의점에 대해 구체적으로 살펴보자. 각각의 주의에는 해당하는 IPCC 보고서의 권 번호와 페이지가 부기되어 있었다. 재판의 증거라 할 수 있는데 여기서는 이 점을 생략하였다(다음 글 중 〈 〉 안의 내용은 영화의 각 장면 해설문).

1. '빙하 후퇴' 장면에 대해

〈아프리카의 킬리만자로와 북미의 글레이셔, 남미의 파타고니아, 아시아의 히말라야 그리고 유럽……. 세계적인 규모로 발생하고 있는 빙하의 소멸이야말로 온난화의 증거다.〉

주의 빙하 후퇴[•]와 기후 변화의 연결고리를 살필 기회 — 어느 지역의 빙하가 녹는 것이 다른 인자 때문은 아닌가? 빙하 후퇴의 세계적인 경향은 기후 변화의 영향을 시사하는 증거가 될 수 있는가? 영화에 등장하는 많은 예는 인위적 요인에 의한 기후 변화를 그리기 위해서 선택된 것들인데, 킬리만자로의 눈이 소멸하는 원인은 사실 복잡하며 국소적인 인자가 작용하고 있다. 인위적인 기후 변화 때문이라고는 아직 증명되지 않았다.

2. '이산화탄소 농도, 65만 년을 거슬러 올라간다.' 장면에 대해

〈이산화탄소의 농도 상승과 대기의 온도 상승이 밀접한 관련이 있다는 것은 과거 65만 년을 거슬러 올라간 데이터가 말해주고 있다. 이산화탄소 농도는 과거 어느 때보다 높으며 앞으로도 계속 상승할 것이다.〉

주의 이 부분에 있어서 학생들은 65만 년간의 이산화탄소 농도와 기온을 작성한 그림을 보고 최근의 기온 상승이 이산화탄소 때문이라

• 역자 주 : Glacier Retreat.

고 생각할지 모른다. 후자의 결론에 대해서는 많은 기후과학자들이 받아들이고 있으나, 해당 그래프를 통해서는 증명할 수 없다. 정밀 조사에 의하면, 과거 65만 년 대부분의 기간 동안 기온 상승은 이산화탄소 농도가 증가한 수백 년 전에 이미 나타났다. 회의론자 중 일부는 이런 사실을 토대로 최근의 기온 상승이 이산화탄소 때문이 아니라는 주장을 펴고 있다. 그러나 이산화탄소와 기온의 인과관계는 쌍방향이며 근래에 들어서는 이산화탄소를 원인으로 보는 이들이 많다. 이산화탄소의 증가와 기온 상승의 관계는 선형적이 아니라 대수적 관계다. IPCC는 이산화탄소가 2배가 되었을 때의 평균 기온 상승을 2~4.5℃, 최확치를 3℃로 하고 있다.

3. '허리케인에 대해'

〈세계 각지의 기온 및 수온이 상승하고 있는 것은 확실하며, 이로 인해서 허리케인 역시 강대해지고 있다. 카트리나는 따뜻해진 멕시코 만의 에너지를 흡수하여 지금까지 없었던 대참사를 일으켰다.〉

주의 허리케인 카트리나와 같은 개별적인 단발 현상이 기후 변화 때문에 일어난 것이라는 명확한 증거는 아직 불충분하다. 단 IPCC의 결론에 의하면, 한 장소에서 강한 열대저기압이 증가하는 것은 확실한 듯하고, 인위적인 영향이 있다고 추측된다.

4. '강수와 증발' 장면에 대해

〈온난화는 강수 지역을 이동시키고, 홍수 및 대가뭄을 일으키고 있다. 아프리카의 차드 호는 수십 년에 걸쳐 수량이 크게 줄어들고 있다. 이것은 온난화 때문에 지표의 물이 증발하면서 생긴 현상 중 하나다.〉

주의 차드 호가 메말라가는 원인에 대해서는 아직 공통적인 이해가 이루어지지 않았다.

5. '극단적인 기상'에 대해

〈기상 이변으로 인한 자연재해로 발생하는 경제적 손실은 근래 30년 동안 무려 15배나 증가하였다. 허리케인을 비롯해서 홍수나 가뭄, 산사태 등이 빈번해지고 경제를 위협한다.〉

주의 단발적인 기상 현상과 피해가 기후 변화 때문이라는 증거는 아직 불충분하다. 단, 기후 변화가 보험에 미치는 복잡한 효과에 대해서 IPCC는 명시하고 있다. (중략) IPCC의 WG(워킹 그룹) 2-19장 3·2·2의 결론에 의하면, 보험과 같은 산업 분야에 있어서 기후 변화가 손해배상이나 보험료를 증가시킬 것으로 예상된다.

6. '북극' 장면에 대해

〈북극의 얼음은 최근 40여 년 사이에 40%나 감소하였으며 익사하는 북극곰조차 있다. 얼음의 소멸은 태양광선의 반사를 줄이고, 열이 흡수되기 쉽게 하는 등 온난화를 가속화시킨다.〉

주의 고어는 북극곰이 익사체로 발견된 것에 대해 언급하고 있는데 어느 연구를 지칭하는지 확실하게 밝히고 있지 않다. 단 모네, 그리슨, 롯터멘의 2005년도 연구에 의하면, 폭풍으로 인해 4마리의 북극곰이 익사했다고 한다. 미래에 적빙이 증가하거나 폴리니아polynia가 장기간 지속되거나 하면 익사하는 북극곰이 증가할지도 모른다고 한다.

7. '해양 컨베이어벨트' 장면에 대해

〈해류나 기류는 이제까지는 안정되어 있지만 앞으로는 불투명하다. 기후 변화가 갑자기 일어날 가능성도 있다. 오래전 해류의 변화가 빙하기를 초래했다는 역사적인 사실도 있지만 현재 그 가능성은 희박하다.〉

주의 IPCC는 해양 컨베이어벨트(자오면 순환 혹은 열염 순환이라고도 한다.)가 금세기에 급변하지 않는다고 보고 있다. 단, 늦어질 가능성은 있다고 한다. 과학자의 대다수는 빙하기가 임박했다는 이야기를 억측에 불과하다고 보는 것 같다.

8. '이상 징후' 장면에 대해

〈지구 규모로 생태계의 여러 측면에서 영향이 나타나고 있다. 바닷속에서도 산호초가 하얗게 탈색되는 등 변화가 눈에 띈다.〉

주의 IPCC의 보고서에 의하면, 산호초는 기온이 1~3 °C 오를 때 적응이나 순응하지 않는 한 하얗게 탈색되면서 광범위하게 사멸될 것이라고 한다. 산호초에 기후 변화가 영향을 준다고 하는 근거는 늘어나고 있지만, IPCC는 기후 변동을 난획이나 오염 등의 영향과 구별하는 것은 어렵다고 결론지었다.

9. '해수면 상승'에 대해

〈붕빙을 비롯해서 남극의 얼음은 급속도로 붕괴되고 있다. 이 중에서 육빙의 융해로 인한 해수면 상승은 이미 그 영향이 나타나고 있으며, 앞으로 6 m 규모의 상승도 예측된다.〉

주의 고어가 말하는 '뉴질랜드로 피난을 떠나는 태평양 국가'가 어느 국가인지는 모르겠으나, 태평양에서의 인위적인 기후 변화가 국가

규모의 피난까지 초래하는 보고는 없다. 이 사례는 과학적인 의견을 제기하거나 기술할 때에는 증거가 될 참고 문헌이 필요하다는 것을 인식시켜준다. 단, IPCC는 해수면이 올라갈 경우 작은 섬의 폭풍우 피해 및 연안 재해가 증가할 가능성이 있음을 내비쳤다. 금세기 중기에는 기후 변화로 인해 갈수기의 물 공급이 부족할 만큼 수자원이 줄 것으로 예상하고 있다.

주의 학생들은 수십 년 안에 해변이 7 m나 올라간다(그린란드의 눈이 완전히 녹든지, 그린란드의 절반과 남극의 서부 붕빙이 붕괴할 때 가능)고 받아들일지도 모른다. IPCC의 예상대로라면 해수면 상승이 그렇게 되기까지는 수천 년이 걸린다. 단, 약간의 해수면 상승으로도 영향이 클 것이라는 점을 학생들이 느낀다면 유익할 것이다. IPCC는 '2080년(즉, 학생들이 생존해 있을 무렵)'까지 해수면 상승으로 인해 매년 몇백만 명의 홍수 피해자가 발생할 것이라고 전망하였다.

이러한 주의 사항은 교사 지도서의 해당 부분에 첨부되었으며, 영화를 상영할 때 학생에게 전달되도록 하였다.

재판 판결 이후에 고어를 옹호하는 의견을 제출한 기후 연구자도 있지만, 버튼 판사는 IPCC의 4차 보고서를 상당히 열심히 검토한 듯하다. 판사가 말하듯이 고어가 주장하는, 특히 미국의 에너지 과소비에 관한 충고는 귀담아 들어야 할 것이다. 그러나 기후 정보는 오래된 것도 많고 과장된 것도 있다. 아직 고찰되지 않은 주요 원인도 있다. 때문에 필자가 보는 한 고어의 주장은 9가지보다 훨씬 많은 오해와 문제점을 안고 있다. 다음에는 버튼 판사가 내놓은 9개 항목의 주의를 포함해서 각각의 문제점들을 소개하고자 한다. 참고로 고어의 책 『불편한 진실』•의 해당 페이지를 명시하였다.

고어는 '지구의 의사'라고 할 수 없다

고어의 강도 높은 경고는 건강을 신경 쓰지 않고 살아가는 사람에게 '당신, 이대로 가면 곧 죽을 것이다.'라고 충고하는 것과 같다. 고어는 과연 지구를 위한 의사일까? 『불편한 진실』의 내용을 보면 도저히 그렇게 말할 수 없다. 하지만 좀 과장되게 말하면 진심으로 걱정해주는 친한 친구임에는 틀림없어 보인다. 그의 걱정은 어디에서 오는 것일까? 그리고 무엇이 과장일까?

고어가 걱정하고 있는 것은 다름 아닌 계속적으로 증가하고 있는 대기 중의 이산화탄소다. 고어는 문과 계열의 대학생이었을 때 교양과목 수업을 통해 지구 온난화 현상을 처음 접했다. 지금은 고인이 된 '세계 최초로 이산화탄소 농도를 연속으로 측정한 과학자'로 명성을 얻은 로저 레벨Roger Revelle 교수로부터였다. 단, 여기서 주의할 것은 '이산화탄소 농도 측정 연구'의 우선권은 실상은 찰스 데이비드 킬링에게 있다는 사실이다. 연구자 킬링의 명예를 위해서, 또 과학사의 명예를 위해서 이 사실은 분명히 하고 싶다.

다시 말하면, 세계 최초로 이산화탄소 농도를 연속으로 측정한 사람은 '킬링 곡선'에 이름을 남긴 킬링이다. 이 같은 사실은 앞에서도 기술한 스펜서 웨어트Spencer R. Weart가 쓴 『지구 온난화의 발견이란 무엇인가*The Discovery of Global Warming*』에 자세히 설명되어 있다. 킬링은 정

• 역자 주 : 앨 고어 (2006), 『불편한 진실』, 좋은생각.

규직이 아닌 박사연구원일 때 이산화탄소의 정확한 측정 방법에 성공하였다. 레벨 교수는 킬링의 측정에 흥미를 가지고 연구소에 채용한 것이다. 물론 레벨의 지원이 없었다면 킬링의 연구는 지속되기 어려웠을 것이다. 그러나 고어가 말하는 것처럼 이렇게 중요한 측정을 레벨 교수가 먼저 시작했다거나 킬링이라는 젊은 연구자에게 일을 시켰다고 하는 주장은 사실이 아니다. 물론 레벨 교수도 저명한 과학자이지만, 고어의 지나친 편애로 오히려 피해를 입고 있다고 할 수 있다.

그런데 대기 중의 이산화탄소는 왜 증가할까? 이유는 화석연료를 태울 때 배출되는 이산화탄소를 해수나 식물이 채 흡수하지 못하기 때문이다. 고어의 '대기는 무척 얇아서 인간이 충분히 그 조성을 바꾸어 놓을 수 있을 정도다.'(24쪽)라는 말은 맞다.

사람에 비유하면 칼로리를 과다 섭취하여 소화를 못하고 체중이 증가했다거나 혈당치가 증가한 것에 해당할 것이다. 말하자면 생활습관병과 비슷하다. 체중이나 혈당치에는 적정한 범위가 있기 때문에 부족하거나 너무 많아도 이상이 생긴다.

예를 들어 이산화탄소가 부족하면 식물은 성장할 수 없다. 그렇다면 이산화탄소가 증가하면 식물이 좋아할 것 같은데, 그리 간단하지 않다는 의견도 있다. 미국 스탠퍼드 대학의 해럴드 무어Harold Moore가 2006년에 보고한 결과에 의하면, 식물마다 이산화탄소 증가에 반응하는 방식이 다르다. 들판에 꽃이 피는 봄의 시기는 빨라지지만, 초원 생태계에서 실제로 꽃이 피는 것은 늦어진다는 것이다. 또한 미국 오하이오 대학의 피터 커티스Peter S. Curtis에 따르면, 이산화탄소가 증가할 때 곡물의 성장은 빠르지만 종자의 질소분이 줄어들기 쉽다고 한다.

온실효과가스 중에서도 중요한 열쇠를 쥐고 있는 이산화탄소량이 줄어들면 기온이 내려간다. 하지만 기온이 어느 정도까지 내려가는지는 최강의 온실효과가스 = 수증기의 행보에 달려 있다. 이 점에 대해서는 이미 기후학 중진의 견해를 앞에서 소개하였다. 반면에 이산화탄소의 농도가 0이 되었을 때는 어떻게 되는가 하는 것은 아직까지 계산되지 않고 있는 모양이다. 생리학이 발달하지 않은 예 중 하나라고 생각한다.

이산화탄소가 증가했을 때 기온이 어떻게 되는가는 초미의 관심사이므로 연구도 활발히 진행되고 있다. 그러나 아직까지 만족스러운 결과를 얻지 못하고 있는 게 현실이다. 고어는 '현대의 슈퍼컴퓨터와 정교한 기후 모델의 도움으로 (중략) 미래를 예측할 수도 있다.'(41쪽)라고 장담하고 있다. 하지만 미국의 기후학자 필케가 솔직하게 털어놓았듯이, 현재의 글로벌 기후 모델은 기초 연구 단계에 지나지 않는다.

예를 들어 초강력 허리케인이 발생했을 때 원인이 무엇인지 하는 진단을 기후 모델이 내리기는 아직 어렵다. 미래의 예측을 위해서 기후 모델을 사용할 때에는 특히 주의가 필요하다.

정체가 드러난 '온난화의 증거'

고어가 예로 든 지구 온난화의 증거 사례들을 보면 주의나 보충이 필요한 것이 많다. 그 구체적인 검토를 해보자. 지금까지 이 책을 읽어온 독자라면 높은 안목으로 문제점들을 간파해낼 수 있을 것이다.

'신은 사소한 곳에 머문다.'•라는 말이 있다. 의료에서도 올바른 처

• 역자 주 : God is in the details.

치를 하기 위해서는 대상을 잘 파악하지 않으면 안 된다. 증상이 비슷하게 보여도 원인이 다를 수 있고 정반대일 수도 있다. 판단을 잘못하면 돌팔이라고 손가락질을 받는다. 적당히 들어맞는다는 식은 안 된다(다음 글에서 〈 〉 안은 책의 기술 내용).

킬리만자로의 눈이 녹는 이유

〈42쪽 : 1970년에는 산 정산 부근을 하얗게 덮고 있던 킬리만자로의 빙하와 눈이 지금은 소멸 직전에 있다. 이대로라면 10년도 채 지나지 않아 없어져버릴 것이라는 예측도 나오고 있다.〉

아프리카 대륙 적도 부근에 우뚝 솟은 킬리만자로. 산 정상이 눈과 얼음으로 뒤덮인 그곳이 지금은 지구 온난화의 상징 중 하나가 되었다. 얼음 속에는 과거의 기후 기록이 남아 있어서 귀중한 과학 자료이기도 하다. 그런데 산 정상에 두껍게 형성된 얼음층이 매년 줄어들고 있으며, 신문이나 텔레비전에 자주 등장하고 있다. 얼마 전까지 빙하를 연구하는 이들은 킬리만자로 산의 빙하에 대해서 지구 온난화로 기온이 올라갔기 때문에 녹아 없어진다고 생각해왔다. 고어 역시 그렇게 적고 있다.

하지만 기후 문제 전문가들은 다르다. '그렇게 단순하게 생각해도 좋은가?' 하는 것이 그들의 입장이다. 실제로 오스트리아 인스브루크 대학의 게오르그 케이저Georg Kaser 등이 2004년에 실시한 현지 조사에 의하면, 기온이 상승해서 녹은 것이 아니라 태양열로 승화(고체가 증발한 것)한 것이라 한다. 얼음이 녹은 것과 승화한 것은 벽면의 모습이 전혀 다르다. 기온이 높아져서 녹은 경우에는 얼음으로 만든 조각품이 녹는 것처럼 표면이 부드러워진다. 또 전체가 무너져간다. 그러나 승화의 경우에는 벽이 깎여나가기 때문에 벽이 우뚝 솟은 채 있다. 멀리서는 잘 보이지 않지만 현장에서 전문가가 보면 알 수 있다.

고어가 예로 든 사진에는 얼음 기둥이 서 있다. 기온이 오르면서 얼음이 녹았다면 이와 같은 기둥 형태가 남은 것이 좀 이상하지 않은가. 우뚝 솟은 벽이 승화로 인해 겉부터 줄어들었기 때문에 결국에는 기둥만 남았다는 것이 더 설득력 있다.

승화의 원인은 습도가 내려갔기 때문이다. 왜 습도가 내려갔는지는 아직 확실히 알려지지 않았지만, 주변의 수목들이 사라진 것이 지적되고 있다. 케이저는 킬리만자로 산의 빙하가 소멸되기 시작한 1880년 이전에는 주변 호수에 물이 가득했고 강수량이 풍부했었다고 전한다. 이후에 건조한 기후가 현재까지 계속되고 있다.

이와 같은 연구를 토대로 케이저 등은 킬리만자로의 빙하가 과거 기온이 내려갔던 시대의 유물이라는 결론에 도달하였다. 냉정한 말 같지만 빙하가 없어지는 것은 당연하다는 것이다. 이와 같은 결론은 버튼 판사가 언급한 대로 IPCC의 4차 보고서에도 수록되어 있다.

빙하

〈56~58쪽 : 세계 각지에서 빙하가 녹아내리고 있다. '향후 50년 내에 전 세계 인구의 40%는 매우 심각한 물 부족 현상을 겪을 것이다. 세계가 지구 온난화를 완화하기 위해 하루바삐 나서서 단호한 행동들을 취하지 않는다면 말이다.'〉

고어는 1900년 무렵의 사진을 싣고 있다. 거기에 현재의 빙하가 녹고 있는 사진을 비교하여 지구 온난화 탓이라 한다. 여기서 잠깐!

1900년 무렵은 빙하가 발달하던 시대였다. 그런 시대와 따뜻한 시대를 비교해도 소용이 없다. 앞에서 언급한 것처럼 1600년 무렵의 유럽에서도 빙하가 발달했었다. 알프스 마을이 잠겼다는 피해 기록도 있다.

빙하는 지역적인 기후에 민감한 계측기라고도 할 수 있다. 빙하의 발달과 소멸은 상당히 복잡한 원인으로 결정된다. 기온만으로 결정되는 것이 아니다. 예를 들면 IPCC의 4차 보고서에서는 유럽의 알프스 빙하가 녹은 원인으로 높은 기온과 이례적으로 낮은 습도 그리고 사하라 사막에서 날아온 분진으로 인한 알베도의 저하를 들고 있다.

히말라야 빙하의 소멸도 잘 알려져 있다. 그러나 그 원인 역시 이산화탄소 탓으로 보기는 어려울 듯하다. 히말라야의 빙하는 남미나 알래스카의 빙하와 비교했을 때 색이 진하다. 오염된 눈의 알베도는 상당히 낮기 때문에 태양광을 흡수해서 녹기 쉽다. 히말라야의 남쪽에 대량의 착색 에어로졸을 배출하는 장소가 있는 사실을 감안해볼 때 히말라야 빙하에 부착된 매연의 영향일 수도 있다.

히말라야의 빙하가 검은 이유에 대한 새로운 연구 보고가 있다. 도쿄 공업대학의 고우시마 시로幸島司朗와 치바千葉 대학의 다케우치 노조무竹内望는 '모래가 날아와서 빙하를 더럽히고 있다고 알려져 왔으나 생물의 작용이 큰 듯하다.'라고 주장한다. 조사에 따르면, 히말라야 빙하에는 미생물인 남조류가 대량으로 번식하고 있다. 때문에 유기물이 분해되고 검은 진흙과 같은 물질이 빙하를 덮고 있다. 이 같은 표면은 당연히 알베도가 낮아서 실제로 측정해보면 20~25%라고 한다. 앞에서 본 '눈의 알베도는 오염된 정도에 따라서 40~90% 정도를 나타낸다.'에서 알 수 있듯이 알베도가 이렇게 낮은 것은 이례적이다. 흙과 다름없다고도 하겠다. 때문에 히말라야 빙하가 녹는 속도는 백색 표면보다 3배나 빠르다고 한다.

현 시점에서는 히말라야 빙하에서 남조류가 왜 대량으로 발생하는지 알 도리가 없다. 남조류는 호수 등이 더러워질 때 대량으로 발생하는 미생물이다. 히말라야 역시 환경오염이 주원인일 가능성은 충분히 있다. 원인은 인위적인 것이지만 이산화탄소 탓이 아니라는 것만은 확실하다.

기온 변화의 이유

〈64~68쪽 : '과거 1000년 동안 온도와 이산화탄소 농도의 상관관계는 너무 밀접하여 충격적일 정도다.' 현재의 농도는 과거 65만 년을 두고 봤을 때 최고조다. 기온 상승 역시 중세온난기와는 비교도 되지 않을 만큼 심각하다.〉

고어는 '회의론자가 「중세온난기」 숫자를 언급한다. 그러나 그것은 최근 50년간의 기온 상승과 비교했을 때 정말 미미하다.'라고 주장하는데, 회의론자의 의견도 귀담아들을 필요가 있다. 물론 나무를 보고 숲을 보지 못하는 것은 곤란하지만 정보를 제대로 파악하자는 것이 기후 전문가의 입장이다.

고어가 지지한 만의 기온 데이터는 IPCC 3차 보고서의 핵심이며 신문에도 곧잘 인용되는 상징적인 데이터다. 이 하키 스틱에는 문제가 있다고 이미 서술한 바 있다. 2007년 IPCC의 4차 보고서에 수록된 새로운 데이터에는 소빙기 및 중세온난기가 명확하게 나타나 있다. 고어가 모버그 등의 데이터(그림 1-23, 그림 1-24)를 비롯한 최근의 자료들을 보고 나서도 기존의 주장을 되풀이할지 묻고 싶다.

2003년 여름, 유럽의 열파 발생 이유

〈75쪽 : '2003년 여름, 유럽에는 끔찍한 무더위가 닥쳐 무려 3만 5000명이 목숨을 잃었다.' 온난화를 우려하는 과학자들의 경고를 구체적으로 확인시키는 듯한 일련의 사건은 다른 지역에서도 발생하고 있다.〉

기상 이변과 지구 온난화의 관계는 상당히 어려운 문제인데 고어와 같이 단순한 해석을 해도 좋을까? 여기서 잠깐!

좁은 지역에 막대한 피해를 끼치는 열파나 한파는 지구 온난화의 영향을 어느 정도 받고 있을까? 앞에서 밝혔듯이 최근 연구에 따르면 20년 동안 열파나 한파가 과연 증가했는지 감소했는지는 확실하지 않다고 한다. 총체적으로 따뜻한 해에는 열파의 횟수가 많았고, 추운 해에는 한파의 횟수가 많았다. 그러나 평균 기온이 높은 해라고 해서 한파가 없다고는 말할 수 없다.

2003년 여름은 프랑스를 중심으로 상당히 더웠다. 그러나 프랑스에서 특히 큰 피해가 발생한 이유는 따로 있었다. 휴가철에 고령자만 집에 남겨지고, 냉방도 되지 않는 집 창문을 마음대로 열 수 없었던 것이 주된 원인이었다. 다시 말해서 인적 · 사회적인 요인이 컸다고 할 수 있다. 뿐만 아니라 당시의 기온을 좀더 넓은 범위에서 살펴보면 프랑스 부근의 기온이 크게 상승한 6월경, 동유럽에서 러시아 서부에 걸쳐서는 반대로 기온이 크게 내려갔다(서두의 컬러 그림 4-1). 또 8월은 일본을 포함해서 주변의 기온이 낮았다. 따라서 이것은 지구 규모의 현상이 아니라 지역적인 현상이었음에 틀림없다. 시야를 넓게 보지 않으면 원인을 잘못 찾기 쉽다.

허리케인과 태풍 증가의 이유

〈81쪽 : '바다 최상층부의 수온이 높아짐에 따라 (중략) 허리케인의 힘을 키운다.' 허리케인의 발생 빈도와 지구 온난화가 어떤 관련을 맺고 있는가에 대해서는 과학자들 사이에 의견이 합의되고 있다.〉

허리케인을 지구 온난화 탓으로 돌리고 싶어하는 고어의 마음은 이해가 간다. 실제로 일부 기상학 전문가들도 같은 주장을 하고 있기 때문이다. 여기서 잠깐!

해수면 온도가 높을 경우 허리케인이 강해지는 것은 정말일까? 실제로는 '따뜻한 해수층의 두께'가 결정적인 원인이라고 앞에서 서술하였다. 카트리나는 따뜻한 해수층이 두꺼워진 혀 모양의 영역을 종단하면서 성장한 것이다. 이러한 사실은 최근에 밝혀진 것으로 고어가 잘 몰랐더라도 탓할 수는 없다.

그러나 허리케인의 피해에 관한 기술은 문제가 있다. 고어는 최근 수십 년 동안 허리케인의 피해가 급증했다고 주장하는데, 원인은 강한 허리케인이 증가했기 때문이 아니다. 피해 정도는 사회적인 요인으로 크게 달라지기 때문이다. 해안가에 고가의 별장이나 주택 그리고 호텔 등이 건설된 것이 주요 원인이라 할 수 있다. 재산 가치가 높은 부동산에 허리케인이 덮쳤을 때 피해가 큰 것은 당연하다. 비슷한 지적은 이전부터 있었는데 보다 자세한 최근의 연구를 살펴보자. 앞에서 소개한 미국의 허리케인 연구자 크리스토퍼 랜드시와 경제학자 로저 필케(기후학자 로저 필케의 아들) 등이 2008년에 제출한 논문에 의하면 허리케인으로 미국이 입은 피해는 그림 4-2와 같다. 물론 인플레에 의한 가격 변동을 고려했다. 그림을 보면 특히 최근 10년 동안 허리케인으로 인한 피해가 급증하고 있는 듯 보인다. 그러나 인구 증

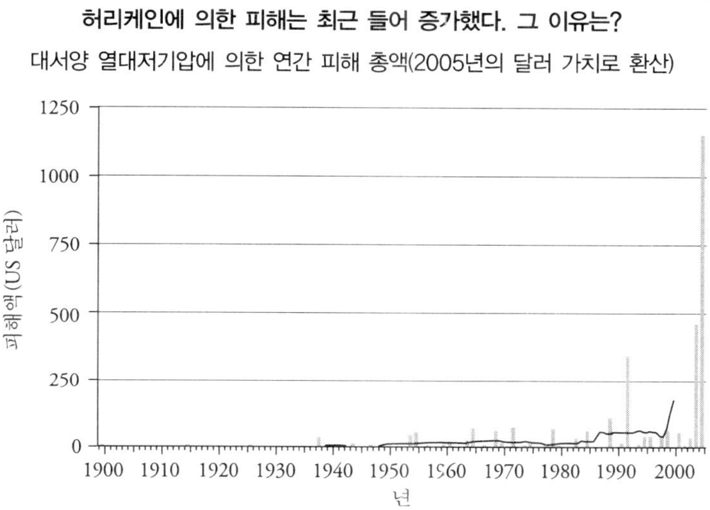

그림 4-2 대서양 열대저기압에 의한 연간 피해액(2005년의 달러로 환산). R. Pielke 등, *Natural Hazards Review*, 2008년 2월 호.

가나 사회 자산의 증가를 고려하여 보완했을 때 그림 4-3과 같은 결과를 얻을 수 있다. 근래 10여 년간의 피해가 특히 컸다고는 할 수 없고, 기온이 낮았던 1900년 초반의 피해가 오히려 상당히 컸다.

이처럼 단순히 허리케인의 피해가 최근 증가했다고 해서 이를 지구온난화 탓으로 돌리려는 고어의 주장은 신뢰하기 어렵다.

차드 호가 메마른 이유

〈116쪽 : '한때 세계에서 여섯 번째로 큰 호수였던 아프리카의 차드 호는 고작 40년 만에 증발해버렸다.' 전 세계적으로 발생하고 있는 이상 강우와 가뭄. 사람들은 생활고에 시달리고 있다. 뿐만 아니라 사막화도 빠르게 진행되고 있다.〉

아프리카 차드 호가 바짝 메마른 사진은 역시 호소력이 크다. 고어

그림 4-2를 보완하면 허리케인의 피해가 과거에도 컸다는 것을 알 수 있다.

인구나 사회 자본의 증가를 고려해서 보완한 피해 총액

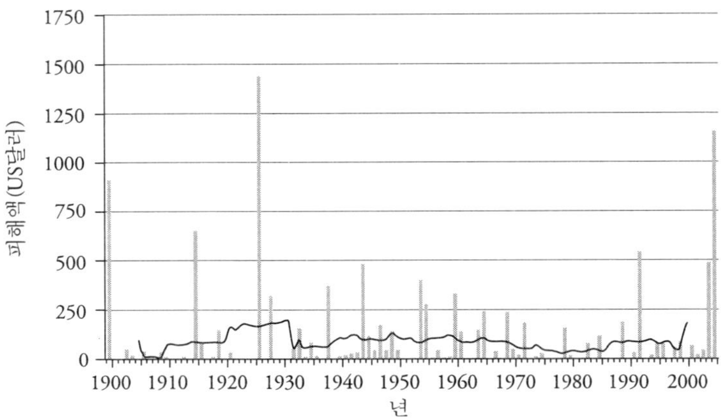

그림 4-3 대서양 열대저기압에 의한 연간 피해액(2005년의 달러로 환산). 인구 증가나 사회 자산의 증가를 고려해서 보완한 결과. R. Pielke 등, *Natural Hazards Review*, 2008년 2월 호.

는 그 원인을 지구 온난화 탓으로 돌리고 있다. 여기서 잠깐!

차드 호가 메말라가는 원인은 이미 밝혀졌다. 일본 우주항공연구개발기구• · 지구관측연구센터의 홈페이지••에 다음과 같은 기사가 실렸다.

'최근 1000년간에 있어서 (중략) 수위가 크게 변화하면서 아마도 6번 정도 물이 말랐다는 것을 알 수 있다. 1908년 무렵에는 호수 면 수위가 내려가서 남북으로 두 개의 호수로 분열되었다. (중략) 1960년대

• 역자 주: JAXA; Japan Aerospace Exploration Agency.

•• 역자 주: Roger A Pielke, Jr. Joel Gratz, Christopher W. Landsea, Douglas Collins, Mark A. Saunders, and Rade Musulin (2008). Normalized hurricane damage in the United States: 1900~2005. *Natural Hazards Review*, 9(1), 29-42.

후반 이후에 이 지역의 물이 줄어들면서 차드 호로 유입되는 샤리 강 등의 물을 이용하는 관개 계획이 진행되었기 때문에 수위가 급속도록 감소하였다. (중략)'

다시 말해서 차드 호가 줄어든 것은 자연 현상과 인간 활동 양쪽에 있다고 할 수 있다. 게다가 한량한 시대에도 차드 호는 말라 있었다. 원인을 잘못 특정하면 대책 역시 엉뚱한 방향으로 갈 수밖에 없다.

북극권 변동의 이유

〈126쪽 : '북극과 남극은 지구의 어느 곳보다도 기후 변화의 영향을 극적으로 겪고 있다. 북극해를 둘러싼 북극권 대륙의 영구 동토는 매우 얇기 때문에 가파르게 상승하는 기온에 취약할 수밖에 없다. 지구 온난화가 북극에 끼친 영향의 가장 가시적인 결과는 얼음이 빠르게 녹고 있다는 것이다.'〉

북극해의 얼음이 소실되고 있는 것은 확실하지만 원인은 알려지지 않고 있다. 고어는 '얼음의 알베도 피드백'이라는 메커니즘에 대해 소개하고 있다. '바다에 떠 있는 빙하는 태양광을 반사하기 때문에 따뜻해지기 어렵다. 만일 기온이 올라가서 얼음이 녹으면 색이 진한 해수면이 노출되기 때문에 태양광의 흡수가 많아지고 기온이 점점 더 상승한다.'는 것이다. 현재의 기후 모델도 이 메커니즘을 채용하고 있다. 여기서 잠깐!

최근 연구에 의하면 다른 메커니즘이 작용하는 것 같다. 예를 들면 아카소후 교수는 '따뜻한 대서양의 해수가 북극해로 흘러들었기 때문'이라고 보고 있다. 이와 관련하여 일본의 해양연구소 그룹에 따르면 현재의 북극해에서는 베링 해협으로부터 태평양 해수가 유입되고 있다고 한다. 다른 제안이나 발견도 있다. 유입된 따뜻한 해수가 구름을 만들어 바다에서 빠져나오는 적외선에 뚜껑을 덮은 역할을 했다는 주장이 그것이다. 또 북극 저기압이 일으킨 바람에 의해 얼음이 이동했다는 주장도 있다. 그리고 연료 사용에 의한 매연 등이 북극에 도달하여 구름이나 빙하의 성질에 영향을 끼쳤다는 의견도 제시되었다. 자연적이든 인위적인 원인이든 고어가 지적하는 것과는 달리 단순하지는 않다.

시베리아나 알래스카에서 영구동토층의 해빙으로 집이 무너지는 예는 유명하다. 고어 역시 붕괴한 건물 사진을 책에 싣고 있다(132쪽). 하지만 집이 붕괴한 이유는 다른 데 있다고 아카소후 교수는 말한다. 난방으로 따뜻해진 지면이 녹았기 때문에 집이 기운 것이라고 하며, 과장된 보도에 유감을 표하였다.

대체 에너지를 기대하는 이유

〈137쪽 : 새로운 에너지원으로 주목받고 있는 에탄올은 가솔린에 비해서 이산화탄소 배출을 85%까지 줄이는 데 성공하였다. 장래 수소를 포함해서 대체 에너지 개발은 산업에 있어서도 중요하다.〉

화석 에너지를 대신해서 폐식용유에서 제조하는 바이오 디젤 등 순환형 연료의 검토가 진행되고 있는데, 새로운 기술을 과신하면 위험하다는 것을 프레온 가스 등을 통해서 배운 바 있다. 바이오 디젤이나 바이오 에탄올의 원료 생산은 농업에 의존하기 때문에 지속성이 당면과제다. 환경적인 검토 역시 중요하다. 자세한 것은 5장에서 살펴보기로 하겠다.

사회나 지역의 특성에 따라서 최적의 에너지 형태는 다를 수 있다. 유럽에서는 안정적인 풍력 발전도 일본에서는 바람의 강도 변화가 너무 크다는 결점을 극복할 필요가 있다. 기술 개발 측면에서 볼 때 일본에는 태양광 발전이 가장 적합하다는 것이 에너지 문제를 다루고 있는 지인들의 의견이다.

'인류는 이미 다음 반세기 동안의 탄소와 기후 문제를 풀기에 충분한 과학적 · 기술적 · 산업적 노하우를 보유하고 있다.(280쪽)'라는 고어의 말은 무척 마음 든든하고 솔깃한 이야기가 아닐 수 없다. 그 배경에 '적재적소를 알맞게 판단하는 것'이라는 지적도 맞는 말이다. 그러나 에너지원 전체에 대한 고찰이 충분이 이루어졌는가 하면 그렇지 못한 것 같다.

예를 들면 수소 에너지를 유망한 미래 에너지로 보고 있는데, 문제는 '수소는 좋지만 어디에서 얻을 것인가?' 하는 것이다. '전기는 좋지만 어디에서 얻을 것인가?'와 별반 다르지 않다. 수소는 에너지 운반체, 다시 말해서 에너지를 운반하기 위한 도구에 지나지 않을 뿐, 핵심이 되는 에너지원을 어떻게 할 것인지에 대한 근본적인 문제가 남아 있다.

모기와 말라리아 증가의 원인

〈172~173쪽 : 온난화로 활동 범위를 넓힌 생물 중에는 모기와 진드기 같은 질병 매개물이 있다. 케냐의 나이로비, 짐바브웨의 하라레 등은 해발 높은 곳에 세워진 도시로, 모기 등을 찾아볼 수 없었는데 최근 영향을 받고 있다.〉

모기가 매개하는 질병에 관한 고어의 주장은 IPCC 3차 보고서의 의견과 일치한다. 지구 기온이 상승하면 말라리아 등의 유행이 증가한다는 것이다. 그러나 실은 IPCC 보고서의 내용 자체가 잘못되었다. 물론 인용한 고어의 의견도 맞지 않다.

말라리아가 증가·감소하는 것은 기온과 우량의 변화와 상관있다. 예를 들면 우량이 증가하면 물웅덩이가 늘어나고 모기가 증가하기 쉬워진다. 반대로 우량이 줄어들면 모기는 줄어들 것이다. 따라서 우량의 증감을 고려하여 말라리아모기가 성장하는 데 적합한 장소가 전 세계에서 어떻게 나타나는가를 기후 모델로 계산한다.

영국 옥스퍼드 대학의 D. 로저스와 S. 랜돌프는 이 문제를 여러 개의 기후 모델로 계산하였다. 「사이언스」 2000년 9월 8일 호•에 의하면, 한 기후 모델의 견적에서는 기온이 3℃ 올라갔을 경우 말라리아 감염자는 2300만 명 정도 증가한다고 나타났다. 하지만 다른 기후 모델에서는 반대로 2500만 명이 줄어드는 결과가 나왔다.

이와 관련하여 IPCC 3차 보고서의 작성 때, 말라리아의 증가를 강조하려는 움직임에 반대하여 말라리아 연구의 일인자인 미국의 폴 라이터Paul Reiter가 집필을 거부하는 사건이 일어났다. 라이터의 주장은 온난화 속에서 말라리아가 증가하는지 줄어드는지 잘 알 수 없다는 것이었다.

2004년 라이터 등이 의학저널 「랜싯」에 보고한 결과••에 따르면, 말라리아는 더운 지역 고유의 질병이 아니다. 셰익스피어의 희곡 등의 문학 작품을 보면 소빙하기의 영국에도 말라리아가 있었음을 알 수 있는 기술이 있다고 한다. 단, 당시는 말라리아가 아니라 학질 등으로 불렸기 때문에 셰익스피어를 읽고 당시 말라리아가 유행했었다

• 역자 주 : David. J Rogers and Sarah E. Randolph (2000). The global spread of Malaria in a future warmer world. *Science*, 289(5485), 1763-1766.

•• 역자 주 : Paul Reiter, Christopher J. Thomas, Peter M. Atkinson, Simon I. Hay, Sarah E. Randolph, David Rogers (2004). Global climate change and malaria: A call for accuracy. *The Lancet Infections Diseases*, 4(6), 323-324.

고 생각하는 사람은 적을 것이다. 영국에서는 저습지에 생식하는 모기가 말라리아를 매개하고, 불량했던 습지 대책이 말라리아를 구축한 것이다. 만일 습지를 잘 관리하지 않으면 현대의 영국에서도 말라리아가 유행할 가능성은 충분히 있다.

최근 아프리카 각지에서 말라리아가 유행하는 것에 대해 영국의 사이먼 헤이 등이 2002년 「네이처」•에 보고한 바에 따르면, 위생이나 사회 관리의 문제, 모기의 약품 내성, 단기적인 엘니뇨의 영향 등의 원인이 특정되어 있다고 한다. 그들이 내린 결론은 장기적인 기후 변화와 말라리아의 유행은 서로 관계가 없다는 것이었다. 「사이언스」 2008년 3월 21일 호••에서, 말라리아 박멸을 위해서 오랜 기간 활동해온 미국의 티머시 베이커는 관개용수 및 수력 발전용 댐 설치가 말라리아의 유행과 관련이 있음을 지적하였다.

고어뿐만 아니라 온난화가 진행될수록 말라리아가 유행한다는 기사와 주장을 쉽게 볼 수 있는데 완전히 틀린 말이라고 해도 좋다.

열염 펌프의 신빙성

〈150쪽: 거대한 해류 '해양 컨베이어벨트'는 열과 염분에 의한 거대한 펌프에 의해 원동력을 얻고 있다. 그 흐름이 약 1만 년 전에 멈춘 적이 있으며 그 결과 유럽은 빙하기를 겪었다.〉

북대서양의 따뜻한 해수가 북쪽을 향해 흐르는 도중에 증발하여 염

• 역자 주: Simon I. Hay (2002). The gobal dis:ribution of clinical episodes of plasmodium flciparum malaria. *Nature*, 434, 214-217.

•• 역자 주: Timothy D. Baker (2008). Malaria eradication in India: A failure? *Science*, 319, 1616-1616.

분이 올라가고 비중이 증가하면서 그린란드 앞바다에서 가라앉는 것이 열염 순환(열염 펌프) 작용이다. 열염 순환이 멈추면 따뜻한 멕시코 만류로 온기를 유지하는 유럽은 한랭화될 것이라고 한다.

과거 이와 같은 일이 실제로 일어났었다는 설을 근거로 고어는 '1만 년 전, 지구에서 큼직한 사건이 하나 발생했다.'라고 기술하고 있다. 사건이란 다름 아닌 영거 드라이아스기를 말한다. 약 2만 년 전에 최종 빙하기가 끝나고 기온이 상승했을 때, 미 대륙의 얼음이 녹아 거대한 담수호인 아가시즈 호가 생겼다. 그 후 아가시즈 호가 붕괴하면서 대량의 담수가 바다로 흘러들었다. 북대서양 쪽으로 흘러들었다면 열염 순환이 방해를 받아 따뜻한 기후가 추운 기후로 회귀했다는 설명이 가능하다. 그러나 해양 대순환 벨트의 제창자 월리스 브로커가 2005년에 제출한 논문•을 보면, 아가시즈 호의 붕괴 시기는 추위로 회귀한 다음이며 흘러들어간 방향도 남쪽이라고 한다. 이로서 1만 년 전에 발생한 한랭화를 열염 펌프로는 설명할 수 없게 되었다.

그러나 고어의 주장을 지지하는 의견도 많다. 예를 들면 2004년에는 「네이처」 편집부의 코멘트로 '멕시코 만류가 흐름을 멈춰 유럽이 한랭화되는 것은 아닌가?'라는 기사가 실렸다. 칼 분쉬는 「네이처」에 곧바로 반박 의견을 실었다. '지구가 자전을 계속하는 한 북대서양에는 남풍이 불 것이며, 멕시코 만류가 멈추는 일은 있을 수 없다.'라고 단언한 것이다. 열염 순환은 적은 에너지로도 가능하기 때문에, 바람과 조수 간만으로 움직이는 멕시코 만류가 멈추는 일은 없을 것이라는 게 해양물리학자 분쉬가 내린 결론이다.

• 역자 주 : Wallace S. Broecker (2006). Was the Younger Dryas triggered by a flood? *Science*, 312(5777), 1146–1148.

해수면 상승의 진짜 경향

〈186쪽 : 세계적으로 해수면 상승이 일어나고 있다. '태평양 저지대 섬들에 사는 사람들은 해수면 상승 때문에 벌써 하나둘 고향을 떠나고 있다.' 런던의 템스 강은 높은 조수의 피해를 막고자 방책을 건설했는데, 방책 사용 횟수가 해마다 증가하고 있다.〉

해수 온도가 높아지면 물이 팽창하여 해수면이 올라간다. 육지 얼음이 녹아 흘러들어가도 해수면은 올라간다. 이 같은 현상은 조수 간만 게이지의 기록이나 위성에서 찍은 해수면 고도 측정으로도 관측할 수 있는데, 지반 침하 등의 영향도 있기 때문에 해석하기 어렵다. 가끔 해수면 상승이 가속화되었다는 보도도 있지만, 실제로는 10년 규모로 진행하는 큰 진동을 말하는 듯하다. 최근 연구 결과에 의하면, 20세기 전반에 비해서 후반에는 오히려 감속 경향에 있다(그림 4-4).

해수면 상승은 20세기 이전부터 있었다.
20세기 후반의 해수면 상승은 오히려 감속 경향에 있다.

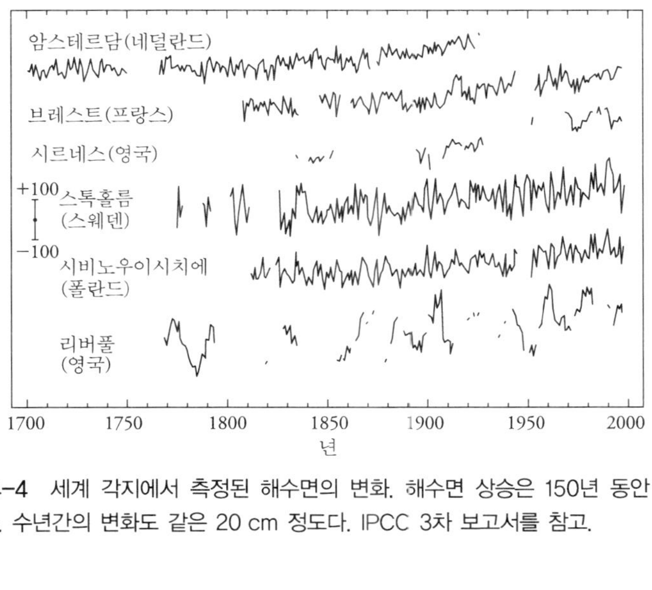

그림 4-4 세계 각지에서 측정된 해수면의 변화. 해수면 상승은 150년 동안 20 cm 정도다. 수년간의 변화도 같은 20 cm 정도다. IPCC 3차 보고서를 참고.

그린란드의 기온 상승 등의 이유

〈194쪽, 316쪽 : 그린란드의 얼음이 녹는 속도가 가속화되고 있다. 유실되는 얼음의 양이 1996년부터 2005년까지 두 배로 늘었다.〉

1980년 이후의 그린란드의 기온 상승은 킬리만자로와 마찬가지로 지구 온난화의 대표적인 상징이다. 그렇다면 이산화탄소의 증가가 진짜 원인일까? 여기서 잠깐!

실은 그린란드 주변부의 기온은 1920년대에도 크게 상승했었다(그림 2-16). 최근 기온 상승과 유사한 패턴이다. 이 같은 결과를 보고한 츄렉의 의견이 1년 동안 크게 변한 것에 대해서는 이미 앞에서 기술하였다. 처음에는 인위적인 영향이 크다고 보았지만 현재는 자연 변화라고 주장하고 있다.

그런데 고어는 그린란드의 위성사진을 사용하여 빙하의 어느 쪽이 녹고 있는가를 보여주었다. 비교 대상은 1992년부터 2005년 사진이다. 확실히 그린란드 주변 지역의 녹고 있는 면적이 꽤 크다. 그러나 1992년은 그린란드 주변부의 기온이 낮았던 때였다(그림 2-16). 그리고 이후는 기온이 급상승하였다. 주변부에서 얼음이 녹은 양상이 두드러진 것은 당연하다. 1920년부터 1930년의 사진이 촬영되어 있었다면 어땠을까? 비슷한 정도로 보일 것이다.

그린란드라 하면 서기 1000년경의 바이킹의 활약으로 유명하다. 당시는 그린란드 남단에 위치한 해협이 열려 있었던 모양이다. 이 해협은 1200년경부터 현재에 이르기까지 얼음으로 막혀 있다. 역사를 무시한 채 기후 문제를 논할 수는 없다.

삼림 개발이 기후에 영향을 끼친다

〈222~225쪽 : 개발이나 연료 사용으로 인한 삼림 파괴도 심각하다. 최근 들어서는 고온화에 따른 건조한 영향으로 산불 화재도 많이 발생하고 있다. 삼림을 어떻게 보호할 것인가? '이는 정치적 문제이기도 하다.'〉

아이티 공화국과 도미니카 공화국의 국경 지대를 촬영한 사진이 인상 깊다. 정책의 차이로 아이티 쪽은 삼림이 없어지고 도미니카 쪽은 숲으로 뒤덮여 있다. 고어는 언급하지 않았지만 토지 이용이 기후에 미치는 영향이 크다는 것은 잘 알려져 있다. 식물의 증산작용으로 초지와 삼림 지역은 상공의 구름양 등이 큰 차이를 보인다. 당연히 관개의 영향도 크다.

이와 같은 효과는 지역 기후에 미치는 영향이 크지만, 지구 평균 기온과 같은 지표에는 별다른 영향을 주지 않는다. 때문에 토지 이용은 지구 기후 모델에서는 2차적인 대상이었다. 그러나 지역적인 기후 모델을 이용하여, 일반적인 생활 수준에서 기후 변화를 해석하는 일은 중요하다. 예를 들면, 앞에서 언급한 로저 필케는 식물이 자라면 열대에서는 기온 저하, 온대와 한대에서는 기온 상승이 일어난다고 주장한다. 흔히 식물은 이산화탄소의 흡수원으로 여겨지지만 그의 말대로 기온 상승을 일으킨다면 무엇 때문에 나무를 심겠는가? 재고해 볼 필요가 있다.

농업과 임업, 목축은 우리의 생활과 밀접한 관련이 있으며, 필요한 면적은 전체 육지의 40%를 차지한다. 특히 개발도상국에서는 삼림 개발이 적극적으로 추진되고 있으므로 지역과 지구 기후에 어떤 영향을 미칠지가 중요한 당면과제다. 아마존 개발이 멀리 떨어진 미국의 강수량을 변화시킨다는 주장도 있다.

의견의 불일치에 대해

〈260쪽 : 과학자적 입장과 정치가적 입장 사이에는 위기 대처에 있어서 깊은 골이 있다. 그러나 과학계의 인식으로서 이 문제를 둘러싼 의견 불일치는 전혀 찾아볼 수 없다.〉

고어는 '의견 불일치가 전혀 없다.'고 한다. 여기서 잠깐!

몇 가지 중요한 점에 있어서 고어의 주장은 사실과 다르다. 대략적인 의견이 일치하면 작은 부분은 넘어가도 상관없다는 식은 잘못이다. 작은 부분을 소홀히 하면 큰 코 다치기 쉽다.

확실히 이산화탄소를 계속 배출하면 좋지 않다는 점은 일치한다. 마치 자신의 몸을 돌보지 않는 친구에게 체중과 혈당치를 줄이라고 충고하여 동의를 얻어내는 것과 비슷하다. 하지만 이유나 방법은 서로 다를 수밖에 없다. 사람마다 사정이 다르기 때문이다. 스트레스에 약하고 편식을 하는 사람은 식생활에 특히 주의를 기울여야 할 것이다. 운동 부족이 원인이라면 운동이 필요하다.

에너지 소비에 있어서도 미국과 일본 그리고 중국의 사정이 각각 다르다. 유럽 내부에서도 차이가 크다. 아시아나 아프리카의 여러 나라들도 다양한 사정들이 있다.

아시아에서 제일 문제가 되는 것은 질 나쁜 연료다. 방글라데시나 중국에서 발생하는 대량의 매연을 포함한 에어로졸은 '아시아 갈색구름'이 되어 대규모 대기오염을 발생시킨다. 위성사진에서도 확실히 알 수 있는 아시아 갈색구름은 연간 수십만 명을 건강 악화로 인한 사망에 이르게 할 뿐만 아니라 세계 각지에 기후 변화를 일으킬 수 있다고 한다. 미국의 제임스 한센의 기후 모델에 따르면 중국에서 발생한 홍수의 원인일 가능성도 있다(그림 3-7).

고어가 지적한 '선진국 중에서 교토의정서를 비준하지 않은 국가는 단 두 나라뿐이다. 미국과 오스트레일리아다.'•, '21세기를 재생의 시대로 만들어야 한다.'••와 같은 말은 제발 당사국인 미국을 향해서 크게 하길 바란다.

실제로 미국은 다양한 문제를 안고 있다. 그 중에서 가장 심각한 것은 사회구성원들의 격차가 크다는 것이다. 미국이 교토의정서를 비준하지 않은 이유 중 하나는 이산화탄소 감축을 위해서 탄소세 등을 도입할 경우 저소득층의 경제적 타격이 클 것을 우려해서다. 소득의 불평등을 나타내는 지니계수는 미국에서는 위험 신호가 나올 정도로 크다고 보도되고 있다.

그리고 '자동차 연비를 예로 들어보자. (중략) 미국은 비교도 되지 않는 꼴찌다.'••• 역시 기술 개발 노력을 게을리 한 결과가 아닐 수 없다.

이처럼 지구 온난화 문제는 미국 사회가 안고 있는 여러 문제들을 수면 위로 떠올리고 있다. 고어는 '기후 위기를 극복하기 위해 우리가 할 수 있는 일'••••로서 에너지 절약 등을 들고 있지만, 미국 사회의 근본적인 문제점을 해결하는 데 보다 힘쓰지 않으면 안 될 것이다.

격차 문제 이외에도 '전쟁을 하지 않는다.' 등도 과제로 들 수 있다. 전쟁은 최대의 환경 파괴 행동이다. 고어는 '온난화에 대해 거짓 정보를 흘리는 유력한 정보원 중 하나는 부시-체니 행정부와 백악관이다.'•••••라는 지적을 했는데, 전쟁 정책에 관해서 언급하지 않은 것은

• 앨 고어 (2006), 『불편한 진실』, 좋은생각, p. 282.
•• 앨 고어 (2006), 『불편한 진실』, 좋은생각, p. 296.
••• 앨 고어 (2006), 『불편한 진실』, 좋은생각, p. 272.
•••• 앨 고어 (2006), 『불편한 진실』, 좋은생각, p. 305.
••••• 앨 고어 (2006), 『불편한 진실』, 좋은생각, p. 264.

유감이다. 이와 같은 주장 때문에 고어의 영화가 영국의 버튼 판사로부터 정치적으로 편향되어 있다는 비판을 면치 못한 것이다.

고어는 CO_2 말고는 중요한 것을 볼 수 없게 되었다

결국 고어의 주장은 무엇이든 이산화탄소 탓이 되고 말았다. '하나밖에 없는 지표'는 불충분함을 떠나서 위험하기까지 하다.

인도의 경제학자 아마르티아 센Amartya K. Sen은 『합리적인 바보』•라는 저서에서 자신의 이익을 최대화하는 데만 몰두하는 경제형 인간을 가리켜 '합리적인 바보rational fools'라고 말한 바 있다. '합리적인데 왜 바보인가?'라고 선뜻 납득이 가지 않을 수도 있다. 그러나 다음 예를 들어보면 수긍이 갈 것이다.

일본의 도카이무라東海村에서 발생한 원자력 원료회사의 임계 사고가 전형적인 예다. 회사 사원들은 회사의 이익을 올리는 것이 지상 과제였다. 이익을 올리기 위해서 작업 효율을 높인 결과, 방사성 물질을 양동이로 담아 나르고, 결국에 핵분열의 임계치를 넘어버렸다. 그런 원시적인 방법을 사용했다니 누구나가 놀랐지만 이익을 늘리기 위한 합리적인 방법이었다. 실제로 이 방식을 고안한 작업원은 회사로부터 칭찬을 들었다고 한다. 그러나 '안전'이라는 지표가 무엇보다 우선되었어야 했다. 적어도 이익과 안전 양쪽의 지표를 보면서 작업을 했어야만 했다. 그러나 이익을 위해서는 안전 대책에 드는 비용과 시간이 아깝다고 여겨지기 쉽다. 결과는 너무나 비참하였다.

• 아마르티아 센 공저 (1989), 『합리적인 바보合理的な愚か者』, 케이쇼 쇼보勁草書房.

아마르티아 센은 GDP와 같은 단 하나의 지표로 경제 활동을 평가해서는 안 된다는 의미에서 '합리적인 바보'라는 말을 사용했는데, 이것은 기후 변화에도 적용된다.

바이오 연료의 예를 상기하기 바란다. '기후변화협약'이 온실효과가스의 농도 안정을 최종 목적으로 하고 있기 때문에 이산화탄소 감축이 수단에서 목적으로 변질되었다. 그리고 '이산화탄소를 줄이자.'라는 것이 언제부턴가 곡물 가격을 올리고 말았고 열대림 파괴로 이어졌다. 그뿐인가? 반대로 이산화탄소를 증가시키는 결과를 초래하였다. 목적을 달성하지 못한 점에서는 '합리적인 바보' 그 이하이지만, 설사 이산화탄소를 줄였다 하더라도 전형적인 '합리적인 바보'이다. 하나의 목적을 위해서 다른 중요한 것을 보지 못하게 되었으니 말이다.

기후 변화의 원인은 자연과 인위적인 것에서 많이 찾을 수 있다(그림 2-3). 온실효과가스를 비롯하여 이산화탄소 때문만은 더더욱 아니다. 이산화탄소 감축만을 목적으로 하는 '기후변화대책'이 실패할 것은 어쩌면 당연하다. 원인을 찾지 못한 채 치료만 계속하다 보면 효과를 기대할 수 없을 뿐 아니라 위험한 상태가 된다.

『불편한 진실』은 미국에 있어 좋은 약이 되었다

고어가 기술한 '여러 미국 도시들이 도시 차원에서 교토의정서를 비준하고, 의정서에 명기된 수준 아래로 온난화 물질을 감축하겠다는 정책을 세우고 있다.'• 및 '2005년 12월 현재, 4000만 미국인들을 대표하는 194개 도시들이 도시 간 기후보호협약의 이름으로 감축을 결의하였다.'[••]와 같은 뉴스는 미래의 전망을 밝게 한다.

베스트셀러 『불편한 진실』은 아마도 미국에서 환경을 중시하는 문화 형성에 기여할 것이다. 이런 움직임이 지구 환경 문제를 효과적으로 해결하는 새로운 조약과 제도로 이어진다면 더할 나위 없이 좋을 것이다. 일회용의 슬로건으로 끝나지 않길 부디 바란다.

인간이 지구의 의사가 될 수 있을까?

'지구의 의사'가 있다면 무엇을 해주었을까? 고대 그리스 의학의 아버지 히포크라테스는 '의사가 할 수 있는 일은 몸의 회복력을 도와줄 뿐'이라는 말을 남겼다. 또 최근에는 특히 동양 의학에 힌트를 얻어 질병을 예방하는 일이 중요시되고 있다.

환경 문제에 있어서도 마찬가지다. 사회나 생태계의 회복력resilience에 힘쓰는 일이 더 중요하다. 회복력이란 회복 속도와 회복의 폭(탄력성) 양쪽 모두를 말한다. 회복력을 증가시키려는 정책은 사회와 생태계의 지속성을 높여준다.

우리 몸이라면 의사는 약한 부위를 강화하도록 조언을 할 터이고, 지구의 의사 역시 사회나 생태계가 안고 있는 문제점을 해소하고 강화하는 데 중점을 둘 것이다. 이것을 취약성 어프로치라 한다. 허리케인 카트리나의 피해가 증가하는 이유는 취약한 제방 등을 방치했기 때문으로 지적되고 있다. 취약성과 회복성은 제도에 대해서도 말할 수 있다. 수직적인 행정 정책으로는 사회적인 격차를 오히려 늘릴 수

• 앨 고어 (2006), 『불편한 진실』, 좋은생각, p. 288.

•• 앨 고어 (2006), 『불편한 진실』, 좋은생각, p. 321.

있다.

장기적인 안목과 단기적인 대책이 조화롭게 병행될 필요가 있다. 다이어트를 예로 들면, 갑자기 몸무게를 줄일 경우 부작용도 크다. 그러나 혈당치가 너무 높아질 때는 약을 쓰는 편이 좋을 때가 있다. 긴급을 요하는 응급 치료와 지속적인 체질 개선이 함께 이루어지는 것이 바람직하다.

지구 온난화 문제에서는 취약성과 회복성에 주안을 두는 것이 단기적인 대책이며, 에너지 소비 감축 및 순환형 에너지 사용 등으로 사회구조를 개혁하는 일이 장기적인 대책에 해당한다. 사회의 지속성을 실현하기 위해서는 양쪽 모두를 빼놓을 수 없다.

인간이 지구의 의사가 될 수 있을지의 여부는 지금의 선택에 달려 있다. 어떤 선택을 하더라도 히포크라테스의 객관성과 겸허함을 배우지 않으면 안 될 것이다.

5장

교토의정서의 반성에서 장래를 전망한다

【① 화근을 남긴 교토의정서】

환경을 위한 대처 방법이 일시적인 효과책이어서는 안 된다

'기후변화협약'•과 이의 협정서인 교토의정서에 대해서 알아보자.

먼저, 협약(조약)이란 무엇인가? 우선 이념만을 정하고 이어서 구체적인 처방전(의정서)을 만들어 국제적인 대처를 정하는 데 있어서, 맨 처음 이념만을 명시한 것이 협약(조약)이다. 국제 관계에서 꽤 일반적으로 사용되고 있다. 역사가 오래된 것으로는 1801년 스위스의 영세중립에 관한 파리조약이 있었고, 최근에는 흡연에 의한 건강 피해 방지를 목적으로 한 '국제담배규제협약'(2005년) 및 대기오염 방지를 목적으로 한 유럽의 '장거리 월경 대기오염 조약의정서'•• 등을 들 수

• 역자 주 : UNFCCC; United Nations Framework Convention on Climate Change. 유엔 기후변화협약 또는 교토기후협약이라고도 함.

있다.

그런데 정식 명칭이 '기후 변화에 관한 유엔 기본 협약'인 '기후변화협약'은 1992년에 만들어졌다. 인간이 활동하면서 방출한 온실효과가스가 지구를 온난화시키고 자연의 생태계에 악영향을 끼칠 우려가 있음을 인류 공통의 관심사로 확인하며, 현재와 미래의 기후를 보호하기 위하여 '대기 중의 온실효과가스 농도를 안정화시킨다.'는 것을 최종 목적으로 삼고 있다.

협약이 이루어진 이후에 세세한 방침을 결정하기 위해서 만든 것이 의정서다. 의정서라 하면 왠지 어렵다는 느낌이 있지만 영어로는 Protocol로, 번역하면 절차를 기록한 것이 된다. 기후변화협약의 의정서인 교토의정서는 1997년 12월에 교토에서 개최된 3차 기후변화협약 체결회의에서 채택되었다. 체결국은 협약에 서명을 한 국가를 말한다.

기후변화협약의 의정서는 교토의정서 하나이지만, 의정서를 여러 개 갖는 협약도 있다. 국제적 환경 정책과 마찬가지로 처음부터 구체적인 합의사항을 결정해가는 문제에서는 이런 형태가 많다.

그러나 협약과 같은 시스템은 오래된 만큼 원리적으로 한계가 있다는 지적도 일고 있다. 미국의 하버드 대학 로스쿨의 로렌스 서스킨드 Lawrence E. Susskind는 1994년의 저서 『환경 외교*Environmental Diplomacy*』에서 환경에 관한 조약의 기능과 조건을 논했다. 그의 분석에 의하면 협약과 의정서 방식은 몇 가지 결점이 있다고 한다. 우선 협약이 작용하는 데 시간이 많이 걸린다는 점이다. 최종 서명까지 10년 이상 걸리는

•• 역자 주 : 장거리 월경 대기오염 조약의정서(Convention on Long-range Trans-boundary Air Pollution). 1979년 체결, 1983년 발효.

일도 드물지 않으며, 그 사이 상황이 악화되는 일도 많다. 최소공배수적인 해결을 모색하려는 경향도 문제점으로 지적된다. 그 결과, 조약의 유효성이 줄어들고 만다. 또, 과학적인 견해와 기술을 무시하며 진행되는 경우도 있다. 특히 가맹국이 자신들에게 유리한 데이터를 강조하려는 경향은 피하기 어렵다. 마지막으로 국가 간의 힘의 논리에 의해 교섭이 진행된다는 것이다. 즉, 각국의 이익이나 손실을 충분히 반영해주지 못하고 있다.

이와 같은 이유 때문에 겨우 이루어졌던 협약도 제 기능을 못하는 경우가 적지 않다. 그런데 어떤 협약이라도 합의가 이루어졌으면 꼭 따라야만 하는가? 이 점에 대해서 서스킨드는 '자국민을 위하기보다 고통을 더 크게 주는 세계적인 합의라면 어떤 국가도 받아들여서는 안 된다.'라고 주장하고 있다. 또한 '과거의 열악한 환경을 개선시킬 수 없는 어떠한 합의도 해서는 안 된다.'라고 한다.

당연히 기후변화협약·교토의정서도 서스킨드가 지적하는 것처럼 일반적인 결점을 가지고 있다. 실제로 미국이 불참한 것이나 개발도상국에게는 CO_2 감축 의무가 없는 것 등에서 교토의정서의 실효성에 의문을 갖는 사람들도 많다.

그럼에도 불구하고 교토의정서에서는 우선 대상이 되는 온실효과가스를 결정하였다. 이산화탄소(CO_2), 메탄(CH_4), 일산화이질소(N_2O), 수소불화탄소(HFC), 과불화탄소(PFC), 육불화황(SF_6) 6종류다. 또 온실효과가스의 감축은 선진국들이 먼저 나서야 한다는 방침도 정해졌다. 2008년부터 2012년까지 선진국 전체에서 온실효과가스의 총배출량을 1990년에 비해서 적어도 약 5% 감축할 것을 결정하였다. 이를 토대로 각국의 감축률이 산출되었다. 단, 각국이 단독으로 감축하는

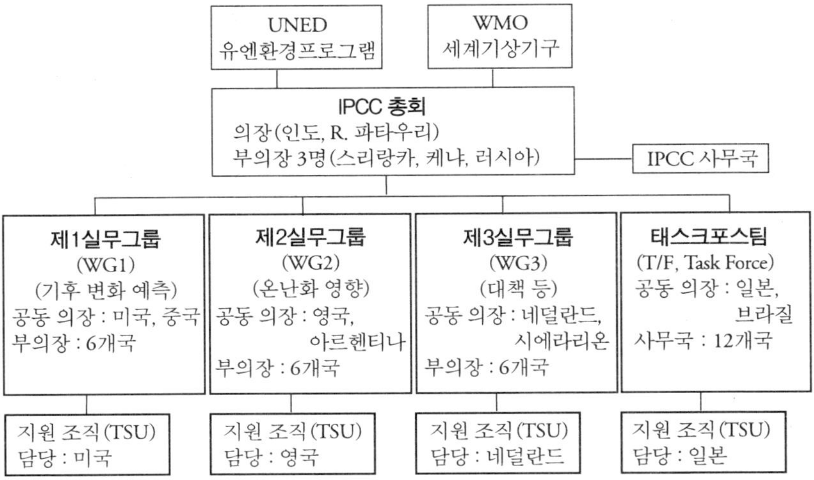

그림 5-1 IPCC 조직도.

것이 아니라 공동으로 목표치를 달성하도록 했기 때문에, 클린 개발 메커니즘이라 불리는 선진국과 개발도상국의 협력 관계 등이 탄생되었다.

배출 감축의 목표 수치는 각국의 사정을 고려하여 결정되었다. 그때까지 온실효과가스의 배출 감축에 노력해온 국가는 감축 목표가 낮게 책정되었다. 대표적인 수치를 열거하면, EU = −8 %, 일본 = −6 %, 미국 = −7 %, 호주 = +8 %, 러시아 = 0 % 등이다. EU 내에서는 국가에 따라서 크게 다르다. 예를 들면 독일 = −21 %, 프랑스 = 0 %, 영국 = −12.5 %, 스페인 = +15 % 등이다. 일본은 효율적인 에너지 사용에 앞장서왔다고 여겨졌으나, 결과적으로 그다지 높은 평가는 받지 못했다. (이토)

기후 변화에 대처한다는 것이 온난화가스 감축으로 변화된 이유

명칭에서 알 수 있듯이 기후변화협약의 이념은 가히 높이 평가할 만하다. 그러나 기후변화협약의 '이념 · 취지'와 '목적'을 보면 서스킨드의 문제 제기는 적중한다.

우선 취지에 대해 살펴보자. 협약의 취지는 기후 변화(공간과 시간)에 대한 대처다. 지구 평균 기온의 상승이나 대기 조성 변화만을 문제 삼는 것이 아니다. 실제로 환경 정책에 있어서 특정 지역의 기온 상승과 하강, 강수량 변화가 중요하기 때문이다.

그러나 이해할 수 없는 것이 있다. 기후변화협약의 궁극적인 목적이 온실효과가스의 농도에 초점이 맞추어져 있는 것이다. 즉, 취지는 기후 변화에 대한 대처라고 하면서도 목적은 온실효과가스를 규제하는 데 있다. 과연 이유가 무엇일까?

실은 협약을 제정할 때 '온실효과가스의 증가 → 기온 상승 → 기후 변화'라는 순서가 이미 정해져 있던 것이 하나의 이유가 될 것이다. 하지만 이것은 역사적으로는 이해할 수 있지만 화살표가 반대로 그려지지 않을 거라는 보장은 없다. 실제로 지구 평균 기온의 상승으로 이어지지 않는 중요한 기후 변화 요인이 많기 때문이다.

기후변화협약이 이러한 구조를 갖고 있는 한, 그 요청에 부응하기 위해 전개되는 IPCC의 활동 그리고 기후 모델 연구 역시 같은 방향으로 진행될 것이다. 하지만 최근 들어 지구의 기후 시스템이 깊이 연구되면서 평균 기온을 강조하는 것만으로는 불충분하다는 지적이 늘고 있다. 이는 기후변화협약의 맨 처음 취지로 되돌아가는 것이고 타당한 방향성이라고 할 수 있다.

현재의 기후변화협약은 양두구육羊頭狗肉• 상태라 아니할 수 없다.

온실효과가스의 농도를 안정화시키고 싶다면 '온실효과가스 농도 안정화 조약'이라고 하는 것이 더 타당하다고 생각하지만 이미 돌이킬 수 없게 되었다. 협약을 개정하지 않는 한 기후변화협약이란 명칭은 계속 유지될 것이다. 하지만 이 협약의 명칭과 입장이 오해와 잘못된 대책을 세우는 근본 원인이 되었다고 필자는 보고 있다.

실은 이 협약의 취지와 목적이 다른 이유에 대해서 상당히 정치적인 동기가 작용했을 가능성을 배제할 수 없다. '온실효과가스에 의한 지구 온난화'가 본래 정치적인 쟁점이 되기 쉬운 에너지와 깊이 관련된 문제이기 때문이다. '에너지로 다른 국가들을 견제한다.'는 동기가 기후 변화를 억제한다는 이념으로 발전했다고 봤을 때, 이 협약의 취지와 목적의 관계를 더 잘 이해할 수 있으리라 생각한다. (이토)

교토의정서의 속셈

1997년 12월 오오키 히로시大木造 일본 환경청장관이 의장을 역임했을 당시, 유엔기후변화협약의 3회 체결 당사국 회의(COP3 = 교토회의)에서 일본은 제1 약속기간(2008~2012년) 동안 온실효과가스 배출량을 1990년 대비 −6%로 줄일 것을 약속하였다. 지금부터는 온실효과가스의 대부분을 차지하는 이산화탄소에 주목하여 살펴보자.

의정서는 2005년 2월에 발효되었고 일본 정부는 해결책에 몸살을 앓고 있다. 애초부터 교토의정서는 무리가 많은 협약이었다. 그 증거로 다음 세 가지를 들 수 있다.

• 역자 주 : 양의 머리를 앞에 내놓고, 실제로는 개고기를 판다. 겉모양과 내용이 다르다는 뜻. 겉모양은 그럴듯해 보이지만 본질은 한참 모자람을 비유하는 말.

우선 배출량 감축 목표다. 일본은 당초 0%(EU -15%, 미국 0%)로 할 생각이었으나 회의장에서 열변을 토하는 앨 고어의 기세에 그만 꺾기고 말았다. 결국 일본은 -6%(EU -8%, 미국 -7%)로 하기로 결정이 났다. 목표치가 이렇게 바뀌면서 일본과 미국은 부담이 더 커진 반면에 EU는 훨씬 짐을 덜게 되었다.

두 번째는 배출량 감축의 기준년에 대해서다. 처음부터 EU는 1990년을 강하게 주장하였다. 보통은 회의가 시작된 원년(1997년)을 기준으로 하든지, 아니면 몇 년 앞의 배출량은 예측 가능하므로 2000년을 기준으로 해도 좋았을 것이다.

세 번째는 EU 전체의 배출량에 대해서다. EU는 각각의 가맹국 15개국에게 배출량 감축 목표를 정하게 하면서도 지역 전체로는 -8%만 달성하면 되도록 하였다. 이를 '공동 달성'이라고 한다. 일부 국가가 배출량을 늘리더라도 다른 국가에서 줄여주면 결국 평균은 줄어드는 것이다. 참으로 편리한 계산이 아닐 수 없다.

이렇게 교토의정서는 EU의 편의를 많이 봐주었다. 하지만 최대의 문제는 '배출량 감축의 기준년'일 것이다. EU는 1990년을 전후해서 동서 화합이 이루어졌다. 구동독과 통일한 독일은 구동독에 있던 발전소와 공장의 에너지 효율성을 높인 결과 이산화탄소 배출량을 급감시켰고, 교토회의 시점에서는 -14%까지 낮추는 데 성공하였다.

한편 일본과 미국은 이산화탄소의 배출량이 1990년부터 크게 늘어나 1997년에는 +8%까지 되었다.

그림 5-2는 1990년부터 1997년까지 8년 사이에 독일과 일본의 배출량을 비교한 것이다. 두 나라 간의 부담과 여유의 격차가 얼마나 큰지 여실히 보여주고 있다. 1997년 교토의정서가 체결된 지 8년 후의

부담이 큰 일본, 여유 있는 독일

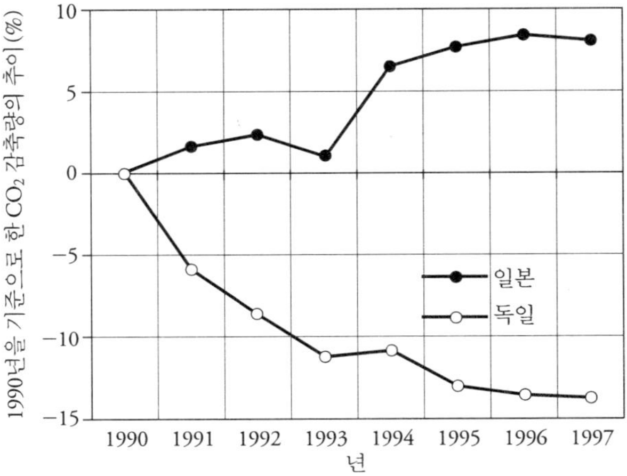

그림 5-2 일본과 독일의 CO_2 감축량 추이. 1990년(기준년)부터 1997년(교토의정서)까지의 기간.

2005년 시점을 보면, 일본은 더욱 크게 늘어난 +16%이고, 독일은 더 줄어들어 −18%대를 보이고 있다. 차이가 더 커진 것이다.

참고로 영국은 독일과 마찬가지로 1990년 무렵부터 연료의 전환(석탄 → 천연가스)에 노력한 결과, 1997년을 시점으로 CO_2 배출량을 10% 정도 줄이는 데 성공하였다.

독일과 영국 두 나라의 CO_2 배출량은 EU 15개국 중에서 절반 가까이를 차지하고 있다. 때문에 교토의정서가 체결된 시점에서 EU 전체의 배출량 감축 목표(−8%)는 이미 달성되어 있었던 것이다.

2005년 말 EU의 CO_2 배출량 데이터(그림 5-3)를 보면, 목표 −13%의 오스트리아가 +18%, +27%인 포르투갈이 +40%를 넘고 있고, 목표 0%의 핀란드가 −2.6%를 기록하고 있다. 이렇듯 국가별로 보면 큰 차이가 나지만, 강대국인 두 나라의 배출량 감소가 큰 효과를 보이 국가마다 사정이 다르다.

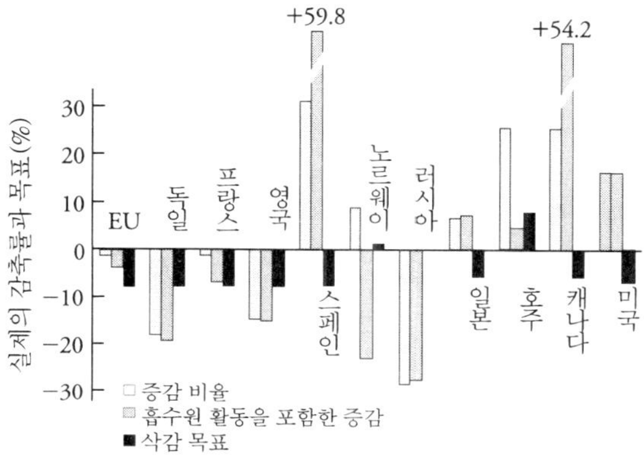

그림 5-3 국가별 배출량 감축 목표(검은색)와 감축 실적(2005년 데이터).

면서 EU 전체적으로 볼 때 −2%에 머물렀다. (단, 영국과 독일, 두 강대국의 배출량이 줄어든 것은 온난화 대책과는 전혀 상관없는 국내 사정에 의한 것이다.)

결과적으로 EU는 1990년부터 CO_2 배출량을 크게 늘리고 있던 일본과 미국, 캐나다, 호주에게 감축을 강요하며 국제 파워 게임에서 패권을 쥐려고 한 것이다. 이것이 교토의정서의 본질이라 하겠다.

CO_2의 배출량은 산업 활동의 척도를 반영하기 때문에 본격적으로 배출량 감축을 하려 든다면 산업과 사회는 휘청거릴 수밖에 없다. 미리 간파한 미국과 호주는 의정서에 비준하지 않았다. [그 후 호주(목표 +8%)는 교토의정서가 채택된 지 10년 후인 2007년 12월 케빈 러드Kevin Rudd 총리에 이르러서 비준하였다.] 호락호락하지 않은 미국은 고어에게 그토록 설득과 비난을 받으면서도 결국 비준을 하지 않고 있다. 캐나다 또한 나중에 비준을 했지만 2007년 4월에 결국 배출 감축을 단념하고 말았다.

현재 전 세계에서 유독 일본만이 'CO_2 배출 감축' 때문에 고통스러워하는 상황이 계속되고 있다. 해외 신문을 보더라도, 미디어가 CO_2 배출 감축에 대해서 적극적으로 홍보하고 전 국민이 이토록 CO_2를 화제로 삼는 국가는 일본뿐인 듯하다.

일본 입장에서 보면 '지붕에 올라갔더니 사다리가 치워져 버린' 상황과 비슷하다. 미국의 이탈에 대해서 비난하는 목소리도 높지만 기후변화협약과 교토의정서는 별개의 것이기 때문에 엄격하게 말해서 규칙을 위반한 것은 아니다. 캐나다처럼 배출 감축을 단념하는 것도 국가의 자유이기도 하다. (와타나베)

의정서의 성과는 수명을 불과 1.3% 늘린 것뿐

2006년 무렵부터 관계자들은 교토의정서의 총괄도 제대로 하지 않고 '포스트 교토Post-Kyoto'에 대한 이야기를 하고 있다. 일반인들은 교토협약조차 제대로 이행하지도 못하면서 왜 '포스트 교토'를 운운하는가 하는 의아심을 가질 것이다. 2007년 6월의 G8 하일리겐담 정상회담에서 당시의 아베安部 총리는, 교토의정서는 염두에 두지 않은 것처럼 '2050년까지 세계의 배출량을 절반으로 줄이자.'라고 제안하였다. 그 표현은 IPCC 4차 보고서를 인용한 것으로, 정상회담에 참석한 정상들 중 누구 한 사람 이 세상에 없을 먼 미래에나 가능한 이야기였고, 아무도 책임지지 않을 안이한 제안이었다.

'포스트 교토'를 운운하기 전에 교토의정서를 제대로 바라보자. 도저히 '감축 목표'를 달성할 수 없겠지만 만일 운 좋게 교토의정서에서 정한 대로 일을 이루었다면 과연 어떤 이득이 있을까?

교토의정서의 파워는 거의 제로

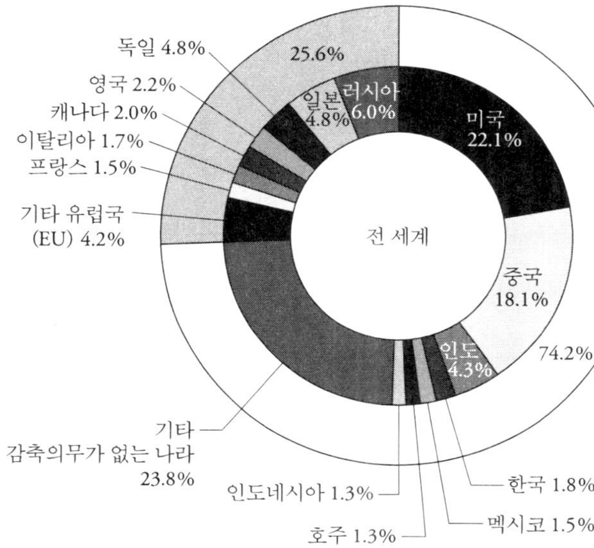

그림 5-4 1990년 시점에서 CO_2 배출량의 국가별 분포.

통계 데이터마다 약간의 차이는 있겠지만 배출 감축의 기준년인 1990년 당시의 온실효과가스 배출량(CO_2 환산)은 세계 전체로 볼 때 그림 5-4와 같은 모습이었다. 의정서가 발효된 2005년 2월 시점(캐나다는 비준, 호주는 비준 전)에서 감축 의무를 짊어진 국가들(왼쪽 위)의 배출량은 전체의 약 26%에 불과하다. 이 약 5%를 줄이려고 하는 것이 의정서의 목표였던 것이다.

26%의 5%는 0.26×0.05=0.013이기 때문에 설사 의정서대로 감축이 이루어진다 하더라도 세계의 배출량은 1.3%밖에 줄어들지 않는다. 즉, 100이었던 것이 98.7이 되는 것이다.

지구 온난화 탓으로 어떤 나쁜 일이 일어난다면 효과가 있는 것은 대기 중의 CO_2 총량이다. 줄어들 확률은 퍼센트 규모이기 때문에 대기 중 농도의 증가 속도는 거의 관계가 없다. 이렇게 생각했을 때 의정서의 약속은 '나쁜 일이 일어날 때까지의 시간'을 1.3% 정도 늦추는 의미에 불과하다.

미국의 경제학자 윌리엄 노드하우스William D. Nordhaus는 교토의정서에 의거하여 CO_2 감축을 했을 때 CO_2 및 기온이 어떻게 되는가를 살펴보았다. 그 결과를 그림 5-5에 나타내었다. 4개의 곡선은 각각 아무런 대책을 취하지 않았을 때, 의정서에 따랐을 때, 경제적으로 가장 효율적인 방법으로 감축했을 때, 그리고 CO_2 배출량을 1990년 수준으로 유지했을 때를 가리킨다.

결과를 보면, 각국이 의정서에 따라 CO_2 감축을 하더라도 CO_2 농도에 거의 영향을 주지 않음을 알 수 있다. 개발도상국에게는 감축 의무가 없기 때문이다.

미국은 이와 같은 사정을 알고 의정서가 의미가 없기 때문에 참가하지 않는다는 방침을 굳혔다. 하지만 노드하우스 자신은 비록 의정서가 실효성은 없더라도 국제 사회가 하나의 합의를 이루어내었다는 것에 의미를 찾고 있다. 현재는 의정서 이후에 관한 논의가 한창 진행 중인데, 이 역시 의정서가 실효성이 없다는 증거이기도 하다.

앞으로 50년 후 겨울에 설사 어떤 '나쁜 일'이 일어난다고 하자. 그 때까지 불과 1.3%의 시간이 늘어난다면 51년 후의 여름이다. 다시 말해서 아무리 의정서대로 배출 감축에 노력을 기울인다고 해도 몇 개월 정도만 시간을 번 셈이다. '지구를 생각한 에코 제품'을 선전하는 텔레비전 광고 속 'CO_2 배출 감축으로 파란 하늘을 되돌리자.'라는 문구는 한낱 망상에 불과한 것이다.

대기 중의 CO_2가 기온을 상승시킨다고 했을 때 과연 의정서가 온

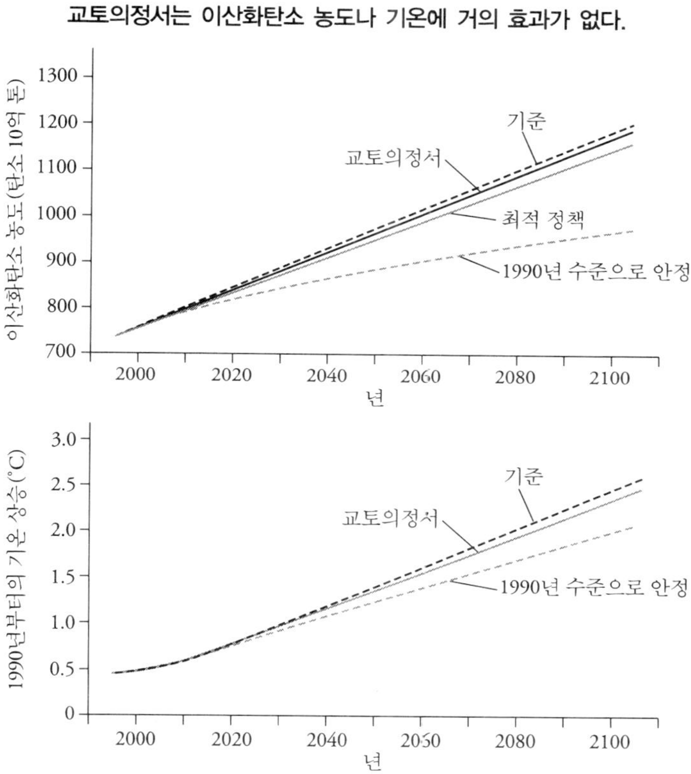

그림 5-5 교토의정서의 경제적 효과. W. D. Nordhaus와 J. Boyer의 『지구 온난화의 경제 모델』(MIT Press, 2000년).•

도 상승을 억제하는 효과가 있을까? CO_2 농도와 기온의 관계는 단순하지 않지만, 가만히 손을 놓고 아무것도 하지 않았을 때 온도 상승이 1°C라면 의정서는 이것을 0.99°C 정도로밖에 할 수 없다.

겨우 이 정도의 성과를 목표로 각국의 정부 대표들이 국제회의를

• 역자 주: William D. Nordhaus and Joseph Boyer (2000). *Economic Models of Global Warming*. MIT Press.

자주 열고 있다. 이뿐인가? 국내 회의에서는 갖가지 대책을 짜내고 있고 매스컴들은 이를 부추기고 있다. 물론 관계자들은 선의와 사명감으로 일하겠지만 모두들 소용없는 일에 매달리고 있으니 안타까울 뿐이다. (와타나베)

CO_2 증가와 온난화가 그토록 나쁜가?

필자(와타나베)는 30여 년에 걸쳐 식물의 광합성 작용을 화학자의 눈으로 지켜보았다. 'CO_2가 지구를 온난화시켜서 인류에게 위기를 가져온다.'라고 미국 NASA의 제임스 한센이 외치기 시작한 1988년보다 이른 1985년 무렵의 일이다. 이미 대기 중의 CO_2 농도가 증가하는 경향이 있음을 주장하는 이들(서장 그림 0-1)과 만날 기회가 있었는데, 그때의 흥분은 지금도 기억이 생생하다. 이유는 무엇일까?

식탁에 오르는 식품을 예로 한번 떠올려보자. 조금만 생각해보면 물과 소금을 빼고, 고기든 생선이든 모든 식품은 광합성이 근본이 되어 탄생했다는 것을 알 수 있다. 생선의 경우, 식물 플랑크톤 → 동물 플랑크톤 → 작은 물고기 → 큰 물고기라는 먹이 사슬이 그려진다. 결국 광합성을 하는 식물 플랑크톤이 있어서 가능한 것이다. 소고기나 돼지고기 역시 땅에서 나는 식물을 먹고 성장한 동물의 고기이며, 채소와 과일은 식물 그 자체다.

현재의 식물은 대기 중의 CO_2가 증가하면 성장 속도가 빨라진다. 식물에 따라 다소 차이는 있지만, CO_2 농도가 배로 늘어나면 성장 속도 역시 20~30% 정도 높아지는 것을 실험을 통해 밝혀낸 논문만도 수백 편에 이른다. 그 중 한 예가 그림 5-6으로 CO_2의 고마움을 잘

CO₂는 식물의 성장을 촉진시킨다.

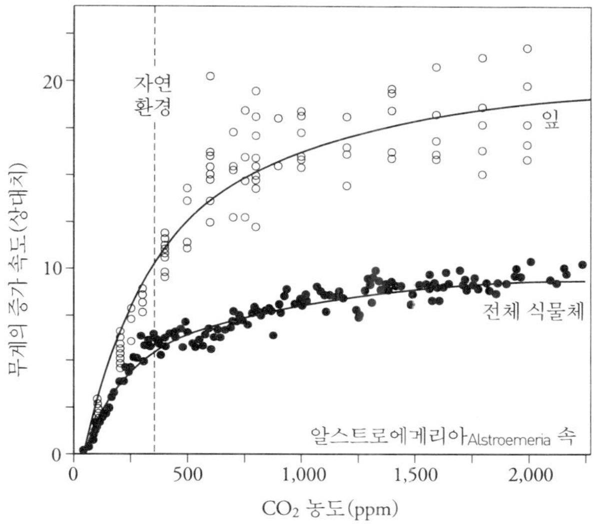

그림 5-6 식물의 성장 속도와 CO_2 농도의 관계(수많은 실험 데이터의 한 예).

나타내고 있다. 성장 속도의 향상은 식료의 증산과도 이어진다.

1985년 당시 굶주림을 호소하는 사람들이 전 세계에 8억 명 정도 되었기에(현재의 기아 인구 또한 8억~9억 명이라 전해진다.), CO_2 농도의 증가가 이들을 조금이라도 구해줄 수 있을 것으로 믿고 내심 기뻐했다.

1958년부터 하와이 마우나로아 산맥에서 측정해온 CO_2 농도를 그림 5-7에 나타내었다. 관측 당시 315 ppm이었던 농도가 상승하여 2007년 말에는 380 ppm을 초과하였다. 그런데 앨 고어나, State of the World의 전 편집장 레스터 브라운Lester R. Brown 등은 CO_2 증가가 지구 전체에서 식량 생산에 해가 된다고 강력하게 주장해오고 있는 것이다. 그림 5-7을 보면 광합성 연구자인 필자는 즐겁기만 한데, 이 데

식량 생산을 늘리는 CO_2 농도의 상승

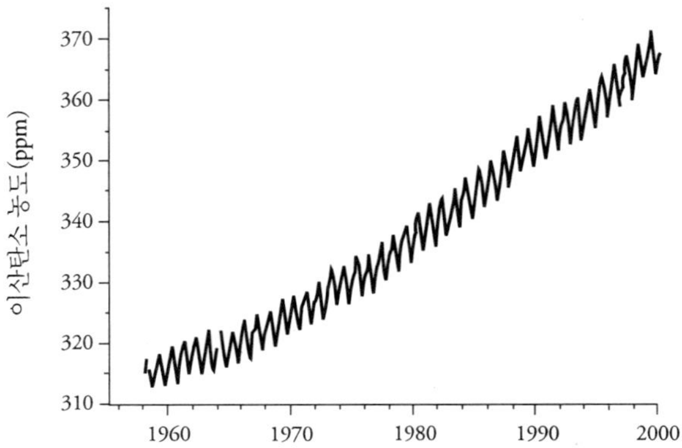

그림 5-7 하와이 섬 마우나로아 산맥에서 측정한 대기 중의 CO_2 농도(그림 2-1과 같다).

이터를 보고 공포감을 느끼는 사람들을 어떻게 이해해야 좋을지 모르겠다.

'온난화'도 그렇다. 과거 10년 동안의 평균 기온을 다시 한 번 평균한 수치에 해당하는 일본 국내의 7개 도시를 그림 5-8에 나타내었다.

사이타마와 도쿄의 기온 차이는 약 1.5℃ 정도이고, 도쿄와 미토는 2.5℃ 정도 된다. 가령 미토에서 도쿄로 이사했다고 하더라도 생활하는 데 불편함을 느낄 것이라 생각하지 않고, 사이타마나 미토 주변의 식생이 도쿄 주변의 식생과 크게 다르지도 않다. 미야자키와 미토는 평균 기온이 4℃ 차이가 난다.

세계의 평균 기온이 앞으로 2℃ 정도 오른다고 해도 경작이 가능한 북쪽을 향해서 땅이 넓혀질 것이고, 따라서 식량 증산(기아의 구제)에는 도움이 되지 않을까? (와타나베)

겨우 2~3℃의 온난화가 두려운가?

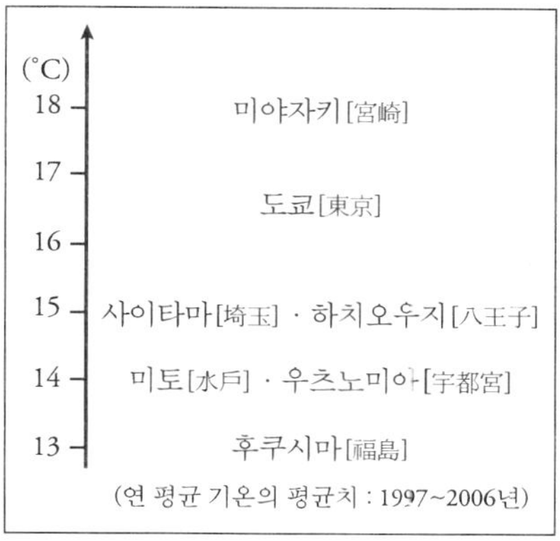

그림 5-8 일본의 일부 도시를 보더라도 평균 기온 차이는 이 정도뿐이다.

온난화로 '피해'를 입은 사람은 어느 정도나 될까?

미국의 노드하우스의 해석을 토대로 기온이 상승했을 때 세계 여러 국가들과 지역이 과연 어느 정도의 경제적 영향을 받을까에 대해서 좋은 쪽과 나쁜 쪽 모두를 살펴보기로 하자. 우선 좋은 영향은 경작에 적합한 기후가 된다는 것을 들 수 있다. 특히 한랭한 지역은 기온 상승으로 경작을 잘할 수 있게 된다. 단, 가뭄이 나면 손실로 이어질 수도 있다. 해안선이 있는 국가에 대해서는 해수면이 상승하여 연안 지대가 손실을 입거나 허리케인이 증가할 것이라는 것도 고려하였다. 이 같은 결과를 종합해보면 그림 5-9와 같다.

그림 5-9는 국가나 지역에 따라서 받는 영향이 크게 다르다는 것을 말해준다. 고수입으로 구분된 국가를 보면 2℃ 정도까지는 손해가 거의 없다. 한편, 저수입으로 구분된 국가에서는 손해(피해)가 빨리 나온다. 유럽 역시 손해(피해)가 나오기 쉽다. 이러한 차이는 주로 농

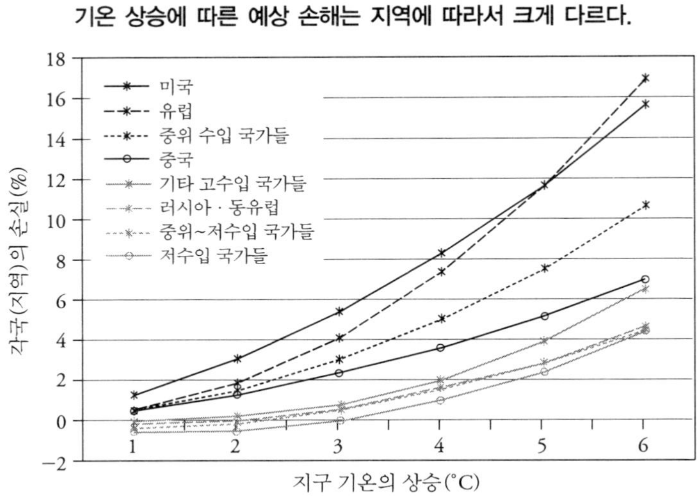

그림 5-9 기온 상승에 따른 각국의 손실. W. D. Nordhaus와 J. Boyer의 『지구 온난화의 경제 모델』(MIT Press, 2000년).

업이 취약한 지역과 관광 의존도에 따른다. 저수입 국가와 지역의 농업 형태는 기후 변화에 취약하다고 알려져 있다. 비단 기온이 올랐을 때뿐만 아니라, 기온이 떨어졌을 때 역시 손해가 발생하고 있다. 앞에서 기술한 일본 도호쿠 지방의 쌀 경작이 그 예다.

지구 전체로 보았을 때 손해가 어떻게 나타나는가에 대해서는 그림 5-10에 나타내었다. 예를 들면 2 °C 상승했을 경우, GDP 1% 정도의 손해가 나온다는 계산이다. 노드하우스의 예상대로라면 손해는 기온 상승의 2승에 비례한다.

이와 같은 예상은 하나의 기준이다. 하지만 허리케인의 예에서도 말했듯이 사회가 받을 손해는 그 사회의 특성에 따라 크게 좌우된다. (이토)

1°C 정도의 기온 상승이라면 손해는 적다.

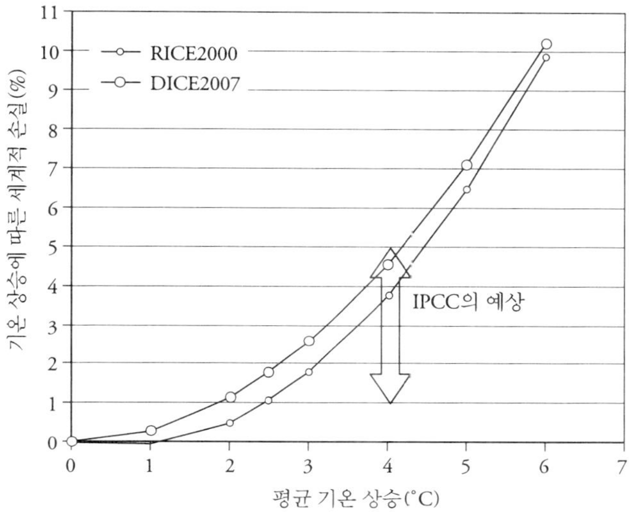

그림 5-10 기온 상승에 따른 세계적 손실. W. D. Nordhaus, 발표 예정 원고(nordhaus.econ.yale.edu/dice_mss_072407_all.pdf).

에너지 절약도, 에코 활동도 CO_2 배출을 줄이지는 못한다

2008년 3월 중순, 일본의 한 신문의 과학부 기자가 다음과 같은 칼럼을 썼다.

'지구 온난화에 경종을 울리는 기사를 쓰기 전에 「온난화 방지」를 위한 실천 행동을 위하여 5년 전부터 겨울에도 난방기구를 사용하지 않고 있다. 전기히터와 전기장판을 쓰지 않고, 석유히터도 쓰지 않아 등유도 절약했다. 덕분에 겨울철 전기 요금의 3분의 2를 절약하고, 등유는 말통으로 2개분을 아낄 수 있었다. 대략 계산했을 때 하루에 CO_2 배출을 3 kg 정도 줄일 수 있었다. 5인 가족이므로, 「한 사람당 하루에 1 kg의 CO_2 감축을 실천하자.」는 환경청의 기대에 부응하려면

아직도 2 kg을 더 줄여야 한다. 자가용 대신 자전거로 출퇴근을 해서라도 감축 목표를 달성하고 싶다.'

하지만 유감스럽게도 그는 추위에 떤 보람도 없이 'CO_2 배출 감축'에는 성공하지 못했다. 이유는 이렇다. 전기와 기름을 절약했을 때 전기료와 기름 값이 남는다. 남은 돈으로는 과연 무엇을 할까? 통장에 가만히 넣어둘 수도 있겠지만, 무언가를 살 수도 있을 것이다(물건일 수도 있고 서비스를 받을 수도 있다). 그렇다면 기업이 공장에서 에너지를 더 사용할 것이고 발전소에서는 CO_2가 더 배출된다.

은행에 맡긴다면 어떻게 될까? 은행은 그 돈을 기업에 빌려주거나 할 것이고 기업은 공장을 확장하거나 투자를 할 것이다. 역시 에너지 소비(CO_2 배출)로 이어진다. 때문에 아무리 개인이 에너지 절약에 힘을 써도 CO_2 배출을 줄이기는 어려운 것이다.

일본 환경청은 교토의정서 발효 이후 2005년 4월에 '팀 마이너스 6 %'라는 '국민운동'을 개시하였다. 홈페이지•에 들어가 보니 실로 다양한 형태의 이벤트를 기획하고 있었다. 2008년에는 홋카이도의 도야코 정상회담을 기념하여 6~8월 3개월 동안 도야코 온천에서 '에코 전시회' 등을 개설하여 많은 사람들이 방문할 수 있도록 하였다. 하지만 생각해보자. 막대한 양의 전기 에너지와 자재를 사용해서 열리는 이벤트가 어떻게 'CO_2 배출 감축'에 효과가 있다는 것인가? 일반인에게는 정말로 이해하기 힘든 생각이다.

2007년 일본 정부의 한 부서에서 시작하여 신문사의 자발적인 참여를 유도한 '1인 하루 1 kg' 운동에는 2008년 4월 10일 현재, 총 236

• 역자 주 : http://www.team-6.jp/

개의 기업과 단체가 협찬 의사를 표명하였다. 못해도 현상 유지, 잘하면 사업 규모(에너지 소비) 확대를 호시탐탐 엿보는 기업과 단체가 어떻게 CO_2 배출을 감축시킬 수 있단 말인가? 이 역시 일반 서민에게는 이해하기가 어렵다.

우리들은 어떤 활동을 하여도 반드시 에너지를 사용하며 당연히 이산화탄소가 발생한다. '온난화 대책회의' 역시 에어컨이나 복사기, 조명 등을 사용할 것이고, 의원들 중 일부는 자가용을 타고 올 것이다. 때문에 활동을 하면서 CO_2 배출을 줄이기란 불가능하다.

놀랄 만한 예를 또 들어보자. 일본의 '전국 지구온난화 방지활동 추진센터'라는 조직의 이야기다(대표는 오오키 히로시大木浩로 각 지역에 지부도 있다). 2004년 7월에는 '스톱, 온난관'이라는 시설을 도쿄에 설립하고 왕성한 활동을 계속하고 있다. 하지만 진심으로 충고하고 싶다. 해당 관계자들이 CO_2 배출을 줄이려는 마음이 정말로 있다면 하루라도 빨리 시설 문을 닫고 일을 그만두라고 말이다. 그것이 에너지 소비를 스톱시키는 최고의 방법이다.

극단적인 이야기를 좀더 해보자. 심각한 얼굴을 하고 '지구 온난화의 위협'을 전달하는 텔레비전의 아나운서에게 하고 싶은 이야기다. 만일 온난화의 주범이 CO_2라고 생각한다면 막대한 에너지를 사용하는 방송을 정지(가장 좋은 방법은 방송국 자체를 철폐)하자고 주장하든지, 아니면 최소한 스튜디오 조명의 밝기를 줄이자고 요청하는 게 먼저다.

또한 방송에서는 자동차 선전을 자주 내보낸다. 자동차야말로 제조 당시부터 귀중한 희귀 금속 등의 자원을 쏟아부을 뿐만 아니라 막대한 에너지가 사용된다. 완성된 제품은 'CO_2를 내뿜는 기계'라고 해도 과언이 아니다. 방송 내용과 선전이 이토록 엇갈린다는 것을 아나운서들은 정녕 모른다는 말인가?

국회에서 '온난화 대책'에 고심하는 정부 관계자들도 예외는 아니다. 우선은 공용 자가용 사용을 그만두고 지하철이나 버스로 출퇴근을 하는 것이 마땅하다. 아무도 그런 사람이 없으니 진정으로 '온난화' 걱정을 하지 않고 있다는 증거다.

지구 온난화 방지라는 말도 실상은 환상에 지나지 않는다. CO_2 배출을 몇 % 정도 줄인다고 해도 무의미에 가까운 시간만큼만 상황을 뒤로 미루는 것에 지나지 않기 때문이다. 신문 기사에 자주 등장하는 '지구 온난화 방지'라는 표현을 작성하는 기자 역시 그것이 가능하리라고는 생각하지 않을 것이다.

2008년 2월 하순에 다음과 같은 신문 기사를 보았다. 나라奈良 시청에서 난방 온도를 19℃로 설정했는데, 추위에 약한 직원들이 개인 스토브를 사용하면서 전력량을 초과하는 바람에 갑자기 정전이 되었고, 2시간 반 정도 컴퓨터 단말기마저 멈추어서 관련 서류 발급이 중단되었다는 내용이었다.

'개인 스토브'로 전력 소비가 늘어났고 발전소의 CO_2 배출도 증가하였다. 이와 같은 에피소드는 환경청이 국민들에게 권하는 난방 대책에서 얼마나 앞뒤가 다른 행동을 하는지를 잘 말해주고 있다.

텔레비전과 신문, 잡지를 들여다보면 '지구를 생각하는 에코 제품'이라는 말로 넘쳐난다. 어디 가전제품과 자가용뿐인가! 난방대책용 · 냉방대책용 의류도 있다. 메이커들은 당연히 대량판매를 위한 대대적인 선전을 하고 있을 것이다. 하지만 기업이 의도한 대로 제품이 큰 인기를 끌어 많이 팔려나간다면 어떻게 될 것인가? 에너지 소비가 늘어나서 오히려 국가 전체의 CO_2 배출량은 늘어날 것이 자명하다. 마트 등에서 시장바구니 운동도 벌이고 있지만 이 제품의 제조 역시 예외는 아니다.

에너지 절약과 에코 운동으로 지구의 온난화를 막을 수 있다고 생각한다면 그야말로 환상이다.

물론 절전 운동 자체는 선의이고 아름답다. 가정은 가계에 도움이 될 것이고 기업은 수익 증가로 이어진다. 하지만 여기까지다. 'CO_2 배출이 줄어든다.' 혹은 '지구를 지킨다.', '환경을 위한다.'는 말은 거짓이며 사기에 가까운 선동이다.

관청들이 앞다투어 절전에 힘쓴 결과 'CO_2 배출이 ○○톤 정도 줄어들었다.'라는 발표를 반갑게 접하는 시민들이 많을 줄 아는데 정말 그럴까? 절전으로 남은 예산은 그냥 묵혀 있지 않을 것이고 무엇인가를 사는 데 사용될 것이므로 진정한 의미의 에너지 절약이라 할 수 없다. 또 가정에서 사용하지 않는 전기 코드를 빼놓자는 운동도 일고 있는데, 실제로 발전소가 절약한 전력만큼 전력 생산을 줄일 리 만무하다. 따라서 'CO_2 배출이 ○○톤 정도 줄어들었다.'는 발표는 형식에 가깝다.

온난화 대책에 아무리 돈을 쏟아부어도 CO_2는 줄지 않는다

2008년 3월 19일 일본의 경제부처는 다음과 같은 발표를 하였다. 12년 후인 2020년까지 최첨단 에너지 절약 기술이 보급되면, 일본의 CO_2 배출량은 2005년에 비해서 13%가 줄어든다는 것이다. 이를 위해서 기업과 가정이 거의 절반씩 비용 분담을 해야 하는데 총액은 52

조 엔(세대당 약 50만 엔)이라 한다. 에너지 절약 기술이란 태양광 발전이나 하이브리드 차, 첨단 IT 기기, 절전형 가전, 개량형 원자력 발전을 일컫는 듯하다. 국민들의 각오를 다지게 하고 누가 얼마나 부담할 것인가를 명확하게 한다는 것이 경제부처의 생각인 듯하다. 매스컴은 '세계적인 공통 과제에 적극적으로 대처하는 선진적 기획'이라며 앞다투어 선전을 하였다.

한마디로 말이 안 되는 이야기다. 우선 2005년에 비해서 13% 정도 줄일 경우, 교토의정서의 기준(1990년) 레벨에 도달하기는커녕, 플러스 그대로이기 때문에 교토의정서조차 무시한 처사다(필자는, 무시했다고 해도 별 상관없다고 생각하지만). 더 중요한 문제는 돈을 들여서 CO_2 배출을 줄인다는 것. 이 역시 거짓이며 허구다. 말이 나왔으니 돈과 CO_2 배출의 관계에 대해서 자세히 한번 살펴보자.

1970~2005년, 36년간에 걸쳐서 일본의 CO_2 배출량(●)과 실질 GDP(○)가 어떻게 변해왔는지를 그림 5-11에 나타내었다. 우선 일본 국내에 나도는 돈의 총량을 나타내는 실질 GDP(국내 총생산=총지출)는 정도의 차이는 있지만 비교적 일관되게 증가하여, 1970년 당시보다 3배 가까이 늘었다.

한편 CO_2 배출량을 보면, 실질 GDP와의 관계가 1986년을 정점으로 확연히 변화하였다. 가령 1970~1986년을 1기, 1986~2005년을 2기라 하자. 기억이 맞는다면, 1기는 1차(1973년)·2차(1978~1979년)의 석유 쇼크로 일본 국내의 산업계 또한 예외 없이 상당히 힘든 때였다. 사회와 기업이 힘을 합쳐 에너지 절약에 힘쓴 결과, 소비에너지당 CO_2 배출량을 격감시킬 수 있었다. ●가 만드는 곡선의 변화가 이를 잘 말해주고 있다.

일본은 CO_2 배출량과 GDP 성장 곡선이 거의 일치한다.
어느 한쪽만 줄이라고 해도 무리다.

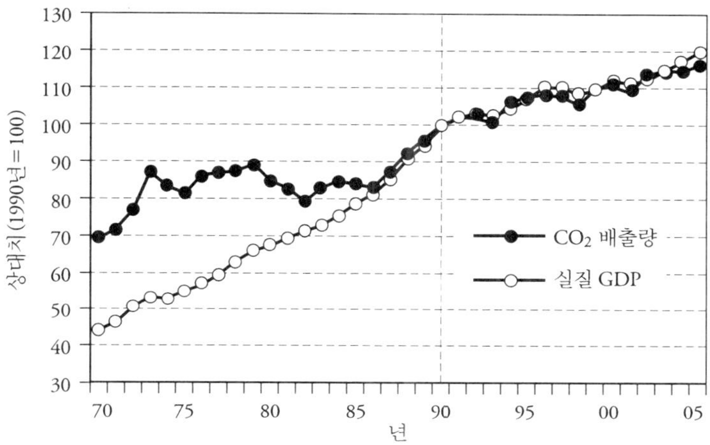

그림 5-11 1986년까지는 성장을 멈추지 않고도 에너지 절약을 할 수 있었던 시대였다(1기). 이후는 완전히 연동하고 있다(2기). EU 각국 및 미국은 아직 1기에 해당한다.

두 개의 곡선은 1986년에 합류해서 2기는 일심동체의 형태로 진행 중에 있다. 가운데 세로 점선은 1990년(교토의정서의 기준년)을 100으로 한 상대 수치이기 때문에, '일심동체'는 정비례 관계를 의미한다. 아마도 일본은 이미 1986년에 에너지 절약이라는 정상에 도달해버린 결과, 국내에 나도는 돈의 총량이 CO_2 배출량 ≒ 에너지 소비량을 결정해버리는 국가가 되어버렸다.

1기는 '돈이 없기 때문에 할 수 없이 에너지 절약을 추진하던 시기'이며, 2기는 '돈이 있는데도 불구하고 에너지 절약에 힘쓰고 있는 시기'라고 할 수 있다.

2기와 같은 사정에 있는 국가는 전 세계에서 일본이 유일하다. 개발도상국들은 물론이고 미국과 유럽 여러 국가들 거의가 일본의 1기와 같은 상황(즉, '환경과 경제가 양립 가능한' 상황)에 있다. 때문에 각국들은 에너지 절약을 해서 CO_2 배출량을 줄일 수 있는 여지가 있지만 일본은 불가능에 가깝다고 해도 과언이 아니다. 국가 사정을 무시한 채 CO_2 배출 감축에 열을 올리고 있는 현실이다.

정부는 2006년도부터 매년 1조 엔이 넘는 '온난화 대책 비용'을 쓰고 있다. 그 돈은 실험장치 제조업자 및 건설사업자 등의 경리부를 거쳐서 반드시 개인의 호주머니에 들어갈 것이고 그들은 또 무언가를 사고 싶어할 것이 분명하므로 아무리 거대한 예산을 쏟아붓는다 해도 CO_2 배출량 감축으로는 이어지지 않는다. 진정으로 CO_2를 줄이고 싶다면 한 가지 방법뿐이다. 예산 등 아무것도 쓰지 말고 아무것도 하지 않는 일이다.

경제부처의 '52조 엔' 역시 이미 에너지 절약을 달성해버린 일본 국내에서 사용하는 한 CO_2 배출 감축에는 거의 효과가 없다. 다른 국가들의 에너지 절약을 추진하는 데 그 돈이 쓰인다면 조금은 효과를 보겠지만 말이다. 더구나 한 세대가 50만 엔씩이나 부담해야 하는 조건에서 국민들이 과연 CO_2 배출 감축을 환영할지도 의문이다(필자는 그렇지 않다고 생각한다).

최근에 교토의정서의 한계와 비효율성을 깨달은 사람들이 '선진국은 CO_2 배출의 80% 감축에 나서야 한다.' 등을 주장하고 나섰다. 이를 획기적인 제안이라고 보도하는 매스컴은 경제가 파탄 나고 실업자가 늘어나는 것은 상관없다는 말인가? 또 '80% 감축'을 주장하는 사람들에게도 한마디 하고 싶다. 소득의 80%를 사용하지 않도록 하여 그 돈이 CO_2 배출로 이어지지 않도록 하는 것이 바로 언행일치다. 다시 말하지만, 물건이든 서비스든 무언가를 사용하면 반드시 에너지 소비(CO_2 배출)로 이어진다.

의정서의 제1 약속기간이 만료하는 2012년까지 일본 정부는 2조 엔 정도를 써서 러시아의 배출권을 사들일 것이다. 아마도 참가국들의 온정에 기대어 의정서에서 '목표 0%'에 머무른 러시아는 1991년 소비에트 연방 붕괴 이후 경제 활동이 30% 이상이나 줄어들었기 때문에 '목표 0%'에도 훨씬 못 미치는, 남아도는 배출량을 팔 수 있게 되었다. 1%가 약 1,000억 엔의 가치를 갖는다고 말하는 이도 있다.• 결과적으로 러시아는 2조~3조 엔을 거저 얻는 셈이다. 하지만 '지구 전체의 CO_2 배출'에는 아무런 도움이 못 되는 최악의 사태가 발생할 것이다.

일본 정부가 러시아의 배출권을 사들이는 일에 과연 일본 국민들은 납득하고 있을까? 매년 1조 엔 이상의 돈이면 의료, 복지, 교육 사업에서 유용하게 쓰일 것이다.

설사 (원인이 자연 현상이든 인위적인 활동이든) 온난화가 진실이어서 해수면이 점점 올라간다 하더라도, 해안 제방을 튼튼히 쌓는 데 주력하면 될 것이다.

일본은 조수 간만의 차(약 2 m)가 있고, 지반 침수(오사카 만 부근은 과거 100년 사이에 2.6 m나 침하되었다.)나 태풍 등에 대비하여 해안선에 약 4 m 정도의 여유를 두고 있다. 미타카三陸 해안 등을 보면, 둑을 더 높이 쌓아야 하는 곳이 그리 많지 않다는 것을 알 수 있다. 뿐만 아니라 온난화로 인한 해수면 상승은 매년 겨우 수 밀리미터에 지나지 않기 때문에 천천히 공사하면 된다. 해안이 긴 곳에 드는 공사비용이라야

• 역자 주: 현재 탄소 1톤당 25~40달러 정도로 거래 중.

고속도로 건설 비용의 100분의 1 정도이므로 수조 엔까지는 들지 않을 것이다. 국민들의 세금을 부디 유용하게 써주길 바란다. (와타나베)

배출권 거래를 도입해서 오히려 CO_2 배출이 증가하였다

단일 지표의 위험성에 대해서는 앞에서 이미 기술하였다. 교토의정서의 약속 시한인 2012년 이후에 관한 논의가 시작된 지금, 다시 한 번 염두에 둘 필요가 있다. 의정서의 틀에서 벗어나지 못한 채 CO_2 배출 감축만을 고집한다면 바이오 연료와 같은 비극이 되풀이될 것이다.

실제로 의정서의 실효성을 높이기 위하여 고안된 배출권 거래가 오히려 CO_2 배출량을 증가시키지 않을까 예상되고 있다. 배출권 거래는 과거 미국에서 대기오염을 개선하기 위해 만든 것이다. 이산화탄소 등의 배출 감축을 달성한 기업과 달성하지 못한 기업 사이에 감축량이 매매되는 과정을 통해 감축 의욕을 부추기고자 하는 의도였다. 당시 배출권 거래는 성공적이었다. 능력이 비슷한 기업 간에는 감축 노력을 하느냐 마느냐가 쉽게 보여지고, 평가도 용이하기 때문이다. 노력한 쪽이 이득을 본다면 애쓴 보람(인센티브)이 있다. 사람의 몸으로 치자면 각자가 계획한 목표보다 감량에 성공한 사람에게 포상을 주고, 목표를 달성하지 못한 사람에게는 벌금을 줌으로써 효과적인 감량을 유도하는 것과 같다.

그러나 국제적인 배출권 거래는 사정이 다르다. 원래 배출이 적은 국가와 많은 국가 사이에서 배출권을 거래시키고자 한 것이기 때문에 배출이 적은 국가만 득을 보게 되어 있다. 감축 노력의 평가와 전혀

관계가 없는 것이다. 때문에 전체로 볼 때 CO_2 배출이 증가하는 것도 어쩌면 당연하다. (이토)

지금의 협약에서 탈피하지 않으면 안 된다

이처럼 'CO_2 배출량 감축'만을 지표로 삼는 것은 불충분하며 위험하다. 센이 경고한 것처럼 '합리적인 바보'가 될 것은 불을 보듯 훤하다. 그렇다면 어떤 식의 재협약이 이루어져야 할 것인가? 당연히 다양한 기후 변화의 원인에 대응할 수 있는 것이어야 한다. 이미 IPCC 보고서가 주장하듯 기후 변화에 인위적인 요인과 자연적인 요인이 있다는 것을 명확히 할 필요가 있다. 그리고 인위적인 요인에도 특성이 다른 다수의 중요한 인자가 있다는 것을 기술할 필요가 있다.

교토의정서의 성격은 이전의 기후변화협약에서 결정되었는데, 협약의 최종 목적이 온실효과가스를 안정화시키는 데 있는 한, 의정서에 많은 것을 요구하는 것은 무리일 듯하다. 그래서 필자는 기후변화협약의 개정이 먼저 이루어져야 한다고 생각한다. 우선 한 가지 가능성은 기후변화조약의 최종 목적에 여러 가지 기후 변화 요인을 넣도록 하는 것이다.

그러나 앞에서 서스킨드가 지적한 바와 같이 협약·의정서 방식에 한계가 있다면 별도의 방법을 고려해야 할 것이다. 실제로 서스킨드는 저서 『환경 외교』에서 3단계의 새로운 협약 제정 방식을 제안하고 있다. 복수의 의정서와 적절한 투표 그리고 명확한 기간 한정이 보완된 방식이라면 기존 방식의 결점을 보완할 수 있다고 주장한다.

이러한 협약을 가칭 '포괄적 기후변화협약'이라 했을 때, 많은 기후 변화 요인에 대응할 수 있을 텐데 구체적인 이점들에 대해 살펴보자. 우선 CO_2 배출량을 둘러싸고 선진국과 개발도상국들 간의 엇갈린 주장들이 일정한 해결책을 찾을 수 있을 것으로 본다. 중국 등의 주장을 보면 이제까지 CO_2를 배출해온 장본인은 선진국들이기 때문에 개발도상국은 CO_2 감축에 대한 도의적인 의무가 없다는 것이다. 온실효과가스만을 지표로 했을 때 이 주장은 맞다. 그러나 기후 변화에 영향을 주는 요인으로 매연과 같은 에어로졸도 중요하다는 것이 밝혀지고 있다. 이제까지 중국이나 인도 등에서 많은 양이 배출되어 왔는데, 이 같은 현실을 무시해서는 정책상으로나 과학으로 따졌을 때, 말이 안 된다.

개발도상국 각국이 반드시 CO_2 배출이 아니더라도 자신들의 활동이 기후에 영향을 끼치는 것을 인식한다면 국제 교섭은 상당히 달라질 것이다. 예를 들면 북극의 얼음이 녹는 원인으로 한센이 지적한 매연을 들 수 있다. 북극권의 기후 변화를 걱정하는 북유럽과 캐나다는 매연의 피해와 관련하여 중국과 인도에게 대책을 주장할 수 있다.

또 북유럽 국가들의 기후에는 태양 자기 활동의 영향이 크다고 알려져 있다(그림 2-23을 참고). 반면에 IPCC 보고서에서는 북극권 기후에 미치는 영향을 제대로 평가하지 못하고 있다는 의견도 많다. 매연이나 태양의 영향을 생각해보면 CO_2를 줄인다 하더라도 북유럽의 기후에는 별 영향을 주지 못할 것이다.

개발도상국들에게 연료 사용을 규제하도록 한다면 반발을 사는 것은 당연하다. '포괄적 기후변화협약'의 의정서에는 온실효과가스나 매연을 포괄적으로 고려할 수 있는 장치를 마련할 수 있을 것이다. 예를 들어 질 나쁜 연료가 기후뿐만 아니라 건강에도 악영향을 끼치는 원인을 제공한다는 점을 감안할 때, 선진국이 개발도상국들에게 에너지 개선을 위해 원조를 하는 일은 양쪽 모두에게 도움을 준다. 매연 배출량을 줄인 일이 원조한 선진국의 이득이 된다면, 이는 원조의 인센티브가 될 것이다. (이토)

【② 기후 변화에 대한 현명한 대응】

CO_2에 집착하는 일이 무의미하다는 것을 알면서도……

'과학적으로 정확히 밝혀지지 않았다고 해서 대응을 늦춰서는 안 된다.'는 것이 소위 예방 원칙이다. 지구 온난화 문제는 이러한 예방 원칙 아래서 주장되는 일이 많았다. 특히 IPCC 3차 보고서나 4차 보고서에서 인위적인 영향을 강조하기 전까지는 온실효과가스의 감축에도 예방 원칙이 작용되었다. 그러나 4차 보고서에 이르면 한층 더 위협이 가해져서 예방이라고 하기보다는 고어가 말하는 대로 '코앞의 위기'를 염려하는 사람들이 늘어났다. 물론 위기 및 위험이 닥쳤을 때 대응은 빠를수록 좋을 것이다. 그렇다면 위기는 온실효과가스뿐일까? 아니면 예방 원칙의 대상으로 온실효과가스만 생각해도 좋다는 말일까?

독자들은 이미 기후 변화의 원인이 다양하다는 것을 알고 이해했을 것이다. 어떤 인자도 영향을 크게 끼칠 수 있으며, 가능성을 갖고 있다는 것을 알고 있다. 그렇다면 여러 인자들 역시 예방 원칙의 대상에 넣어야 하지 않을까? 위기로서 대응해야 마땅하지 않을까 하는 것이다. 예를 들면 에어로졸로서 작용하는 매연이 전형적인 예다. 이는 한센이 지적한 대로 중국에서 일어난 대홍수와 북극의 빙하가 녹는 원인일 가능성이 높다. 태양 역시 지금까지 잘 알려져 있지 않은 메커니즘을 통해서 우리 문명에 큰 영향을 끼쳐 왔다. 토지 개혁이 국지적인 기후 변화를 일으키고 있다는 것도 입증되고 있다. CO_2만을 고집하는 것은 무의미하며 위험하다. (이토)

체중 감량에는 찬성하지만 급감량은 큰 부작용을 일으킨다

S라인이나 Y라인이 되기 위해 체중을 과하게 줄이려는 마음은 이해가 간다. 하지만 갑작스런 감량이 위험하다는 것쯤은 일반적인 상식이다. 탈수증을 일으킨다면 생명도 장담할 수 없다.

체중에만 국한되지 않는다. 급격한 변화는 만족스런 결과를 가져오지 않는다. 예를 들어 자동차가 급커브를 돌 때 속력을 줄이지 않으면 큰 사고가 날 것이다.

몸도 사회도 마찬가지다. 복잡한 시스템은 서로 닮았다. 따라서 특성을 잘 파악하지 않고 섣불리 건드려서는 안 된다.

CO_2 감축도 마찬가지다. 독일에서 감축량을 결정했을 때 자국에 무리가 없도록 한 것을 떠올려보자. 부작용, 아니 피해를 감수하면서까지 감축에 열을 올리는 것은 주객전도라 할 수 있다. CO_2 감축에 어느 정도 자신감을 나타내던 유럽 역시 실제로는 감축 목표에 미치지 못한다는 견해도 나오고 있다. 당연한 이야기다. 미래에 대한 전망은 계속 바뀌기 때문이다. 그때그때 때에 따라서 무리가 없는 계획을 세워야 한다. 만일 유럽이 현재의 감축 목표를 달성하지 못하겠다는 판단이 들면 목표를 바꿀 것이다. 그들은 국제 정치에서 프로다. 협약의 구조 역시 잘 파악하고 있다. 교토의정서의 수치 목표는 가맹국의

3분의 2가 찬성하면 바꿀 수 있다. 유럽은 3분의 2의 찬성을 얻어내어 자신들의 목표 수치를 무리가 없도록 변경해갈 것이 분명하다.

유럽과 일본의 차이를 건강을 예로 들어 설명한다면, 자신의 몸을 잘 숙지하면서 트레이닝을 하는 사람과 잘 알지도 못하면서 무거운 역기를 들어 근육을 다치는 사람으로 비유할 수 있을 것이다. (이토)

종합 평가에서 바이오 연료가 합격점을 얻었지만

'바이오 연료의 비극'에 대해서는 이미 앞에서 기술하였다. 그렇다면 과연 바이오 연료는 아무런 의미가 없을까, 아니면 조금은 의미가 있을까? 바이오 연료의 평가는 이제 막 시작되었는데 최근 들어서 종합적인 평가 결과가 나오고 있다. 특히 스위스의 연방재료연구소EMPA는 정평이 높고 바이오 연료의 평가법으로 획기적이라는 갈채도 받고 있다. 기존의 평가법은 석유를 사용했을 때보다 바이오 연료를 도입했을 때 온실효과가스를 얼마만큼 줄일 수 있는지 또는 얻어진 에너지는 어느 정도인지를 평가하였다. 온실효과가스를 감축했더라도 에너지가 나오지 않고서는 의미가 없기 때문이다. 예를 들어 미국의 옥수수를 생각해보자. 경작에는 상당한 에너지가 필요하다. 트랙터 등의 기계는 연료가 있어야 움직이며 비료와 인건비도 필요하다. 실은 비료에도 큰 문제가 있다. 만드는 데도 비용이 만만치 않을 뿐 아니라 질소비료에서 강력한 온실효과가스인 산화질소가 나오기 때문이다. 또 원료인 사탕이나 전분을 발효시켜 에탄올로 만들기 위해서도 역시 에너지는 필요하다. 이처럼 모든 것을 고려해서 온실효과가스와 에너지에 대한 평가를 내린다. 이러한 작업을 일반적으로 'LCALife Cycle

Assessment'라 부른다.

LCA에 대해서 다양한 연구팀이 보고를 하고 있지만 아직 명확한 결론을 내리기는 이르다. 예를 들면 미국에서 옥수수를 연료로 한 바이오 에탄올에 대하여 석유보다 좋다는 전망이 있는가 하면, 오히려 좋지 않다는 보고도 나왔다. 이처럼 연구자들 사이에서 격론이 한창이다.

한편 EMPA에서는 기존의 LCA에서 취급하지 않았던 항목(건강이나 생태계의 영향 등)을 추가한 '확장 LCA'라 불리는 방법을 써서 바이오 연료의 환경 영향을 평가하였다. '확장 LCA'는 꽤 세세한 항목으로 이루어져 있지만 다수의 항목을 종합한 결과를 비교하려는 목적에는 부합한다.

그림 5-12는 결과의 한 예다. 다양한 바이오 연료를 한 장의 그림으로 비교하고 있다. 가로축은 온실효과가스를 어느 정도 배출하는가를 나타낸다. 유럽에서 사용하는 저유황 가솔린이 배출하는 CO_2의 온실효과를 100%로 하였다. 이것을 보면 미국의 옥수수로 만든 에탄올은 90% 정도로 가솔린보다 온실효과가스의 배출이 조금 적다. 또 브라질의 대두를 원료로 한 디젤은 100%를 초과하지만, 같은 브라질에서 생산된 사탕수수는 온실효과가스량이 적다. 사탕을 발효시켜서 에탄올을 얻는 것은 반응이 1단계에서 끝나는데, 전분의 경우에는 우선 당분으로 바뀌고 난 다음에 에탄올이 되는 2단계가 필요하기 때문이다.

폐기물을 이용한 바이오 연료에서 온실효과가스가 적게 배출되는 것도 주목할 만하다. 유장(우유에서 버터 등을 만들고 난 찌꺼기)을 이용한 것은 스위스답다. 재생유라는 것은 소위 튀김 할 때 사용했던 폐유다. 나무나 풀을 사용한 메탄올이나 에탄올도 온실효과가스의 배

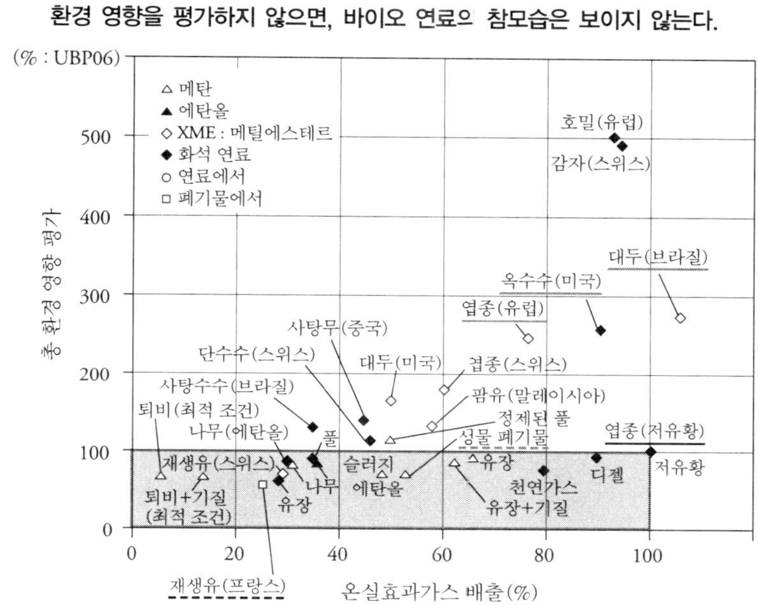

그림 5-12 여러 가지 바이오 연료에 관한 온실효과가스 배출과 환경 영향의 평가치. R. Zah 등, EMPA 보고서.

출이 적다. 이 경우 나무나 풀이 갖고 있는 셀룰로오스를 원료로 하게 된다.

세로축은 종합적인 환경 영향 평가의 수치다. 역시 가솔린을 기준(100%)으로 하고 있다. 온실효과가스의 축에서는 보이지 않던 것을 알려주고 있다. 미국의 옥수수와 브라질의 대두는 가솔린의 2.5배나 나쁘다. 온실효과가스에서 성적이 좋게 나온 미국의 대두나 스위스의 엽종은 환경 영향 평가가 가솔린보다도 나쁘다. 점수가 좋은 것은 폐기물과 나무, 풀 정도다.

이와 같은 결과를 토대로 EMPA에서는 바이오 연료를 도입할 때의 기준을 다음과 같이 들고 있다.

'온실효과가스의 배출은 가솔린의 70% 이하, 환경 영향 평가는 가솔린보다 좋을 것.'

조건에 맞는 것은 주로 폐기물인데, 나무나 풀도 그런 의미에서 유망하다. 단, 나무와 풀은 아직은 기술적인 문제가 남아 있다. 또 임업 측면에서 내리는 평가도 필요하다. 무엇보다 지속 가능한 수확을 할 수 있을지에 대한 지적도 있다.

한편, 곡물의 열매를 바이오 연료의 원료로 사용할 경우 식료와의 경합이 불가피하기 때문에 열매가 아닌 줄기나 잎 등을 사용한 '제3세대 바이오 연료'를 제안하는 이들도 있다. 그럴듯해 보이지만 지속성의 문제가 있다. 처음에만 좋게 보일 뿐 열매 이외의 부분이 땅으로 환원되지 않을 경우 땅이 점점 더 나빠지기 때문이다. (이토)

'카본 뉴트럴carbon neutral'이 기아를 낳는다?

바이오 연료에는 카본 뉴트럴이라고 하는 견해가 항상 들어 있다. 이 부분을 살펴보자.

그림 5-13은 EMPA의 보고서 결과를 이용하여 그린 것이다. 브라질의 대두 디젤의 경우인데, 경작 및 제조 · 운송 등에서 온실효과가스가 얼마나 나오는지를 조사하여 석유와 비교하고 있다. 연료에서 배출되는 온실효과가스 면에서는 석유가 크고, 확실히 대두 디젤은 제로로 나타난다. 그러나 대두 디젤은 경작할 때 다량의 온실효과가스를 내고 있다. 그 양은 석유가 연소되는 것보다 크다고 한다. 결과적으로 총량을 따져 보면 석유와 별반 다르지 않는 온실효과가스 배출량이다.

속사정을 알면 카본 뉴트럴에 속지 않는다.

온실효과가스 배출의 비교

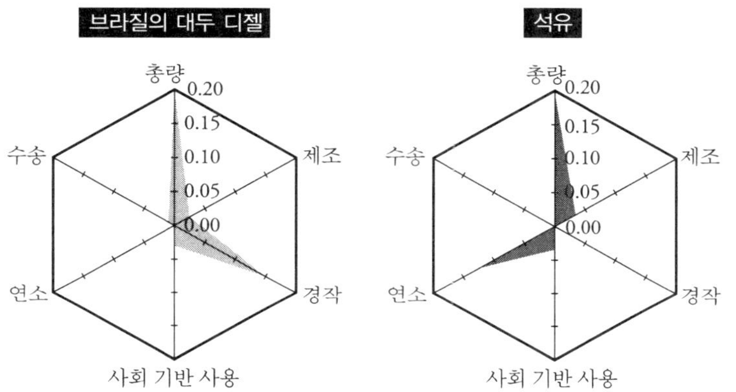

축의 수치는 CO_2 환산(kg/사람 · km), 브라질 대두 디젤과 석유
(유럽 환경 기준 EURO3로 사용하는 경우).

그림 5-13 브라질의 대두 디젤과 석유의 이산화탄소 배출량. 5항목(제조, 경작, 사회 기반 사용, 연소, 수송)과 종합해서 비교. 데이터는 R. Zah 등, 스위스 연방재료연구소 EMPA 보고서.

2007년 4월에 제출된 바이오 연료에 관한 유엔 리포트 — 지속 가능한 바이오 에너지 · 정책 결정자를 위한 협약 — 에는 '어떤 바이오 연료가 카본 뉴트럴로 보이더라도 실제로는 외부에서 그렇게 주장하고 있을 뿐이다.'라는 강도 높은 비판이 실려 있다. 카본 뉴트럴이라는 것이 겉에서 봤을 때만 그렇게 보이거나, 혹은 한 단면만을 본 결과일 수가 많다는 것에 주의할 필요가 있다.

한편 2008년 4월 현재, 옥수수나 보리 등 곡물 가격이 폭등하고 있다. 사재기와 같은 투기가 원인으로 지적되고 있다. 바이오 연료의 수요가 곡물 가격을 필요 이상으로 끌어올린 것이다. 그 결과 개발도상국 일부에서는 기아 발생이 우려되고 있다. 기아는 먹을 것이 부족하여 생기는 것이 아니라 비싼 가격 때문에 살 수 없으므로 생긴다. '바이오 연료 = 카본 뉴트럴'이라는 좋은 이미지를 무조건적으로 가지고 있는 사람은 진상을 제대로 알고 생각을 바꾸길 바란다.

그림 5-12에 포함되지 않은 바이오 연료도 있다. 예를 들면 수중식물도 바이오 연료의 후보다. 미국에서는 남조류를 대량으로 재배하여 바이오 연료를 만드는 연구가 한창이다. 일본에서는 교토해양센터 등이 해조인 모자반에서 바이오 에탄올을 만드는 기술을 개발하고 있다.• 모자반은 식용이 아니므로 식재료와 경합을 벌이지 않아도 된다. 동해의 야마토타이大和堆에 면적 1만 km^2의 양식장을 만들 계획인데, 이곳에서 생산될 양은 일본의 가솔린 판매량의 3분의 1에 해당한다고 한다.

해조 에탄올은 여러 가지로 의미가 있다. 바다에서 만들어지는 비식용 재료이기 때문에 땅에서 경작하는 식료와 경합하지 않는다. 또한 지금까지 누구도 주목하지 못했던 자원을 개발하는 것에도 의미가 있다.

그러나 해조에도 문제는 있다. 환경 문제에서 지금까지 생각하지 못했던 일이 일어날 가능성을 배제할 수 없다. 세계에서도 특이한 예이므로 사전 평가가 충분히 이루어져야 한다. 예를 들면 야마토타이는 어장이기 때문에 다른 어업에 미칠 영향도 조사할 필요가 있다. 가령 일본 주변 해에 있어서 해양 조약이 이루어지고 있지 않은 것을 사상가인 요네모토 쇼헤이米本昌平가 저서 『지구 환경 문제란 무엇인가地球環境問題とは何か』••에서 지적하고 있다. (이토)

• 아사히朝日신문, 2008년 2월 28일.

•• 이와나미신쇼岩波新書, 1994.

유럽은 풍력·태양력 발전으로 이행하고 있다

현재 자연 에너지를 대표하는 것은 풍력 발전과 태양력 발전일 것이다. 처음에는 비용 문제와 더불어 바람이 불지 않거나 해가 뜨지 않으면 소용이 없다는 불만이 많았다. 그러나 기술 발전이 빠르게 진행되면서 풍력 발전에 들어가는 비용이 1980년 당시에 비해 5분의 1로 줄었다. 현재 풍차의 건설비는 1 kW당 10만 엔 정도다. 1 kW당 가격으로 따져도 10엔 수준까지 가능해졌다.

태양전지의 가격도 큰 폭으로 내릴 가능성이 커졌다. 최근에 호주국립대학 연구팀이 실리콘 태양전지의 가격을 4분의 1 이하로 내리는 기술을 개발하였다. 단책短册형 태양전지라 불리는 것으로, 얇게 자른, 두께 수십 마이크론의 단결정 실리콘을 넓힌 것이다. 기존의 실리콘 태양전지는 1 kW당 50만 엔 정도였다. 가정의 전력 사용량을 고려했을 때 1가구에 4 kW(100볼트 40암페어)는 필요하다고 가정한다면 200만 엔 정도의 설비비용이 들어간다. 이 정도라면 보조금이 필요하지만 50만 엔 정도로 설치할 수 있다면 수요가 달라질 것이다.

두 경우 모두 바람이나 태양열이 연료이기 때문에 연료비가 필요 없다. 뿐만 아니라 화석연료를 태울 때 나오는 이산화탄소나 원자력발전에서 나오는 방사성 폐기물과 같은 걱정거리도 없다.

유럽에서는 해상 풍력 발전이 적극적으로 추진되고 있으며, 아프리카 연안까지 도달할 정도의 거대한 네트워크를 만들 계획이라고 한다. 세계적인 추세로 보았을 때 필요한 전력의 몇 배를 감당할 수 있는 잠재력이 있다는 계산도 나오고 있다. 하지만 일본에서 풍력 발전에 관련된 문제는 특수하다. 예를 들면, 발전에 적당한 장소가 국립공원 근처이기 때문에 풍차 설치에 제한이 따른다. 무엇보다 독일이나 스페인처럼 자체 생산한 에너지를 발전소가 사들이는 제도도 약하다. 또한 태풍으로 무너진 풍차가 있었고, 대진 기준은 고층빌딩과 같은 수준으로 해야 하기에, 풍차 공사가 중단되었다.• 이래서는 기술이 발전할 수 없다.

자연 에너지 기술에 대해 생각할 때 자국 내에서 소비할 에너지만을 만들 필요는 없다. 수출 산업으로 성장할 가능성이 크기 때문이다. 2007년에 쿄세라가 스페인에 대규모 태양광 발전설비를 건설하였다. 약 36헥타르 면적에 빈틈없이 깔린 태양전지의 출력은 13.8 MW로 약 5000세대의 가정에 전력을 공급할 수 있는 양이다. 유럽 각국에서는 전력회사가 자연 에너지 발전의 전력을 높은 가격으로 사들이는 보조제도가 있기 때문에 진행이 순조롭다. 앞으로 화석연료에 탄소세와 같은 세금이 부과된다면 태양광 발전은 지금보다 더 유리한 입지를 차지할 것이다. (이토)

조업 때 CO_2를 배출하지 않는 원자력 발전도 비용은 비싸다

일본은 정부 차원의 자연 에너지 정책에서 뒤처지고 있다. 일반 주택의 지붕에 태양전지를 설치할 때의 보조금제도도 사라졌다. 전력매수제도도 제자리걸음이다. 이유는 무엇일까? 정부의 에너지 정책이 원자력 발전을 중시하기 때문이라는 답이 틀리지 않을 것이다. 원자력 발전은 조업 중에 CO_2를 배출하지 않는다. 그것이 유일한 이점이다. 그에 비해 단점은 많다. 우선 건설비용이 비싸다. 더 큰 문제는 폐

• 아사히신문, 2008년 4월 2일.

로나 폐기물 처리를 어떻게 할 것인가다. 다 쓴 연료의 방사성 폐기물이 바로 큰 문제인 것이다. 연료인 우라늄을 산출하고 있는 캐나다 등도 고심하기는 마찬가지인 모양이다. 캐나다 원자력 기술자에게 들은 이야기인데, 광석에서 우라늄을 꺼내고 난 잔사 처리가 큰 과제라고 한다.

원자력 발전과 자연 에너지를 설비 건설비 면에서 비교해보자. 원자력 발전소는 1kW당 30만 엔 정도의 비용이 들어간다. 하지만 실제로는 그게 전부가 아니다. 원자력 발전소는 쉽게 멈추거나 가동시킬 수 없기 때문에 야간에는 전력이 남는다. 때문에 댐을 2개 사용한 양수 발전을 배터리 대신 쓴다. 이를 건설하는 데는 비슷하거나 더 많은 비용이 들어가기 때문에 실제로는 1kW당 60만 엔 이상이 든다고 봐야 한다. 양수 발전에 드는 비용을 원자력 발전과 분리해서 수력 발전에 집어넣은 통계 데이터도 있지만 그것은 억지다. 칼로리 계산을 할 때 디저트는 빼놓고 하는 것과 같다고나 할까.

풍력 발전 및 태양광 발전의 설비비용이 1kW당 10만 엔 정도로 낮아진 것을 고려하면 미래의 에너지 기술에 대한 지침은 명확해질 것이다. (이토)

중국·인도의 석탄화력 발전소에 대해 일본이 할 수 있는 일

석탄을 사용한 화력 발전이 특히 중국의 대기오염의 주범이라는 사실이 알려지면서, 석탄에 대한 이미지가 더 나빠졌다. 그러나 전원 개발자 노구치 요시카즈野口嘉一에 따르면, 석탄화력 기술도 상당히 진보했다고 한다. 최신 개발된 석탄화력 발전소에서의 굴뚝에서는 아무것도 나오지 않는 것처럼 보여, 간혹 견학자들 중에는 공장이 멈춘 것이 아니냐고 질문하는 사람이 있을 정도라고 한다. 이와 같은 기술은 태양전지의 경우와 마찬가지로 수출이 가능한 에너지 기술로서 중요할 것이다. 앞으로도 석탄은 중국의 중요한 에너지원으로 사용될 것이 틀림없다. 그렇다면 대기오염이 거의 없는 일본의 석탄화력 기술을 수출하는 것은 여러 방면에서 의미가 있다. 중국 내의 대기오염 감소에 기여함은 물론이고, 북극에까지 영향을 끼친다고 하는 매연의 배출도 막을 수 있다. 중국이나 인도에서 배출되는 매연이 지구 규모로 기후에 영향을 끼칠 수 있다는 것을 상기해보자.

다른 이점도 생각할 수 있다. 효율이 높은 석탄화력 발전 기술을 만일 교토의정서의 공동 개발 메커니즘에 도입한다면 일본의 CO_2 감축에도 기여할 것이다. 외교 교섭과 관련해서도 큰 의미가 있다. 이처럼 기술은 또 하나의 중요한 자원이라 할 수 있다. 이러한 자원을 살리는 것도, 또한 죽이는 것도 정치와 외교에 달려 있다.

다이어트를 떠올려보자. 자신만 열심히 하는 것만이 능사가 아니다. 다른 사람이 사용해도 효과를 볼 수 있는 방법이나 정보가 있다면 바로 상품화된다. 에너지도 기술도 마찬가지다. (이토)

【③ 온난화 문제와 사회】

미디어와 민주주의의 부재로 가려지고 있는 온난화 문제의 진실

인도의 노벨상 경제학자 센은 기아 해결을 위한 방안으로 민주주의의 중요성을 지적하였다. 센은 민주주의의 요건으로 건전한 야당과 미디어를 들고 있는데, 여기에는 설명이 좀 필요할 듯하다. 일반적인 상식으로 기아는 식량 부족이 원인이라고 생각한다. 그러나 센의 생각은 좀 다르다. 기아는 사회적인 요인 때문에 일어난다고 분명히 밝히고 있다. 예를 들면, 1974년에 방글라데시에서 극심한 기아가 발생했을 때 국내의 곡물 수확량은 오히려 증가하고 있었다. 경제적 약자층이 장기간 실업 상태에 있었기 때문에 기아가 일어난 것이다. 또 다른 기아의 원인은 먹을거리를 상대로 한 투기 때문이었다. 식료품 가격이 급상승하여 손쓸 수 없게 되자 기아로 죽는 사람이 속출한 것이다. 지난 과거의 일이 아니다. 바이오 연료와 관련해서 현재도 일어나고 있는 일이다.

만일 민주주의가 발달한 사회라면 야당이나 미디어가 정부의 잘못된 정책을 두 손 놓고 보고 있지 않을 것이다. 정부가 민생을 돌보는 일을 소홀히 하여 기아가 발생하는 일은 주위에 얼마든지 있다.

민주주의는 말단에서 일어나고 있는 일을 중추에 알려주며 대책을 촉구하는 중요한 역할을 한다. 민주주의는 가히 사회의 신경이라 할 수 있다. 몸으로 말하면, 손가락을 베었을 때 아픔을 전달하고 상처난 곳을 뇌에 알려주는 신경과 닮아 있다. 신경이 제 역할을 하지 못하면 당뇨병이 심해졌을 때처럼 아픔을 느끼지 못하게 되어 결국에는 최악의 지경에 이를 수도 있다. 아픔은 괴롭지만 몸에 있어서 필수적인 기능이라 할 수 있다. 민주주의도 똑같다. 정부는 미디어나 야당의 공격을 받을 때 유쾌할 리 없다. 그러나 절대 필요한 일이다.

일본의 민주주의는 성숙하지 못하다. 2차 세계대전 이후 미국에 의해서 도입되었다는 특이한 경위와도 관련이 있겠지만, 제일 큰 이유는 민주주의의 중요한 기능을 제대로 이해하지 못하고 있기 때문이다. 선거를 잘 치르는 것만이 민주주의가 아니다. 민주주의는 시스템의 문제도 있지만 개인 능력의 문제이기도 하다. 질문하고 그 질문에 대답하고 토론을 벌이는 일련의 과정이 민주주의를 성숙시킨다. 질문과 대답이 제대로 이루어지지 않은 상태에서는 정보 전달과 수정을 기대하기란 어렵다. 이러한 사회는 위험하다. 이런 훈련은 초등학교와 중학교 때부터 이루어져야 한다. 영국의 한 중학교에서 있었던, 고어에 관한 교재를 둘러싼 일화는 영국 사회가 토론을 얼마나 중요하게 여기는지 잘 보여주고 있다.

매스컴 역시 지구 온난화에 대한 정확한 정보를 전달하고 있다고는 하기 어렵다. 폰 스토치의 앙케트에는 매스컴 보도에 대한 기후과학자의 의견이 잘 집약되어 있다(그림 5-14).

예를 들어 기후 변화의 최악의 경우에 대한 매스컴 보도를 어떻게 생각하느냐는 질문에 대해서 기후과학자의 대다수가 '매스컴이 과장된 보도를 하는 경향이 있다.'라고 답하였다. 또 현재의 기후과학의 최신 정보가 어느 정도의 빈도로 보도되고 있다고 생각하느냐는 질문에는 그림 5-15에서 보듯이 '많다.'라는 대답이 상당히 적다. 과반 이상이 '거의 없다.'라고 답하였다. 기후과학의 성과에 대해 그때그때 일시적인 보고가 이루어지고 있으며 일반인들이 얻는 정보도 편향되어 있다고 생각하는 기후학자가 많다는 것을 알 수 있다.

폰 스토치의 앙케트는 구미의 기후학자들을 대상으로 한 것이지만 일본의 기후학과 매스컴의 관계 역시 그리 만족할 만한 수준은 아니다. 필자의 눈에는 이산화탄소 감축과 상반되는 정보는 일반 대중들에게 잘 소개되지 않고 있는 듯하다. '정확한 정보'라는 말도 있지만 애초 무리가 있는 경우가 많다. 앞에서 소개한 많은 예처럼, 신뢰할 수 있는 정보라고 생각했는데 그것을 뒤집는 새로운 사실이 발표되기

'기후 변화의 최악의 시나리오'가 과도하게 보도되는 경향이 있다.

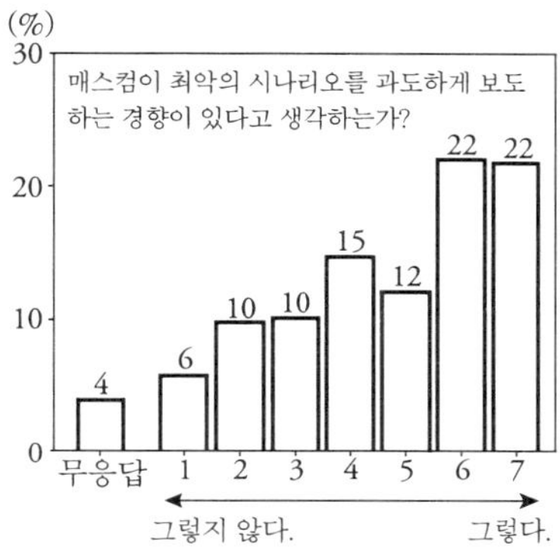

그림 5-14 폰 스토치의, 기후과학자를 대상으로 한 앙케트.

기후과학의 성과가 즉자적이고 일방적으로 보도되는 경향이 있다.

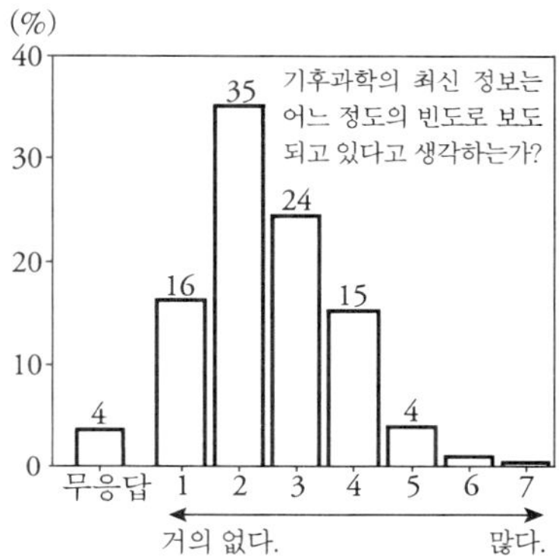

그림 5-15 폰 스토치의, 기후과학자를 대상으로 한 앙케트.

도 한다. IPCC 보고서조차 완전하다고 할 수 없다. 때문에 정확함을 목표로 하기보다는 다양한 시각을 목표로 하는 편이 현실적이라고 할 수 있다. 인간의 감각기관을 떠올리면 이해가 더 쉬울 것이다. 하나의 대상을 접하면 눈으로 보거나 만져보거나 냄새를 맡거나 해서 그것이 무엇인지를 판단한다. 외견만 가지고 섣불리 판단해서는 낭패를 볼 수 있다. 우리들은 순간순간 감각신경을 총동원하며 살아가고 있다. 매스컴 관계자들은 매스컴이야말로 사회의 신경과 맥이라는 사실을 숙지하여 다방면으로 소통이 가능한 보도에 힘써 주길 바란다. (이토)

교육계의 '환경 붐'은 국가의 장래를 불안하게 만든다

20년 역사에 불과한 지구 온난화 등의 환경 문제는 과학적으로도 해명되지 않은 문제가 많고, 10년 뒤에 어떻게 변할지 누구도 예측하기 어렵다.

전형적인 예가 '산성비'다. 1970년대 말부터 일부 사람들의 입에 오르내리기 시작하여 80년대에 들어서 본격적인 조사 연구가 진행된 결과, 적어도 80년대 이후의 선진국에서는 '산성비' 및 '산성비의 피해'라는 것이 존재하지 않음이 밝혀졌다. 그런데도 불구하고 초·중·고등학교의 교과서에는 '산성비 문제'가 여전히 실려 있으며 고교 입시와 대학 입시에도 출제되는 등 현재까지 거론되고 있는 상황이다.

'지구 온난화의 과학'은 이보다 더 심각하다. 과학적으로 불투명한 사실이 고교의 과학 교과서뿐만 아니라 사회와 지리 교과서에도 실려 있다. 어디 그뿐인가? 대학 입시 때는 단골로 출제된다. 학생들은 이를 학습하기 위해 다른 기초 과목의 학습 시간을 줄일 수밖에 없으니 긴 안목으로 볼 때 손해가 이만저만이 아니다.

2006년 대학 입시를 위한 센터시험(수능고사) 때의 일이다. '과학종합A'(물리 · 화학)에 다음과 같은 단답형 문제가 출제되었다.

'(　　　)가 (　　　)의 원인 중 한 가지라고 생각되고 있다.' (정답은 이산화탄소, 지구 온난화)

그러나 '…… 생각되고 있다'라는 말이 문제다. 사회 과목이라면 모를까, 과학적 지식을 묻는 시험에는 적절하지 않다.

2008년 3월 하순에 문부과학성(한국의 교육과학기술부에 해당)이 공시한 중학교 과학 교육과정의 '자연 환경의 변화와 환경 보전' 단원을 보면 '지구 온난화 및 외래종도 다룰 것'이라는 주의사항이 있다. 교과서를 만드는 측이나 학생들이 지금보다 더 열심히 배워야 한다는 뜻인가? 국가 장래를 생각해보았을 때 걱정스럽지 않을 수 없다.

일본 대학도 예외는 아니다. 약 3년 전 조사에 따르면, 대학의 전공학과 및 대학원 연구과 중에서 '환경'이라는 명칭이 들어간 것이 약 800여 개였는데, 그 후 계속 늘어나 지금은 무려 1000개에 육박한다고 한다. 관계자들은 학생들을 모으는 데 '환경'이라는 이름이 효과적이라고 한다. 환경과 관련된 학과에서는 예외 없이 지구 온난화를 가르치고 있다.

도쿄 대학은 1999년에 대학원에 '신영역 창설 과학 연구과'를 신설하고 그 안에 '환경학 전공'을 설치하였다. 그런데 2001년 3월부터 배출된 석사학위자들이 대기업에 취직할 때 고전을 면치 못하고 있다는 이야기를 담당 교수로부터 들었다. 정부나 시민단체의 압력을 받으며 자의반 타의반으로 환경 정책에 힘쓰려는 대기업들이 탁상공론의 환경 이념과 환경 계획 등을 공부한 학생들을 탐탁하게 여길 리 없다.

선진국이 환경 정화를 거의 끝낸 1980년대 중반부터 환경은 전 세계의 키워드가 되었다. 대세에 떠밀리듯 다이옥신 소동은 결국에 막대한 세금만을 쏟아부은 채 아무런 성과를 얻지 못하고 있으며, 재활용 열기도 오히려 석유 자원의 낭비를 초래하고 있을 뿐이라는 비난을 면치 못하고 있다.• 현실을 직시하여 오늘날의 환경 열기가 오히려 미래를 어둡게 하는 것은 아닌지 깊이 생각해볼 필요가 있다. (와타나베)

일본 교육계는 온난화 문제에 대해 편향되게 가르치고 있다

일본의 과학 교육도 성숙되지 않은 민주주의와 마찬가지로 그리 만족스럽지 않다. 초등학교와 중학교의 수업 실태를 보면, 과학 입국이

• 다케다 구니히코武田邦彦 (2007), 『환경 문제는 왜 거짓이 판치는가環境問題はなぜウソがまかり通るのか』, 요센샤洋泉社.

라는 이름이 무색할 지경이다. 여기에는 역사적인 요인도 한몫을 한다. 메이지 시대에 서양의 과학과 기술을 너무 성급하게 받아들인 결과다. 정신은 그대로 두고 기능적인 것만 배워왔다고 할 수 있다. 유럽의 역사는 다르다. 처음부터 자신들의 손으로 과학과 기술을 이루어내었다. 시간과 노력은 많이 들었지만 그만큼 내용이 충실하다.

이 같은 사실은 교육에서도 잘 드러나고 있다. 영국의 중학교 교재를 제공하는 티처넷은 자신들의 활동에 대해서 건강한 사회를 만드는데 필수적이라고 하고 있다. 고어의 영화를 다룬 교재로 학생들에게 질문과 논의를 하도록 하고 문제를 발견하는 능력을 키우는 것을 주제로 삼고 있다. 그들은 이와 같은 능력이 과학이나 과학기술을 혁신시키기 위해서 절대적으로 필요하다는 것을 경험을 통해 익히 알고 있는 듯하다.

인디언의 격언 중에 '아이에게 물고기를 잡아주지 마라. 물고기 잡는 법을 가르쳐라.'라는 말이 있다. 학생들 스스로가 자유롭게 토론할 수 있는 장을 마련해주는 것이 참 교육이다.

일본은 어떠한가? 너무 많은 지식을 가르치고 있다. 학생들은 시간을 두고 생각할 여유를 갖지 못하고 있다. 질문이 제대로 이루어지지 않는 수업시간, 개인적인 일로 여길지도 모르겠지만 사회 전체를 생각하면 커다란 손실이 아닐 수 없다.

지구 온난화 문제에 관해 수업할 때 학생들의 감상을 직접 물어볼 기회를 가졌다. '지금까지 배운 것과 전혀 달라서 당황스럽다.'는 대답이 많았다. 사물을 다방면으로 보지 못하기 때문에 의견이 획일적일 수밖에 없다. 실로 안타까운 일이다.

영국의 교육에도 문제가 있다고 지적되고 있다. 특히 교사용 매뉴

얼이 정해져 있어서 교수학습방법이 자유롭지 못하다고 한다. 그러나 '창조성 개발의 매뉴얼'이 있다는 것은 배워야 할 점일 것이다.

지구 온난화 문제에는 '공포와 이익'이 있을 뿐 '이성'은 없다

정치에 프로였던 나폴레옹이 다음과 같은 말을 했다고 전해진다. '사람의 마음을 움직이는 효과적인 방법은 공포심과 이익에 있다.' 이 말은 현대에도 그대로 적용되는 것 같다. 지구 온난화 문제가 바로 그러하다. 이러한 구도를 이해하기 위해서는 최근 숨겨진 비밀이 밝혀지고 있는 뇌생리학이 유용할 것 같다. 오래된 뇌와 새로운 뇌에 관해서다.

공포심과 이익 또한 인간의 본능이며, 동물이 자신의 몸을 보호하기 위한 생존 전략이다. 적들로부터 공격을 받거나 자연 재해로부터 피해를 받거나 할 때, 우리의 몸은 스트레스 반응으로 공포라는 감정을 나타낸다. 덕분에 적의 공격과 재해로부터 도망칠 수 있다. 한편 이익은 원래 먹이와 같은 생명 유지와 직결된 감정과 연결되어 있다. 목이 마르면 물이 마시고 싶어진다. 배가 고프면 먹을 것을 찾는다. 생명을 유지하기 위해 절대 필요한 일이다.

이 같은 본능에 기초한 감각은 오래된 뇌가 감지하여 눈과 귀로 들어온 신호를 재빨리 뇌에 전달하는 데 정브로서 대략적이며 불충분할 수 있다. 새로운 뇌는 들어온 정보를 검증하여 수정한다. 때문에 정보처리에 시간은 걸리지만 그만큼 정확하다. 뇌신경 분야에서 독창적인 연구를 남긴 고 마츠모토 겐松本元은 이와 관련하여 재미있는 말을 남겼다.

‘기다란 것이 보여 뱀인 줄 알고 깜짝 놀라 피했다. 그런데 자세히 보니 길고 두꺼운 줄이었다.’ 독자들도 비슷한 경험을 한 적이 있을 것이다. 이 경우 오래된 뇌가 우선 행동을 유도하여 안전을 꾀한다. 그 후에 새로운 뇌가 진위 여부를 확인하고 그에 걸맞은 행동을 취하게 한다. 정보 처리 과정으로 볼 때 상당히 효과적이며 효율적이라 할 수 있다. 물론 진화의 산물이다.

오래된 뇌가 담당하는 공포나 이익과 같은 본능적인 감정은 인간이 살아가는 데 절대적으로 필요하다. 하지만 본능적인 감정을 재검토하고 음미하는 새로운 뇌의 움직임, 다시 말해서 이성 또한 필수적이다. 공포와 이익 그리고 이성이 균형을 이루었을 때 비로소 개인의 생명이 보장되고 사회가 유지된다. 균형이 깨지면 개인도 사회도 위험하다. 예를 들어 이성이 너무 강하면 본능적인 대응을 소홀히 할 수도 있다. 느낌이 좀 이상했는데 괜찮겠지 하고 생각하는 경우가 그러하다. 또 본능이 주는 신호가 너무 강해서 이성을 통제할 수 없을 때도 있다. 너무 좋아하다 보니 중독이 되어버렸다는 경우다. 또 하나 ‘초정상 자극’이라 불리는 것도 있다. 본능적인 자극과 상당히 비슷한데, 강력한 거짓 정보에 쉽게 이끌리고 만다. 이익이나 이권 등이 이러한 초정상 자극이 되기 쉽다. 사람도 동물과 같은 본능을 지녔으므로 초정상 자극에 속거나 하는 것은 어쩔 수 없을지도 모른다.

하지만 누구나가 본능과 이성의 조화로운 균형을 이루며 살고 있는 것은 아니다. 공포에 취약한 사람, 이익을 유난히 뒤쫓는 사람, 이성이 날카로운 사람 등 저마다의 역할이 다르다. 나폴레옹은 이성의 역할을 자임하여 일반 대중 및 귀족들의 공포와 이익을 조정하려 했던 대표적인 인물 중 한 명이다.

다시 본론으로 돌아와, 지구 온난화 문제를 생각해보자. 고어가 주장하듯이 몇 미터나 상승한 해수면과 만연하는 질병은 확실히 '공포'다. 바이오 연료와 배출권 거래는 '이익'에 속한다. 나폴레옹이 생각한 구도와 너무 흡사하다. 그렇다면 '이성'은 어디에 있는가? 과연 '이성'은 문제를 조정할 수 있는가? 각국의 정부는 '이성'의 역할을 충분히 수행하고 있는가? 유감스럽게도 현재의 유럽과 미국을 비롯한 각국의 대응을 보고 있자면 그렇지 못하다고밖에 할 수 없다. (이토)

지구 온난화 문제, 유럽 대 미국의 구도로 이해

사상가인 요네모토 쇼헤이米本昌平는 저서 『지구 환경 문제란 무엇인가』에서 지구 온난화 문제가 국제 정치 무대에 나온 배경으로 냉전 종결 등을 들고 있다. 지구 온난화 문제 및 기후 변화 문제에는 처음부터 정치적인 요소가 크게 작용했다는 것이다. 지구 온난화 문제가 단순히 측정에서 시작해서 정치 과제로까지 발전하는 과정에 대해서는 앞에서 기술한 스펜서 웨어트Spencer R. Weart가 쓴 『지구 온난화의 발견이란 무엇인가*The Discovery of Global Warming*』에 자세히 나와 있다. 한 예를 들어보자.

1950년대 말부터 1960년대에 걸쳐 미국의 찰스 데이비드 킬링은 CO_2를 연속적으로 측정하는 데 성공했는데, 그 결과 CO_2 농도가 상승하고 있는 것을 발견하였다. 1970년대는 환경 문제(가뭄 등)에 관한 논의가 뜨거웠던 시대로 기후학자의 CO_2에 의한 온난화 연구가 곧바로 주목을 받았다. 더욱이 1970년대의 에너지 위기를 계기로 CO_2 방출이 가져온 기후 영향의 문제와 에너지 문제를 같이 연계하여 생각하게 되었다.

1980년대 들어서 컴퓨터 시뮬레이션이 발달하면서 CO_2가 기후에 미치는 영향도 본격적으로 논의되기 시작하였다. 그 결과 1988년 유난히 더위가 맹위를 떨치던 그해 여름에 제임스 한센의 발언이 있었다. 당일 회의실 안의 온도가 특히 높았던 탓에 더더욱 설득력이 있었다고 요네모토는 전하고 있다. 실은 이날 공청회는 두 번째였다. 첫 번째는 추운 날이었기 때문에 전혀 효과가 없었다고 한다.

이 시점에서 제임스 한센의 의견은 무모하기까지 하였다. 요네모토는 저서에서 이렇게 밝히고 있다.

'그의 계산 결과는 많은 미국인들이 내심 걱정하고 있던 염려와 너무나 일치하고 있었다. 프로그램의 조정 과정 전체에 제임스 자신이 가지고 있는 위기의 이미지가 부풀려져 있다는 의심을 살 만했다.'

비단 제임스 한센에만 국한되는 이야기는 아닐 것이다. 진화학자인 스티븐 골드 역시 '과학자는 보통 사람과 마찬가지로 그 시대의 사회적 정치적 제약을 무의식중에 받고 있다.'는 지적을 하였다.

그러나 한센의 경우는 염려의 도가 지나치다. 그의 제안이 설득력을 얻게 되는 당시의 사회적인 배경에 대해서 웨어트는 저서에서 다음과 같이 쓰고 있다.

'갈라진 농지, 폭염에 괴로워하는 도시, 초대형 허리케인, 금세기 최악의 산불 등. 기자들은 「이 모든 것들이 온실 효과 때문인가?」라고 물었다. 과학자들은 각각의 기상 상황의 원인이 온실 효과 때문만은 아니라는 것을 이미 알고 있었다. 하지만 같은 질문이 계속 반복되면서 많은 사람들은 자신들이 더럽힌 오염이 모든 사태의 원인이라고 이해해버렸다.'

아무리 의도하지 않았다고 해도 '계속해서 말하면 대중들은 믿는다.'라는 식은 곤란하다.

이후 과거의 지구 기후에 대한 이해가 깊어지고 또한 북극권에서의 관측이 발달하면서, 지금까지 일어난 혹은 앞으로 일어날 가능성이 있다고 생각되는 격심한 기후 변화에 대해 인식하게 되었다. 그리고 사전 예방 조치가 1992년 '기후변화협약'으로 이어졌다. 협약은 온실효과를 지나치게 강조한 나머지 최종 목적이 '온실효과가스의 농도 안정'이 되어 버리고 말았다. 사견이지만 협약의 실효성을 떨어뜨리는 주요인이 되었다고 본다.

온난화가 정설로 굳어지는 데는 IPCC의 역할도 한몫하였다. 우선 컴퓨터 시뮬레이션이 크게 기여하였다. 하지만 기후학자들 중에는 이견을 보이는 이들도 있다. 교토 대학 명예교수인 히로타 이사무廣田勇는 이 같은 시뮬레이션을 '학문적 의미로 보았을 때 불명확한 행위' 또는 '철학이 결여된 안 좋은 예'•라고 혹평하였다. 극단적인 의견이라고 생각할지도 모르지만 일반화된 컴퓨터 신앙에 경종을 울리고 있는 것만은 틀림없다. 사실 앨 고어를 비롯해서 컴퓨터를 과도하게 신봉하는 이들이 의외로 많다.

폰 스토치의 앙케트 중에서 또 다른 결과를 살펴보자. 앙케트 결과는 기후 모델의 예측과 관련해서다. 예를 들면 '기후 모델은 장래의 기후 상태를 정확하게 예측할 수 있는가?'라는 질문에 대해서 그림 5-16과 같은 결과가 나왔다. 찬성보다는 반대가 압도적으로 많고, 또 중간자적 입장도 많다. 물론 '정확하게'라 해도 내용에 따라 다르겠지

• 히로타 이사무 (1992), 『글로벌 기상학グローバル気象学』, 도쿄대학 출판회.

기후 모델의 예측에는 반대 의견이 많았다.

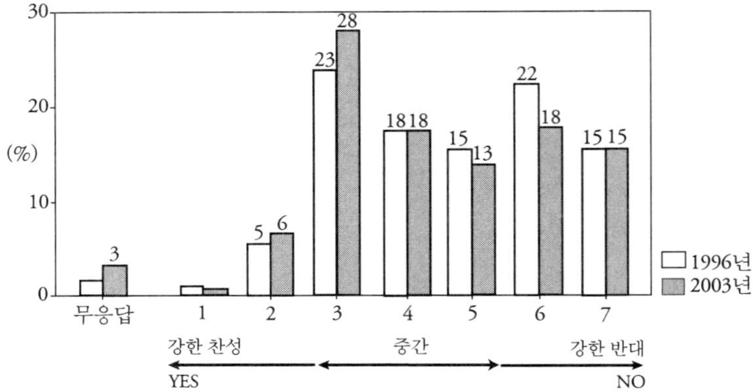

그림 5-16 폰 스토치의 앙케트 결과. '기후 모델은 장래의 기후를 정확하게 예측할 수 있는가?'에 대한 응답. 막대의 수치는 백분율을 나타냄.

만 전문가 의견의 분포를 보면 히로타 이사무의 입장을 극단적이라고 하기도 어렵다.

지구 온난화 문제에서는 고어를 필두로 정치가들의 역할이 크게 작용하고 있다. 이유는 간단하다. 이 문제 자체가 정치적인 요소를 갖고 있기 때문이다. 특히 요네모토는 냉전이 끝난 후 세계적인 전략으로 지구 환경 문제가 이슈화되고 있다는 가능성을 내비치고 있다. 발 빠르게 대응하기 시작한 이는 고르바초프를 비롯한 구소련의 집행부였다. 현재 CO_2를 계속 배출하고 있는 미국이 악역을 맡고 있는 것을 봐도 쉽게 이해할 수 있다. 단, 현재는 유럽 대 미국이라는 구도다. 환경 문제에 고심해온 유럽은 이 문제를 국제 정치 무대에 올릴 기술을 잘 알고 있었다. 고어가 받은 노벨상도 이러한 정치적 역학 속에서 이해할 필요가 있다. (이토)

유럽은 예방 관리, 미국은 순응 관리로 환경 문제에 대응하고 있다

지구 온난화 문제에 대해서 유럽의 태도는 예방 원칙으로 상징된다. 쉽게 말하면 '과학적으로 밝혀지지는 않았지만 지금 곧 대응을 취하지 않으면 위험하다.'는 것이다. 공포의 감정에 기초한 행동이라고 해도 좋다.

한편 미국의 자세는 순응 관리라고 불린다. '해보고 안 되면 방법을 바꾸면 된다.'는 방식은 미국의 도전 정신을 잘 말해준다. 손에 넣고자 하는 것은 참지 않는다는 '이익형'이라 해도 좋을 것이다.

이론 생태학자로 유명한 마츠다 히로유키松田裕之는 앞으로의 환경 문제에 효과적으로 대처하기 위해서는 유럽의 예방 원칙과 미국의 순응 관리를 종합해야 한다고 강조한다. 우선 예방 원칙으로 만들어진 협약을 자주 검토하여 바꿀 것을 제안하였다.

'본능(공포 · 이익)과 이성의 관계'라는 예방 원칙과 순응 관리 양쪽을 이성적으로 검증하고 음미해야 할 필요가 있다. 그러나 유럽과 미국은 세계의 양두 산맥이다. 그럼 누가 이성의 역할을 담당할 것인가? 가장 좋은 것은 역시 각자의 자리에서 스스로가 이성적인 판단을 하는 것이다.

일반 대중 또한 처음에는 공포라는 감정에 휩싸였다 해도 이성을 발휘하여 공포의 근원을 찾아내는 일을 할 수 있다. 잘 보면 뱀이 아니라 기다란 끈일지도 모른다. '이익'에 눈이 먼 사람들일지라도 자신의 행동을 이성으로 음미할 수는 있을 것이다. 처음에는 좀 이득을 보는 듯해도 결국에는 화를 입을지도 모른다. (이토)

곡물로 바이오 연료를 만드는 것은 인간성에 대한 범죄다

지금의 유럽과 미국은 공포와 이익을 사용한 전략에서 한걸음도 빠져나오지 않고 있는 듯 보인다. 오히려 스스로를 '공포와 이익'으로 옭아매고 있다. 사람의 몸으로 말하면, 체중 증가를 겁내며 이상적인 체형만을 꿈꾼 나머지, 의사의 위험하다는 충고에도 귀를 기울이지 않고 검증되지 않은 다이어트 약을 먹고 몸을 망가뜨리는 것과 비슷하다. 다이어트 약을 판매한 악덕업자만 이익을 취한다. 최악의 대처법이라 할 수 있다.

문제는 본능과 이성의 균형이다. 이성의 소유자라 할 만한 정치가와 과학자도 공포와 이익에 스스로를 얽어매고 있다. 정치가에게 선거에서 낙선하는 공포는 대단하다고 한다. 한편 지위에 수반되는 권익과 명예는 이익에 해당한다. 과학자에게는 이제까지 받고 있던 연구비를 받을 수 없게 되는 것이 제일 두려운 일이다. 우선 연구실 운용이 불가능해진다. 지위나 재산을 잃어버리는 일은 정치가나 과학자뿐만 아니라 많은 사람들을 불안하게 만든다. 하지만 먹을거리에 곤란을 격지 않는 한 그 사람의 지위나 명예는 '초정상 자극'에 지나지 않는 것은 아닐까?

센은 『국부론』으로 유명한 애덤 스미스의 말을 인용하여 '사람들 앞에서 부끄럽지 않을 복장을 할 정도의 재력은 중요하다.'라고 하였다. '이것은 인간의 존엄이며, 보장할 필요가 있다.'라고도 말하였다. 인간에게 있어서 인간관계가 본능에 뿌리를 두고 있다는 것을 생각하면 타당한 의견일 것이다. 그러나 과도한 명예 등은 '초정상 자극'이라 이해해도 좋다.

본능과 이성의 움직임 양쪽의 균형이 깨진 상태는 개인과 사회 모두에게 위험하다. 이성의 제어가 약해지는 원인 중 한 가지는 정보의 부족일 것이다. 본능은 적은 정보로도 움직이지만 이성이 작용하기 위해서는 충분한 정보와 정보 처리 능력이 필요하다. 건강 문제의 전문가나 기후 문제의 전문가가 된다는 것은 이러한 균형을 몸에 익힌다는 것을 의미한다. 특히 이익과 권리와 같은 초정상 자극을 상대로 할 때 이성을 충분히 발휘하기 위해서는 다방면의 정보량을 빼놓을 수 없다. 이 책에서 지금까지 언급한 기후 문제에 대한 정보는 그 때문에 제공되었다고 할 수 있다.

예를 들면 바이오 연료는 많은 국가에서 이미 실패를 인식하고 있다. 폭주하는 본능에 제동을 걸 정도의 이성적 정보가 제공되고 있다고 할 수 있다. 하지만 앞으로 도입될 여러 가지 기술과 방법에 대해서는 어떠한가? 같은 실패를 되풀이하지 않기 위해서라도 충분히 검토하고 평가하여 올바른 정보를 선택할 필요가 있을 것이다.

미국이 옥수수 원료로 에탄올을 만드는 이유에 대해 생각해보자. 중동에서 들여오는 석유 의존도를 줄이기 위해서다. 하지만 곡물가를 인상시켜 개발도상국들에게 기아의 원인을 제공했다는 비난을 면치 못하게 되었다. 이를 방치하는 것은 인간관계의 본능이 약해진 것으로 볼 수 있을 것이다. 아니면 이익을 추구하려는 본능(초정상 자극)이 훨씬 강해진 때문이 아닌지. 만일 그렇다면 이성의 힘은 약해져서 세계와 함께한다는 인식이 희박해질지도 모른다.

유엔이 내놓은 '곡물로 바이오 연료를 만드는 것은 인간성에 대한 범죄다.'라는 메시지를 결코 가볍게 흘려서는 안 된다. 하지만 유감스럽게도 이익을 추구하는 이들이 나서서 현 상황을 타개하기 위한 노력에 힘쓸 것 같지는 않다. (이토)

의견의 폭을 좁히기 위한 방도는 옛 조상들의 지혜에서 찾을 수 있다

지구 온난화 문제에서 유럽과 미국의 생각의 골은 깊다. 민주주의의 본고장이라 할 수 있는 구미 각국들이 왜 이렇듯 합의를 이루어내지 못하는 것일까?

어떤 이들은 구미의 민주주의가 불안전하다는 지적을 한다. 구미의 민주주의 또한 수입된 것이기 때문이다. 호시카와 준星川淳의 『혼의 민주주의魂の民主主義』•에 의하면, 현재의 민주주의는 12세기 미국 인디언의 연방제를 원형으로 하고 있다. 싸움을 계속하던 5개 부족을 통합시킨 '이로코이 연방'에서는 '만인이 평등하며 자유롭다. …… 여자도 동등하다.'라는 사상을 사회 기구로 실현시켰다고 한다. 철저한 대화를 통한 문제 해결, 종교의 자유, 모계제 등을 기반으로 사상과 사회 조직을 총망라한 '위대한 평화법'이 제정되었다.

'위대한 평화법'은 『유토피아』의 토머스 모어를 비롯하여 유럽의 사상가들에게 큰 영향을 끼쳤다. 미국 독립에 사상적 배경이 되었다는 주장도 있다. 환경 문제의 조약에도 나오는 '자연에 감사하라' 혹은 '미래의 7대손까지도 배려하라'와 같은 사상 역시 '위대한 평화법'에 들어 있지만 유감스럽게도 구미의 정치지도자들은 받아들이지 않고 있다.

이유는 분명하다. 구미 각국들이 민주주의 근간에 대해 깊이 이해하지 못하기 때문이다. 호시카와에 따르면 자연과의 조화, 지속성은 민주주의의 원형에 있어서 특히 중요한 부분이라고 한다. 이것이 결여되었기에 오늘날 구미 민주주의가 자국의 권리 주장만 강조하는 편

• (2005), 츠쿠치 서점.

향된 민주주의를 보이고 있다. 진정 이 시대 세계의 정상들은 이로코이 연방의 민주주의의 참모습과 사상을 거울로 삼을 필요가 있지 않을까?

'온고지신'이라는 말도 있다. 옛 조상들의 지혜는 우리들의 재산이기도 하다. 한 사람이 평생 얻을 수 있는 정보는 그리 많지 않다. 그렇다면 우리들의 이성이 본능을 잘 제어할 수 있는 판단 재료로 조상들이 가지고 있던 정보를 유효하게 사용할 수 있다. 그동안 석유와 석탄과 같이 땅속에 매몰되어 있던 오래된 것을 편리하게 잘 사용해왔다. 정보도 이와 마찬가지다. 무엇을 어떻게 잘 사용할 수 있을지가 관건이다. 정치, 행정하는 사람들을 비롯하여 관련자들이 제발 '초정상 자극'에 현혹되는 일이 없도록 직감과 이성을 균형 있게 사용하길 바란다. (이토)

세계의 정상들이 지금 고려해야 할 6개 요소

지금까지 기술해온 것처럼 현재의 기후변화협약과 교토의정서는 실효성에 있어서 의문점이 많다. 윌리엄 노드하우스의 말을 빌리자면, '국제적인 협약을 하는 것 자체에 의의가 있다.'는 정도다. 로렌스 서스킨드도 지적한 대로 협약 내용이 과학 및 기술의 현상과 잘 맞지 않는다. 세계의 정상들은 이와 같은 사실을 숙지해야 할 것이다. 이 책의 내용을 토대로 고려해야 할 요소에 대해서 다시 한 번 살펴보기로 하자.

1. 기온은 그렇게 빨리 급상승하지 않는다. 기후 모델에서 예상한

CO_2 두 배 때의 평균 기온 상승이 3 ℃라는 것은 최근 관측에 의하면 과대평가다. 전형적인 관측치는 1.6 ℃이며 이보다 낮을 가능성도 있다. 따라서 '기온 상승을 2 ℃로 낮추지 않으면 큰일 난다. 시간이 별로 없다.'고 초조해할 필요가 없다. 미래의 에너지나 사회 구조를 생각할 시간은 충분하다.

2. 기후 시스템은 꽤 안심할 만하다. 기온 상승으로 가장 염려스러운 일은 멕시코 만류가 흐름을 멈춰서 유럽의 기온이 떨어지는 일이었다. 하지만 칼 분쉬가 지적한 바와 같이 담수가 흘러들어도 바람과 조수로 움직이는 멕시코 만류는 거의 영향을 받지 않는다.
3. 기후 변화의 원인은 다양하다. 온실효과가스만을 염두에 두면 의미가 없다. 에어로졸이나 토지 개량 그리고 태양과 같은 자연 변화 등 어느 쪽도 영향이 크다.
4. 새로운 포괄적인 기후변화협약이 필요하다. 협약과 의정서 방식은 19세기의 유물이라 할 수 있다. 서스킨드가 제안하듯이 좀더 유연하고 유효성 높은 방식을 고안해야 할 것이다.
5. 보다 유효한 대책을 재고해야 한다. 온실효과가스 감축의 수치 목표 방식은 너무 개략적이다. 각국의 사정 모두를 검토하는 것 역시 어렵다. 자칫 경직되기 쉬운 감축 목표 방식보다 과세 방식을 취하는 편이 유연성 있고 더 낫다는 주장이 강하다. 경제학적으로 유효한 방법을 고려할 필요가 있다. 또한 새로운 기후변화협약을 토대로 전 세계에서 통용 가능한 대책을 간구해보자. 예를 들면 아시아 갈색구름과 같은 착색 에어로졸은 배출국 내에서의 건강 피해는 물론, 북극 얼음을 녹이고 홍수를 일으킨다. 기술

적인 지원을 보장해주는 제도가 있다면 해결도 빠를 것이다.

6. 다면적인 시야가 필요하다. 한 개의 지표로 현상을 보는 것은 위험하다. 바이오 연료의 예가 그러하다. 중요한 것은 사회나 생태계가 유지되는 것이다. 그러기 위해서는 많은 요소를 재검토할 필요가 있다. 정치의 프로로서 또한 지구의 의사로서 멀티플레이를 펼치지 않으면 안 된다.

잘못된 온난화 대책으로 전 세계가 파국으로 치닫지 않기 위해서는 세계의 정상들이 위와 같은 사항들을 우선적으로 이해할 필요가 있다. 우선 시야를 넓게 보길 바란다. '공포와 이익'의 정치에서 벗어나야 한다. 필자와 같은 기후 전문가들만으로는 부족하다. 이미 '기후 문제의 전문가'가 된 독자 여러분의 역할에 기대하는 바가 크다. (이토)

나오는 말

기후 문제의 전문가 입장에서 다방면에 걸쳐 기술해보았다. 독자 여러분은 이러한 정보들을 잘 활용하여 본능과 이성의 균형을 잘 이루고, 부디 '공포와 이익'에 혼동되지 않길 바란다. 자신과 소중한 사람들을 지키기 위해서 말이다.

많은 정보들을 서로 관련지어 전체적인 상을 보기 위해서는 상상력이 필요하다. 정보들을 견주어볼 때는 작은 부분에도 주의를 기울여야 한다. 작은 부분에 세심하지 않으면 결국에 전체를 잃게 된다.

'신은 사소한 곳에 머문다.' 혹은 '악마는 사소한 곳에 머문다.'는 말은 글을 쓸 때 흔히 하는 말이다. 세부 묘사는 글의 성공이나 실패에 깊은 관련이 있다. 한 영화감독에 대해 출연 배우가 '작은 일에 꼼꼼하면서도 불필요한 것은 과감하게 버리는 점에 감동했다.'라고 말한 것을 신문에서 본 적이 있다. 연구도 마찬가지일 것이다.

하지만 '나무는 보고 숲을 보지 못한다.'는 말도 있다. 중요한 것은 균형이다. 세부와 전체의 균형은 골프 플레이와 같다. 드라이버는 대담하게 장거리를, 퍼트는 짧아도 세심하게. 어느 쪽도 감각이 중요하며 훈련을 게을리 해서는 안 된다.

앞에서 인용한 아카소후, 심프슨, 필케, 그들은 모두 열심히 갈고 닦은 균형 감각으로 기후 변화 문제의 전체적인 상을 보고 있다. 이들이 이뤄낸 업적들은 뒤로 한 걸음 물러서서 전체를 바라보았기 때문에 가능했을지도 모른다. 이러한 입장은 사회에 있어서 중요하다. 우리의 몸 전체를 진단할 수 있는 의사가 중요한 것과 마찬가지다.

이 책의 원고가 거의 완성될 즈음 3월 25일에 미국 지구물리학회 주보 「이오스」(3월 11일 호)에 아카소후 교수의 의견이 실렸다. '일반인들이나 미디어나 정치가들도 지구 온난화 문제와 기후 변화 문제에 대해서 오해가 많고 혼동하고 있다.', '과학자는 오늘날과 같은 현상을 그대로 보고만 있어서는 안 된다.'라는 경고의 메시지였다. 이 책에서 언급한 것들과 공통된 것들을 모아보았다.

1. 미디어는 기후 변화와 인위적 온실 효과를 혼동하고 있다.
2. 빙하가 흘러 무너지는 것은 당연한 것인데, 이를 보는 사람들은 놀라서 인위적 기후 변화 탓으로 돌린다. 또 빙하의 쇠퇴는 1800년대부터 계속되고 있으며 최근 갑자기 시작된 것은 아니다.
3. 영구 동토에서 무너진 집은 단열만 제대로 되었다면 붕괴되지 않았을 것이다. 매스컴은 이런 집들을 촬영하고 싶어한다.
4. 온실효과가스의 배출보다도 벌목이나 물고기의 난획 등이 더 큰 문제이며 악영향이 우려된다.
5. 과거의 실례를 잘 살펴보지 않고 단기간의 변화를 '과거에 한 번도 일어나지 않은 일'로 보도하고 있다.
6. 보도 관계자는 정확한 과학적 소양을 숙지하여 과학에서 알려진 것과 아직 알려지지 않은 것을 정확하게 전달할 책임이 있다.

아카소후 교수는 '정확한 정보를 모두가 알게 되면 과학과 과학자는 세간의 빈축을 사게 될 것이다.'라고 충고하고 있다. 마지막으로 '다음에 있을 G8 정상회담 전에 IPCC는 적절한 선언을 해야만 한다.'라고 강조하였다. 과학자로서 또한 지구의 의사로서 투혼의 목소리였다. 이에 공감하는 이는 비단 필자만이 아닐 것이다.

역자 후기

'지구', '환경', '온난화', '에너지 절약', '재활용'.

이런 말들은 선량해보입니다. 굳이 생명 운동을 운운하지 않더라도 이런 말을 하고 실천에 옮기는 이들은 대단합니다. 지구 살리기라는 대의를 위해 기꺼이 일상의 불편함을 감수하고 있으니까요.

8살 난 딸아이가 학교에서 에너지 절약에 관한 '특강'을 받은 적이 있었습니다. 그 후 며칠 동안 전기 코드 뽑기, 전깃불 끄기 등에 열심인 것은 좋은데, 부엌에서 비닐봉지를 쓸 때나 조금이라도 냉장고 문을 오래 열어두면 바로 달려옵니다. 충고를 하기 위해서지요. 왜? 지구를 위해서. 지구가 아프다나요. 아이도 '대의'를 위해 발 벗고 나섰습니다.

사정이 이렇다 보니 정책을 주도하는 분들이라고 가만히 있을 리 있겠습니까. 환경운동, 녹색운동이 유행어가 된 지 오래고, 환경에 관한 각종 대회들이 화려하게 열리고 있습니다. 이렇게 큰 행사들이 어떻게 치러질까요? 여기에는 스폰서를 자처한 기업들이 한몫을 했습니다. 기부천사나 문화운동까지는 아니더라도, 이익만을 추구하는 기업이라는 부정적인 이미지를 벗는 데 환경운동만 한 것이 또 있겠습니까. 아, 매스컴을 빼놓았군요. 매스컴의 열성적인 보도를 보면 감탄이 절로 나옵니다. 습관에서 오는 해이함을 다잡아주려는 듯, '환경오염 = 에어컨, 자동차 사용 등등 = 지구 온난화 = 기후 변화'가 우리 모두의 탓이라고 하며, 자꾸 지구에게 미안해하라고 합니다. 생명운동에 앞장서고 계시는 모든 분들께, 파이팅!

앞으로 지구는 정말 걱정 없을 것 같습니다. 지구가 고맙다고 한마디 할 것도 같습니다. 45억 년을 살고 있다는 지구가 최근 몇 년 동안 이렇게 인간에게 우대를 받을지 누가 알았겠습니까?

그런데 이상하지요. 소수 과학자들이 좋은 분위기를 깨뜨리는 한 소리씩을 하고 있습니다.•

그런 즈음에 일본의 한 소도시 시립도서관을 찾을 일이 있었습니다. 지구 온난화에 관한 책들이 책장 한 켠을 가득 메우고 있는 가운데, 바로 옆 한 켠에는 지구 온난화 주장을 비난하는 책들이 적지 않았습니다. 그래서 지구, 환경, 온난화, 에너지 절약, 이런 말들을 누가 가장 많이 사용하는지 다시 생각해보게 되었습니다. 누가 먼저 시작

• Dennis T. Avery and S. Fred Singer (2007). *Unstoppable global warming: Every 1,500 years*. Rowman & Littlefield Publishers, Inc. 김민정 역 (2009), 『지구온난화에 속지 마라』, 동아시아.

Bjorn Lomborg (2008). Cool It: *The Skeptical Environmentalist's Guide to Global Warming*. Vintage; Reprint edition.

다케나 구니히코武田邦彦 (2007), 『폭주하는 지구온난화 주장暴走する「地球温暖化」論』, 문예춘추文芸春秋.

아카소후 슌이치赤祖父俊一 (2008), 『지구온난화 바르게 알자正しく知る地球温暖化』, 세이분도 신코사誠文堂新光社.

다케다 구니히코武田邦彦 (2008), 『환경문제는 왜 거짓이 판치는가 3環境問題はなぜうそがまかり通るのか3』, 요우센샤洋泉社.

마루야마 시게노리丸山茂德 (2008), 『지구온난화 주장에 속지 마라地球温暖化論に騙されるな』, 고단샤講談社.

했는지도. 그리고 내가, 우리가 언제부터 왜 사용하고 있는지도 말이죠. 정말로 지구를 위한다면, 에너지 절약 홍보 제품들을 골라서 쓸 것이 아니라, 덜 쓰고 덜 사야 한다는 사실과, 바이오 연료로 인한 곡물가 인상으로 얼마나 많은 사람들이 기아에 고통을 겪고 있는지도 알았습니다. 진짜 중요한 것은 지구와 환경을 위한다는 명목으로 캠페인이나 대회를 치르는 데 비싼 돈을 쓸 것이 아니라, 사람을 살게 하는 데 직접 돈을 써야 한다는 사실도 말입니다.

지구, 환경, 온난화에 대해서 소수의 양식 있는 과학자들의 말을 인용하는 편이 더 이해가 빠를 것 같습니다.

지구 온난화 문제는 이미 과학계를 떠났다.
정치논리와 경제논리 편에서 좌우되고 있다.

이 책 역시 우리의 알 권리를 위해 번역했습니다.

편향주의는 자율적인 인간에게 있어서 가장 무서운 일입니다.

지구 온난화 주장의 거짓과 덫
사상 최악의 과학 스캔들

지은이 · 이토 키미노리 · 와타나베 타다시
옮긴이 · 나성은 · 공영태
펴낸이 · 조 승 식
펴낸곳 · (주)도서출판 북스힐
등록 · 제22-457호
주소 · 142-877 서울시 강북구 수유2동 258-20
www.bookshill.com
E-mail · bookswin@unitel.co.kr
전화 · 02-994-0071(代)
팩스 · 02-994-0073

2009년 12월 5일 제1판 1쇄 발행
2011년 1월 20일 제1판 2쇄 발행

값 14,000원

ISBN 978-89-5526-633-7

* 잘못된 책은 구입하신 서점에서 바꿔드립니다.